普通高等学校
电类规划教材

U0258111

数字逻辑
电路基础

慕课版

◎李广明 曾令琴 肖慧娟 葛卫清 编著

人民邮电出版社

北 京

图书在版编目（CIP）数据

数字逻辑电路基础 / 李广明等编著. -- 北京：人民邮电出版社，2017.8
普通高等学校电类规划教材
ISBN 978-7-115-45787-5

Ⅰ. ①数… Ⅱ. ①李… Ⅲ. ①数字电路－逻辑电路－高等学校－教材 Ⅳ. ①TN79

中国版本图书馆CIP数据核字(2017)第148394号

内 容 提 要

本书是根据计算机专业、电类各专业对“数字逻辑电路基础”课程的教学要求组织编写的。全书共分 8 章，主要内容有：数字逻辑基础，门电路和集成逻辑门，组合逻辑电路，触发器，时序逻辑电路，脉冲信号的产生与波形变换，存储器和可编程逻辑器件以及数/模和模/数转换器。本书有配套的高水平教学课件、重点知识视频、章后习题解析等，全书行文流畅，内容丰富，概念清楚，注重实际，目标明确，便于自学。

本书可作为应用型院校电气、电子、通信、计算机、自动化及机电等专业数字逻辑电路或数字电子技术课程的教材，也可作为从事电子技术方面的工程人员的参考用书。

◆ 编　著　李广明　曾令琴　肖慧娟　葛卫清
　　责任编辑　李　召
　　责任印制　陈　犇
◆ 人民邮电出版社出版发行　　北京市丰台区成寿寺路 11 号
　　邮编 100164　电子邮件 315@ptpress.com.cn
　　网址 http://www.ptpress.com.cn
　　北京九州迅驰传媒文化有限公司印刷
◆ 开本：787×1092　1/16
　　印张：16.25　　　　2017 年 8 月第 1 版
　　字数：371 千字　　2024 年 7 月北京第 12 次印刷

定价：49.80 元

读者服务热线：(010)81055256　印装质量热线：(010)81055316
反盗版热线：(010)81055315
广告经营许可证：京东市监广登字 20170147 号

数字逻辑电路基础
简介

　　"数字逻辑电路基础"是高校电气自动化、计算机、电子应用、通信技术等专业的重要专业基础课和平台课程。数字电子技术主要研究各种逻辑门电路、触发器、组合逻辑电路和时序逻辑电路的分析与设计、集成器件的功能以及集成芯片的引脚功能、555定时器等。近些年来，随着科学技术的迅猛发展，集成数字逻辑电路在高速、低功耗、低电压、带电插拔、小逻辑等许多方面都取得了长足的发展，各种数字新技术、数字电子新器件层出不穷。这些不断涌现的新技术，无疑给"数字逻辑电路基础"增添了很多新的内容。

　　为使课程内容更加丰富、充实和不断更新，能够跟上日益发展的科学体系，根据教育部"高等学校教学质量与教学改革工程"的主要精神，结合目前数字逻辑电路教学实际情况以及该课程在电子工程中的应用，我们组织编写了这本慕课版的《数字逻辑电路基础》。

　　本书共分8章。第1章数字逻辑基础，主要介绍数字电路的特点、数制与码制、逻辑代数及其化简法；第2章门电路和集成逻辑门，以二极管、三极管的开关特性为引线，以三种基本逻辑门为重点，介绍了各种常用集成逻辑门电路的电路组成及应用；第3章组合逻辑电路，以组合逻辑电路的分析法和小规模组合逻辑电路的设计展开问题的讨论和学习，进而引入各种常用的集成组合逻辑电路；第4章触发器，以基本的RS触发器电路作为各种触发器的基本环节引入各类触发器，突出介绍了边沿触发的主从型JK触发器和维持阻塞D触发器；第5章时序逻辑电路，主要介绍同步、异步时序逻辑电路的分析方法，在此基础上对常用时序逻辑器件进行了重点分析；第6章脉冲信号的产生与波形变换，主要介绍了施密特触发器、单稳态触发器和多谐振荡器的基本原理以及555定时器电路；第7章存储器和可编程逻辑器件，阐述了半导体存储器在大规模集成电路中的应用和可编程逻辑器件的电路结构及其可编程性质，重点介绍了它们在工程实际中的应用；第8章数/模和模/数转换器，重点介绍了两种转换器的转换原理和集成DAC和ADC的引脚功能。全书内容除理论知识外，还特别强调了实践应用环节。按照立体化配套，制作了高水平的教学课件、重点知识视频，章后习题解析等，可登录人邮教育社区www.ryjiaoyu.com下载。

　　本教材由东莞理工学院李广明、郑州工商学院曾令琴，东莞理工学院肖慧娟、东莞理工学院城市学院葛卫清编写而成，黄河水利职业技术学院曾赟、王磊、闫曾参与资料收集与书稿整理工作；全书由曾令琴统稿。

　　作者期望本书能对人才培养和教学改革起到一定的推动作用，恳请使用本书的教师和学生提出宝贵的意见和建议，以便在今后的修订中做得更好。

编　者

2017.7

目 录 CONTENTS

第3章　组合逻辑电路　　80

第4章　触发器

第5章　时序逻辑电路

第6章 脉冲信号的产生与波形变换 176

第7章 存储器和可编程逻辑器件 194

第8章　数/模和模/数转换器　227

参考文献　249

第1章　数字逻辑基础

数字逻辑基础的重点内容包括：数制和码制及它们之间的转换，逻辑代数的基本公式、常用公式及其基本定理，逻辑函数的表示方法、代数化简法和卡诺图化简法等。

"数字逻辑基础"是数字逻辑技术的重点内容之一，也是分析和设计数字逻辑电路时使用的主要数学工具。例如，设计一个数字电路时，方案可能有多种，哪种方案最好？当然是在达到同样功能的基础上，选择电路结构最简单、元器件数最少的设计方案，因为它是最经济的。本章中逻辑函数的化简，就是解决这类实用问题的基础储备知识。因为，设计任何一个数字电路，根据要求的逻辑功能，总要先设计出相应的逻辑关系式，再根据逻辑关系式构建相应的逻辑电路框图。如果设计的逻辑关系式复杂，相应的电路结构随之复杂；如果设计的逻辑关系式在达到同样功能的基础上最简单，则电路结构一定也是最简单的，即逻辑函数的化简直接关系到今后设计数字电路的复杂程度和性能指标。

 本章学习目的及要求

1. 了解数字信号、脉冲信号以及数字电路的特点及分类。
2. 了解数制与码制，掌握二进制、八进制、十进制和十六进制之间的转换，理解机器码的表示方法；掌握 BCD 码、格雷码及奇偶校验码。
3. 了解逻辑电路基本定理、常用公式。
4. 掌握逻辑代数化简法和卡诺图化简法。

需要重视的是，本章中的"最小项"和"任意一个逻辑函数式都可以化简为最简与或式的形式"是两个非常重要的概念，在逻辑函数的化简和变换中经常用到。

1.1　数字电路概述

1.1.1　数字信号和数字电路

数字信号和数字电路

电子技术中的工作信号可分为模拟信号和数字信号两大类。

模拟信号是广播电视中传递的各种语音信号和图像信号，是生产和生活中客观存在的压力、温度、弹力等变化信息。模拟信号的特点是其在时间上和幅值上都是连续变化的，如图1.1所示。

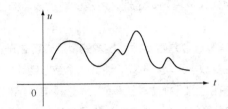

图1.1　模拟信号

1.　数字信号

无论是在时间上，还是在数值上，都是不连续的被传递、加工和处理的信号，称为数字信号。例如，用电子电路记录从自动生产线上输出的产品数量时，每输出一个产品便送给电子电路一个信号，记之为"1"信号；而没有产品输出时，送给电子电路一个"0"信号，"0"信号不计数。显然，产品数量的"1"的信号是在时间上和数值上都不连续离散信号。图1.2为典型的数字信号。

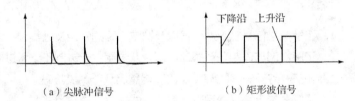

（a）尖脉冲信号　　　　　　　　　　（b）矩形波信号

图1.2　典型数字、脉冲信号

数字、脉冲信号的变化总是发生在一系列离散的瞬间，且数值大小只有高电平"1"和低电平"0"两种取值。

2.　数字电路

用于传递、加工和处理数字信号的电子电路称作数字电路。数字电路的工作信号一般都是用0和1组成的二值信号，如1电平表示电压的高、脉冲的有；0电平表示电压的低、脉冲的无。数字电路主要研究输出与输入信号之间的对应逻辑关系。因此，数字电路常常被人们称作逻辑电路。

研究数字电路输入和输出之间的关系，实质上就是二值变量之间的逻辑关系。描述二值变量之间的逻辑关系表达式称为逻辑函数式。数字电路能够对数字信号进行各种逻辑运算和算术运算，在各种数控装置、智能仪表以及计算机中得到广泛的应用。

1.1.2　数字电路的特点

数字电路中，信号电平的大小并不重要，只要大于某一阈值，就是高电平 1，小于这一阈值就是低电平 0，即数字电路被传递和处理的信号只有 0 和 1 两种逻辑状态，因此数字电路的抗干扰能力强。

数字电路的特点

由于数字信号采用的是二值信息，因此在电路工作时只要能可靠地区分 1 和 0 两种状态就可以了。数字电路在稳态时，电路中的二极管、三极管均处于开关状态，且与二进制信号的要求相对应。和模拟电子技术相比，数字电路的单元结构比较简单，对元件的精度要求不高，便于集成化、系列化生产，且使用方便、可靠性高、价格低廉。

数字电路的上述特点和独到之处，不仅使它应用于电子计算机中对数字信号的处理，而且在手机、DVD、摄像机、数码照相机等家电设备上发展迅猛，在机械加工、生产过程自动化、现代通信、军事科学、航天领域、遥测、遥控技术、数字测量仪表等诸多领域上越来越得到了广泛的应用。

1.1.3　数字电路的分类

数字电路按其组成结构的不同可分为分立元件的数字电路和集成数字电路两大类。目前广泛应用的数字电路绝大多数是集成数字电路。集成数字电路是以半导体晶体材料为基片，将组成电路的元器件和互连线集成在基片内部、表面或基片之上的微小型化电路或系统。

数字电路的
分类

集成电路的集成度标志着集成电路的水平，按照集成度的大小，集成数字电路可分为小规模集成电路 SSI（集成度通常为 1～10 门/片）、中规模集成电路 MSI（集成度通常为 10～100 门/片）、大规模集成电路 LSI（集成度通常为 100～1 000 门/片）和超大规模集成电路 VLSI（集成度已达 10 万门/片，甚至突破了 300 万门/片）。

按数字电路所用器件的不同，数字电路又可分为双极型数字电路和单极型数字电路。双极型数字电路包括 DTL、TTL、ECL、IIL 和 HTL 多种；单极型数字电路包含 JFET、NMOS、PMOS 和 CMOS 等。

按数字电路能够完成的逻辑功能特点的不同，数字电路还可分为组合逻辑电路和时序逻辑电路两大类。

1.1.4　脉冲与脉冲参数

1. 脉冲

脉冲的定义：在短时间内突变，随后又迅速返回其初始值的物理量称为脉冲。

脉冲与脉冲参数

从脉冲的定义不难看出，脉冲有间隔性的特征，且大部分脉冲信号在周期内占有的时间非常短暂，如图 1.2（a）所示的尖脉冲。脉冲信号一般指数字信号，显然目前的脉冲信号已经是一个周期内有一半时间（甚至更长时间）有信号，如图 1.2（b）所示的计算机内的方波脉冲信号。脉冲信号可以是周期性的，也可以是单次性的。

2. 脉冲参数

为了表征脉冲信号的特征，常用一些参数来描述，如图 1.3 所示的矩形脉冲电压为例介绍几个脉冲参数。

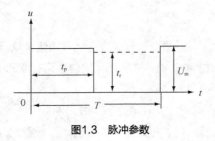

图1.3　脉冲参数

（1）脉冲幅度 U_m：脉冲电压变化的最大值。

（2）脉冲周期 T：周期性脉冲信号前后两次出现的时间间隔。

（3）脉冲宽度 t_p：脉冲持续的时间。

（4）重复频率：单位时间内脉冲重复的次数。

（5）上升时间 t_r：脉冲上升至 $0.9U_m$ 所需的时间。

思考题

1. 电子技术中模拟信号和数字信号有何不同？数字电路具有哪些特点？
2. 数字电路按集成度的不同是如何进行分类的？
3. 何为脉冲？什么是脉冲宽度？

1.2　数制与码制

1.2.1　数字电路所用的数制

数字电路中所用的数制

人们利用各种计数规则对数量进行计数统计时，仅用一位数码往往不够用，必须用进位计数的方法组成多位数码。多位数码的每一位构成以及从低位到高位的进位规则称为进位计数制，简称数制。

1. 进制数

日常生活中人们最为熟悉的进制数是十进制。十进制计数制中有 0～9 十个数码，计数规则是逢十进一。除了十进制计数制外，还有许多非十进制的计数方法。例如，60 秒进位为 1 分钟，60 分钟进位为 1 小时，用的是六十进制计数规则；一星期有 7 天，是七进制计数规则；1 年有 12 个月，是十二进制计数规则。

在计算机系统中则广泛采用了二进制计数规则。这是因为，尽管计算机能够处理各类数据和信息，包括常用的十进制数，但计算机内部使用的数字符号只有"0"和"1"两个，即计算机内部使用的是二进制。计算机内部之所以采用二进制，是由于组成计算机的电子器件本身具有可靠稳定的"开"和"关"两种状态，恰好对应二进制的"0"和"1"两个数码，因此技术上容易实现信息量的存放、传递和处理，同时为计算机进行逻辑运算提供了有利的条件。另外，二进制电路设计简单、运算可靠、逻辑性强，机器容易识别。

除此之外，在计算机指令代码和数据的书写中还经常用到八进制和十六进制。

2. 计数制中的两个基本要素

任何一种进位计数规则均包含基数和位权两个基本要素。

（1）基数：在进位计数制中，数码的集合称为基，各种计数制中用到的数码个数称为基数。

例如，常用的十进制中用到的数码有 0～9 十个，所以十进制的基数是 10；二进制中用到的数码有 0 和 1 两个，因此二进制的基数是 2；八进制中用到的数码有 0～7 八个，八进制的基数是 8；十六进制中用到的数码有 0～15 十六个，所以十六进制的基数是 16。

（2）位权：处在不同数位的数码，代表不同的数值，每一个数位的数值均由该位数码的值乘以处在该位的一个固定常数，不同数位上的固定常数称作位权。

例如，十进制数个位的位权是 10^0，十位的位权是 10^1，百位的位权是 10^2，千位的位权是 10^3……，以此类推；二进制数小数点左数第 1 位的位权是 2^0，左数第 2 位的位权是 2^1，左数第 3 位的位权是 2^2，左数第 4 位的位权是 2^3……，以此类推。显然，位权是各种计数制中基数的幂。

更通俗一点的说明：例如，十进制数 2222 各位的数码都是 2，但每一个 2 所处的数位不同，则它们表示的数值也大相径庭：左数第 4 位的 2 代表 $2×10^3=2000$，左数第 3 位的 2 代表 $2×10^2=200$，左数第 2 位的 2 代表 $2×10^1=20$，左数第 1 位的 2 代表 $2×10^0=2$。犹如一个学校的领导干部有校长、党委书记、副校长、工会主席、团委书记等，他们都是校领导，但他们所处的地位不同，学校给予他们的权力也各不相同。又如称砣所处的刻度位置不同时，表示的重量也是不同的。

3. 常用计数制的特点

（1）十进制

十进制是人们最熟悉的一种计数制。十进制计数的特点如下。

① 十进制计数的基数是 10。

② 十进制数的每一位必定是 0、1、2、3、4、5、6、7、8、9 十个数码中的一个。

③ 从低位数到相邻高位数之间的进位关系是"逢十进一"。

④ 同样的数字在不同数位上代表的值各不相同，各位的权是 10 的幂。

（2）二进制

二进制是计算机处理问题时常用的计数制，二进制计数的特点如下。

① 二进制计数的基数是 2。

② 二进制数的每一位必定是 0 或 1 两个数码中的一个。

③ 从低位数到相邻高位数之间的进位关系是"逢二进一"。

④ 同一个数字符号在不同数位上代表的值各不相同，各位的权是 2 的幂。

（3）八进制和十六进制

二进制数的运算规则和电路的实现比较简单、方便，但一个较大的十进制数用二进制数表示时，其位数太多，无疑给数的读、写均带来一定的麻烦，而且容易出错。所以，人们又常用八进制或十六进制数来读、写二进制数。

① 八进制数的特点

a. 八进制计数的基数是 8。

b. 八进制数的每一位必定是 0、1、2、3、4、5、6、7 八个数码中的一个。

c. 从低位数到相邻高位数之间的进位关系是"逢八进一"。

d. 同一个数字符号在不同数位上代表的值各不相同，各位的权是"8"的幂。

② 十六进制的特点

a. 十六进制计数的基数是 16。

b. 十六进制数的每一位必定是 0、1、2、3、4、5、6、7、8、9、A、B、C、D、E、F 十六个数码中的一个。

c. 从低位数到相邻高位数之间的进位关系是"逢十六进一"。

d. 同一个数字符号在不同数位上代表的值各不相同，各位的权是 16 的幂。

1.2.2 各种计数制之间的转换

各种计数制之间的转换

当我们用计算机解决实际问题时，由键盘敲入的通常是人们所熟悉的十进制数或某个特定信息，但计算机识别的却是二进制数码，这就有十进制或特定信息向二进制转换的过程。

1. 各种计数制数转换为十进制数

各种计数制数转换为十进制数相对比较简单，应用按位权展开求和的方法即可实现。

例如，二进制数（111）$_2=1\times2^2+1\times2^1+1\times2^0=4+2+1=$（7）$_{10}$。

其中各位 2 的幂代表该位上二进制数码的位权。例如，2^2 代表十进制数 4，2^1 代表十进制数 2，2^0 代表十进制数 1。用各位权乘以该位对应的数再求和可实现二进制数和十进制数之间的转换。

又例如，八进制数（726）$_8=7\times8^2+2\times8^1+6\times8^0=448+16+6=$（470）$_{10}$。

其中各位 8 的幂代表该位上八进制数码的位权。如 8^2 代表十进制数 64，8^1 代表十进制数 8，8^0 代表十进制数 1。用各位权乘以该位对应的数再求和可实现八进制数和十进制数之间的转换。

又例如，十六进制数（A28）$_{16}=10\times16^2+2\times16^1+8\times16^0=2560+32+8=$（2 600）$_{10}$。

其中各位 16 的幂代表该位上十六进制数码的位权。例如，16^2 代表十进制数 256，16^1 代表十进制数 16，16^0 代表十进制数 1。用各位权乘以该位对应的数再求和可实现十六进制数和十进制数之间的转换。

显然，各种计数制中的任意数，只要按照上述按位权展开求和的方法，即可得到它们对应的、人们最熟悉的十进制数。

2. 十进制数转换为其他进制

十进制数直接转换为八进制数或十六进制数时较为麻烦，通常要先把十进制数转换为二进制数，然后再转换为八进制数或十六进制数时就变得简单了。所以，掌握十进制数和二进制数之间的转换十分必要，也非常关键。

（1）十进制数转换为二进制数

十进制数转换为二进制数时，整数部分的转换应用除 2 取余法。

【例 1.1】求十进制数$[47]_{10}$转换的二进制数。

【解】

$$\begin{array}{r|l}
2 & 4\ 7 \quad\cdots\cdots\cdots\cdots\cdots\cdots\cdots\cdots 余\ 1\cdots\cdots k_0 \\
2 & 2\ 3 \quad\cdots\cdots\cdots\cdots\cdots\cdots\cdots\cdots 余\ 1\cdots\cdots k_1 \\
2 & 1\ 1 \quad\cdots\cdots\cdots\cdots\cdots\cdots\cdots\cdots 余\ 1\cdots\cdots k_2 \\
2 & 5 \quad\cdots\cdots\cdots\cdots\cdots\cdots\cdots\cdots 余\ 1\cdots\cdots k_3 \\
2 & 2 \quad\cdots\cdots\cdots\cdots\cdots\cdots\cdots\cdots 余\ 0\cdots\cdots k_4 \\
& 1 \quad\cdots\cdots\cdots\cdots\cdots\cdots\cdots\cdots\cdots\cdots k_5
\end{array}$$

最低位 k_0

最高位 k_5

即：$[47]_{10}=[k_5\ k_4\ k_3\ k_2\ k_1\ k_0]_2=[101111]_2$。

由例 1.1 可知，一个十进制数转换为二进制数的过程为：首先把待转换的十进制整数用 2 连除，直到无法再除为止，且每除一次记下余数 1 或 0，再把每次所得的余数从后向前排列，即可得到对应的二进制整数。

十进制数转换为二进制数时，小数部分的转换应用乘 2 取整法。

【例 1.2】求十进制小数$[0.125]_{10}$转换的二进制小数。

【解】利用乘 2 取整法：$0.125×2=0.25\cdots\cdots$取整数部分 0，$\quad$余数 0.25

$\qquad\qquad\qquad\qquad\quad 0.25×2=0.5\cdots\cdots\cdots$取整数部分 0，$\quad$余数 0.5

$\qquad\qquad\qquad\qquad\quad 0.5×2=1\cdots\cdots\cdots\cdots$ 取整数部分 1，$\quad$余数 0

可得$[0.125]_{10}=[0.001]_2$

显然，十进制小数转换为二进制小数的过程是首先让十进制数中的小数乘以 2，所得积的整数为小数点后第一位，保留积的小数部分继续乘 2，所得的积的整数为小数点后第二位，即取各次乘 2 之后的整数部分为二进制各位的小数，保留下来的小数部分再继续乘 2……以此类推，直到小数部分等于 0 或达到所需精度为止。

对上述结果用按位权展开求和方法进行验证：$[0.001]_2=1×2^{-3}=[0.125]_{10}$。

（2）二进制数转换为八进制数和十六进制数

只要将十进制数转换成相应的二进制数，再转换成八进制数和十六进制数就容易多了。

【例 1.3】把二进制数$[101111]_2$转换成八进制数和十六进制数。

【解】二进制数转换成八进制数的方法是：整数部分从小数点向左数，每三位二进制数码为一组，最后不足三位补 0，读出三位二进制数对应的十进制数值，就是整数部分转换的八进制数；小数部分从小数点向右数，也是每三位二进制数码为一组，最后不足三位补 0，读出三位二进制数对应的十进制数值，就是小数部分转换的八进制小数的数值。即：$[101111]_2=[57]_8$。

验证：$[57]_8=5×8^1+7×8^0=40+7=[47]_{10}$。

二进制数转换成十六进制数的方法是：整数部分从小数点向左数，每四位二进制数码为一组，最后不足 4 位补 0，读出 4 位二进制数对应的十进制整数的数值作为整数部分转换的十六进制整数；小数部分从小数点向右数，也是每 4 位二进制数码为一组，最后不足 4 位补 0，读出 4 位二进制数对应的十进制数值，就是小数部分转换的十六进制小数的数值。

例如，$[00101111]_2=[2F]_{16}$。

验证：$[2F]_{16}=2×16^1+15×16^0=32+15=[47]_{10}$。

各种计数制之间的对比值如表 1.1 所示。

表 1.1　几种计数制对照表

十进制数	二进制数	八进制数	十六进制数
0	0000	0	0
1	0001	1	1
2	0010	2	2
3	0011	3	3
4	0100	4	4
5	0101	5	5
6	0110	6	6
7	0111	7	7
8	1000	10	8
9	1001	11	9
10	1010	12	A
11	1011	13	B
12	1100	14	C
13	1101	15	D
14	1110	16	E
15	1111	17	F

1.2.3　数字电路中常用的码制与编码

1. 代码

当我们使用计算机处理某事件时，首先必须把输入的特定信息转换成计算机所能接受的二进制数码，由此出现了编码、代码、码制等一系列需要学习的知识。

码制与编码

不同数码不仅可以表示不同数量的大小，而且还能用来表示不同的事物。用数码表示不同事物时，数码本身没有数量大小的含义，只是表示不同事物的代号而已，这时我们把这些数码称为代码。例如，运动员在参加比赛时，身上往往带有一个表明身份的编码，这些编码显然没有数量的含义，仅仅表示不同的运动员。

2. 编码和码制

需要数字电路处理的信号常常是十进制数、字符或者是如压力、温度等特定信息，而数字电路是一种处理离散信息的系统，只能识别和处理二进制数码。因此，这些十进制数、字符或压力、温度等特定信息，必须先转换为数字系统能够识别的二进制代码，然后才能让数字系统对其进行分析和处理。把人们熟悉的十进制数或需要处理的字符及特定信息，用 4 位二进制代码进行编制的过程称作编码。

在数字信息技术中，为了便于记忆和处理数字信号，在编制二进制代码时总要遵循一定的规则，这些规则就叫作码制。

机器数的源码、反码和补码

3. 机器码

实际生活中表示数时，一般都在正数前面加一个"+"号，负数前面加一个"−"号，但是在数字设备中，机器是不认识这些的，人们在编码时，常常把"+"号用 0 表示，"−"号用 1 表示，即把符号数字化。

在计算机中，数据是以补码的形式存储的，所以补码在计算机语言的教学中有比较重要的地位，而讲解补码必须涉及原码、反码。原码、反码和补码是把符号位和数值位一起编码的表示方法，也是机器中数的表示方法，这样表示的"数码"便于机器的识别和运算，因此称为机器码。

（1）原码

原码的最高位是符号位，数值部分为原数的绝对值，一般机器码的后面加字母 B。

例如，十进制数（+7）$_{10}$ 用原码表示时，可写作：[+7]$_原$=0 0000111B。

其中左起第一个 0 表示符号位"+"，字母 B 表示机器码，中间 7 位二进制数码表示机器数的数值。

又如：[+0]$_原$=0 0000000 B　　　　[−0]$_原$=1 0000000B

[+127]$_原$=0 1111111 B　　　　[−127]$_原$=1 1111111 B。

显然，8 位二进制原码的表示范围为−127～+127。

（2）反码

正数的反码与其原码相同，负数的反码是对其原码逐位取反所得的，在取反时注意符号位不能变。

例如，十进制数（+7）$_{10}$ 用反码表示时，可写作：[+7]$_反$=0 0000111 B。

（−7）$_{10}$ 用反码表示时，除符号位外，各位取反得：[−7]$_反$=1 1111000 B。

反码的数 0 和原码一样，也有两种形式，即：

[+0]$_反$=0 0000000 B　　　　[−0]$_反$=1 1111111 B。

反码的最大数值和最小数值分别为：

[+127]$_反$=0 1111111 B　　　　[−127]$_反$=1 0000000 B。

显然，8 位二进制反码的表示范围也是−127～+127。

（3）补码

正数的补码与其原码相同，负数的补码是在其反码的末位加 1。符号位不变。

例如，十进制数（+7）$_{10}$ 用补码表示时，可写作：[+7]$_补$=0 0000111 B。

（−7）$_{10}$ 用补码表示时，除符号位外，各位取反最后加 1 得[−7]$_补$=1 1111001 B。

补码的数 0 只有一种形式，即：

[0]$_补$=0 0000000 B。

补码的最大数值和最小数值分别为：

[+127]$_补$=0 1111111 B　　　　[−128]$_补$=1 0000000 B。

即：补码用[−128]代替了[−0]。所以，8 位二进制补码的表示范围是−128～+127。

（4）原码、反码和补码之间的相互转换

由于正数的原码、反码和补码表示方法相同，因此不需要转换，只有负数之间存在转换的问题，所以仅以负数情况进行分析。

【**例 1.4**】求原码[X]原=1 1011010 B 的反码和补码。

【**解**】反码在其原码的基础上取反，即[X]反=1 0100101 B。

补码则在反码基础上末位加 1，即[X]补=1 0100110 B。

【**例 1.5**】已知补码[X]补=1 1101110 B 求其原码。

【**解**】按照求负数补码的逆过程，数值部分应是最低位减 1，然后取反。但是对二进制数来说，先减 1 后取反和先取反后加 1 得到的结果相同，因此仍可采用取反加 1 的方法求其补码的原码，即[X]原=1 0010010 B。

4. 二—十进制 BCD 码

在数字系统的输入输出中普遍采用十进制数，这样就产生了用 4 位二进制数表示一位十进制数的方法，这种用于表示十进制数的二进制代码称为二—十进制代码（Binary Coded Decimal），简称为 BCD 码。

二—十进制 BCD 码具有二进制数的形式，因此可以满足数字信息处理技术的要求，二—十进制 BCD 代码又具有十进制的特点：只有 10 种有效状态。在某些情况下，计算机也可以对这种形式的数直接进行运算。用 4 位二进制数表示一位十进制数时，所编成的代码有 2^4=16 种组合状态，而一位十进制数只有 0～9 十个数码，因此，从 16 个二进制代码中任选出 10 个表示十进制，方案显然有很多种。在实际应用中，人们按照使用的方便与否，选择出其中真正有价值的、为数不多的几种，表 1.2 为常用的二—十进制 BCD 码。

表 1.2 常用的二—十进制 BCD 码

代码种类 / 十进制数	8421 码	2421 码	5421 码	余 3 码
0	0000	0000	0000	0011
1	0001	0001	0001	0100
2	0010	0010	0010	0101
3	0011	0011	0011	0110
4	0100	0100	0100	0111
5	0101	1011	1000	1000
6	0110	1100	1001	1001
7	0111	1101	1010	1010
8	1000	1110	1011	1011
9	1001	1111	1100	1100
10	1010 非法	冗余码	冗余码	冗余码
11	1011 非法			
12	1100 非法			
13	1101 非法			
14	1110 非法			
15	1111 非法			
权	8、4、2、1	2、4、2、1	5、4、2、1	无权

从表 1.2 可看出，8421BCD 码的位权从高位到低位分别为 8、4、2、1 固定不变，故称为 8421BCD 码，也称为恒权代码，是有权码中用得最多的一种。

2421 码和 5421 码也都是有权码中的两种恒权码。其中 2421 码的特点是数码中的 0 和 9、1 和 8、2 和 7、3 和 6、4 和 5 的编码互为反码，即各位取反所得。

余 3 码是一种无权码，或者说属于一种变权码，余 3 码的每一位表示的二进制数正好比对应的 8421BCD 码表示的二进制数多余 3，故而称为余 3 码。

以上 4 种 BCD 码的代码只对应十进制 0～9 的数值，剩余编码为无效码，无效码也叫作冗余码。

5. 可靠性代码

代码在形成和传输过程中难免会产生错误，为了使代码形成时不易出错，或在出错时容易发现并进行纠错，需采用可靠性编码。常用的可靠性编码有格雷码和奇偶校验码。

（1）格雷码

格雷码（Gray Code）又叫循环二进制码或反射二进制码，与余 3 码一样属于无权码。格雷码采用绝对编码方式，典型格雷码是一种具有反射特性和循环特性的单步自补码，它的循环、单步特性消除了随机取数时出现重大误差的可能，它的反射、自补特性使得求反非常方便。因此，格雷码属于一种错误最小化的可靠性编码。

自然二进制码通常可直接由数/模转换器转换成模拟信号，但在某些情况下，例如，从十进制的 3 转换成 4 时，二进制码的每一位都要变，使数字电路产生很大的尖峰电流脉冲。而格雷码则没有这一缺点，它是一种数字排序系统，其中所有相邻整数在它们的数字表示中只有一位数字不同。格雷码在任意两个相邻的数之间转换时，只有一个数位发生变化。因此大大减少了由一个状态到下一个状态时的逻辑混乱。格雷码有多种代码形式，最常用的四位循环格雷码如表 1.3 所示。

表 1.3　典型格雷码与十进制数码、二进制数码的比较

十进制数码	二进制数码	格雷码
0	0000	0000
1	0001	0001
2	0010	0011
3	0011	0010
4	0100	0110
5	0101	0111
6	0110	0101
7	0111	0100
8	1000	1100
9	1001	1101
10	1010	1111
11	1011	1110

续表

十进制数码	二进制数码	格雷码
12	1100	1010
13	1101	1011
14	1110	1001
15	1111	1000

观察表 1.3 可知，格雷码的特点是：相邻两个代码之间仅有一位不同，其余各位均相同。当电路按格雷码计数时，每次状态更新仅有一位代码发生变化，从而减少了出错的可能性。格雷码不仅相邻两个代码之间仅有一位的取值不同，而且首、尾两个代码也仅有一位不同，构成一个"循环"，故而也称为循环码。此外，格雷码还具有"反射性"，如 0 和 15、1 和 14、2 和 13、…、7 和 8 都只有一位不同，故而格雷码又称为反射码。格雷码是由贝尔实验室的 Frank Gray 在 20 世纪 40 年代提出的，用来在使用 PCM 方法传送信号时避免出错，并于 1953 年 3 月 17 日取得美国专利，后被人们称为格雷码。格雷码的编码方式不是唯一的，本书讨论的是格雷码中最常用的四位循环格雷码。

注意　PXM是数字通信的编码方式之一。主要过程是将语音、图像等模拟信号每隔一定时间进行取样，使其离散化，将采样值按四舍五入取整量化，同时将拓样值按一组二进制代码表示采样脉冲的幅值。

（2）奇偶校验码

奇偶校验码是奇校验码和偶校验码的统称，是一种最基本的检错码。二进制信息在传送时，由于干扰，可能会发生 1 错成 0 或 0 错成 1 的问题，这种情况称为出现"误码"。

我们把如何发现传输中的错误，叫"检错"。发现错误后，如何消除错误，叫"纠错"。最简单的检错方法是采用"奇偶校验"，即在传送字符的各位之外，再传送 1 位奇/偶校验位。表 1.4 列出了可以检验出信息错误的奇偶校验码的代码。

表 1.4　奇偶校验码

十进制数码	奇校验 8421BCD 码		偶校验 8421BCD 码	
	信息位	校验位	信息位	校验位
0	0000	1	0000	0
1	0001	0	0001	1
2	0010	0	0010	1
3	0011	1	0011	0
4	0100	0	0100	1
5	0101	1	0101	0
6	0110	1	0110	0
7	0111	0	0111	1
8	1000	0	1000	1
9	1001	1	1001	0

表 1.4 为由 8421 码和一位奇偶校验位构成的 5 位奇偶校验码。在奇偶校验码中，一个代码包含两部分，一是需要传送的信息本身的信息位，由 n 位数不限的二进制代码组成，二是在 n 位长的数据代码上增加一个二进制位作为校验位，放在 n 位代码的最高位之前或最低位之后，组成 $n+1$ 位的码。这个校验位取 0 还是取 1 的原则是：若设定奇校验，应使代码里含 1 的个数连同校验位的取值共有奇数个 1；若设定为偶校验，则 n 位信息连同校验位的取值使 1 的个数为偶数。奇偶校验广泛应用于主存储器信息的校验及字节传输的出错校验。

奇偶校验的缺点是只能发现有无差错，而不能确定发生差错的具体位置，且当有偶数个二进制位发生错误时，不能发现错误，失去校验能力。

思考题

1. 为什么说十进制数和二进制数之间的转换是各种数制之间转换的关键？你对十进制数转换成二进制数的方法熟悉吗？

2. 何为代码？代码是用哪种进制数表示的？

3. 完成下列数制的转换。

（1）$(256)_{10}$=（　　　　　　　）$_2$=（　　　　　）$_{16}$

（2）$(B7)_{16}$=（　　　　　　　）$_2$=（　　　　）$_{10}$

（3）$(10110001)_2$=（　　　　）$_{16}$=（　　　）$_8$

4. 将下列十进制数转换为等值的 8421BCD 码。

（1）256　　　　　（2）4096　　　　　（3）100.25　　　　　（4）0.024

5. 写出下列各数的原码、反码和补码。

（1）[-48]　　　　　（2）[-86]

1.3　逻辑函数的基本概念和表示方法

1.3.1　逻辑函数的基本概念

1. "逻辑" 的概念

日常生活中我们会遇到很多结果完全对立而又相互依存的事件：一件事的 "是" 与 "非"，某传言的 "真" 与 "假"，电路中电压的 "高" 和 "低"，传输信号的 "有" 和 "无"，开关的 "通" 和 "断"，"工作" 和 "休息"，"灯亮" 和 "灯

逻辑代数的概念

灭" 等。这些事件状态的发生与结果之间必然遵循着一定的因果规律。如灯之所以 "亮"，是因为灯与电源 "接通" 了，灯之所以 "灭"，因为灯与电源之间 "断开" 了。电源的接通和断开是 "因"，灯亮与灯灭是 "果"。如果我们把电源接通赋值为 "1"，则电源断开就是 "0"；把灯亮赋值为 "1"，则灯灭

就是"0"。显然，上述事件中的"0"和"1"不再表示为数值的大小，而是表示了事件中相互依存的两种对立状态。

客观世界事物的发展和变化通常都具有一定的因果关系。由二值变量所构成的因果关系称"逻辑"关系。

2. 正逻辑和负逻辑

在二值变量的逻辑关系中，如果我们把"是""真""高""有""通"用逻辑"1"表示，把"非""假""低""无""断"用逻辑"0"表示时，是"正逻辑"的表示方法，反之为负逻辑。

数字信息技术中，我们遇到的大量电信号都是在两个稳定状态之间作阶跃式变化的电平信号或脉冲信号，因此数字信号的输入和输出关系实质上就是二值变量之间的逻辑关系。当高电平和脉冲到来用逻辑"1"表示，低电平和无脉冲用"0"表示时，即为"正逻辑"的表示方式。本教材中，如无特别说明，均采用正逻辑。

3. 逻辑代数

能够反映和处理逻辑关系的数学工具称为逻辑代数。逻辑代数是英国数学家格雷•布尔在19世纪中叶创立的，因此又被人们称作布尔代数。20世纪30年代，美国人克劳德•艾尔伍德•香农把布尔代数运用于开关电路中，使之很快成为分析和计算开关电路的重要数学工具，从此人们又把逻辑代数称为开关代数。

4. 逻辑变量

逻辑代数和普通代数一样，也是用英文字母表示变量，由于逻辑变量取值只有"0"和"1"，没有第三种可能，因此逻辑变量是二值变量，二值逻辑变量显然比普通代数变量简单。

值得注意的是：逻辑变量中的0和1，并不表示数字本身的量值，而是表示逻辑问题中相互依存的两种对立"状态"。

5. 逻辑函数

逻辑代数中，逻辑变量是因，逻辑函数是果，这种因果关系式即逻辑函数表达式。例如，A和B是逻辑变量，F=f(A，B)就是A和B的逻辑函数。在逻辑代数中，只要逻辑变量的取值确定，则逻辑函数F的值也就唯一确定了。

1.3.2 三种基本的逻辑关系

三种基本的逻辑关系

在逻辑关系中，最基本的逻辑关系是与逻辑、或逻辑、和非逻辑。

1. 与逻辑

当某一事件发生的所有条件都满足时，事件必然发生，至少有一个条件不满足时，事件决不会发生。这种逻辑关系称为"与"逻辑，也叫做逻辑乘。

在图1.4中，若以灯亮作为事件发生的结果，以开关是否闭合作为事件发生的条件时，可以得到下面的结论：当开关A、B、C中有一个或一个以上处于断开状态时，灯F就不会亮；只有所有的开关都处于闭合状态时，灯F才会亮。

本事件中采用正逻辑，即开关"闭合"为逻辑"1"，开关"断

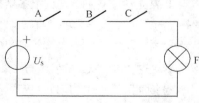

图1.4 "与"逻辑关系

开"为逻辑"0"；灯"亮"为逻辑"1"，灯"灭"为逻辑"0"。则可得出灯和开关之间的逻辑对应关系，这种用表格形式列出的逻辑关系叫做真值表，如表 1.5 所示。

表1.5　与逻辑真值表

A	B	C	F
0	0	0	0
0	0	1	0
0	1	0	0
0	1	1	0
1	0	0	0
1	0	1	0
1	1	0	0
1	1	1	1

真值表中的 A、B、C 是逻辑关系中的输入变量，F 是逻辑关系中的输出变量，用逻辑函数式表示输入变量和输出变量之间的逻辑关系时，可表示为：

$$F = A \cdot B \cdot C$$

（1.1）

式（1.1）中的"·"是"与"逻辑运算符，与逻辑运算符的运算优先级别最高，在不发生混淆的条件下，与逻辑运算符可以略写。显然，与逻辑的运算功能是"输入有 0，输出为 0；输入全 1，输出为 1"。

2. 或逻辑

当某一事件发生的所有条件中至少有一个条件满足时，事件必然发生，当全部条件都不满足时，事件决不会发生。这种逻辑关系称为"或"逻辑关系，也称为逻辑加。

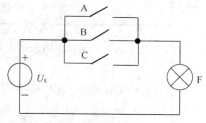

图1.5　或逻辑关系

在图 1.5 中，若以灯亮作为事件发生的结果，以开关是否闭合作为事件发生的条件时，可以得到下面的结论：当有一个或一个以上的开关处于闭合状态时，灯 F 就会亮；当所有开关都处于断开状态时，灯 F 不会亮。

定义开关"闭合"为逻辑"1"，开关"断开"为逻辑"0"；灯"亮"为逻辑"1"，灯"灭"为逻辑"0"时，可得到开关和灯之间的逻辑对应关系如表 1.6 所示。

表1.6　或逻辑真值表

A	B	C	F
0	0	0	0
0	0	1	1
0	1	0	1
0	1	1	1
1	0	0	1
1	0	1	1
1	1	0	1
1	1	1	1

或逻辑除了用真值表表示之外，同样可以用逻辑函数式进行表达：

$$F = A + B + C \qquad (1.2)$$

式（1.2）中，F 是输出变量，A、B、C 是输入变量。式中的运算符"＋"表示或逻辑运算符，其运算优先级别低于与逻辑运算符。显然，或逻辑的运算功能为"输入有 1，输出为 1；输入全 0，输出为 0"。

3. 非逻辑

当某一事件相关的条件不满足时，事件必然发生，当条件满足时，事件决不会发生，这种逻辑关系称为非逻辑运算关系。

仍以灯亮作为事件发生的结果，以开关是否闭合作为事件发生的条件。在图 1.6 所示电路中，很容易看出：开关 A 处于断开状态时，由于电源和灯构成了闭合通路，所以灯 F 点亮；开关 A 处于闭合状态时，由于电源支路被短路而灯 F 无法点亮。

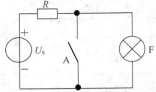

图1.6 非逻辑关系举例

当定义开关闭合为逻辑"1"，开关断开为逻辑"0"；灯亮为逻辑"1"，灯灭为逻辑"0"时，可得到开关和灯之间的逻辑对应关系如真值表 1.7 所示。

表 1.7 非逻辑真值表

A	F
1	0
0	1

表 1.7 所示的"非"逻辑关系也可以用逻辑函数式表示，即：

$$F = \overline{A} \qquad (1.3)$$

式（1.3）中，输入变量 A 头顶的横杠表示逻辑"非"运算符，可理解为"取反"。显然，非逻辑中只有一个逻辑变量，其运算功能可概括为：输入为 0，输出为 1；输入为 1，输出为 0。

1.3.3 复合逻辑运算

在逻辑代数中，除了与、或、非三种基本运算外，还会经常用到由三种基本运算组成的一些复合逻辑运算。

复合逻辑运算

1. 与非运算

一个与逻辑和一个非逻辑可以构成与非运算，其表示式为

$$F = \overline{A \cdot B} \qquad (1.4)$$

与非逻辑的功能显然和与逻辑相反，即：输入有 0，输出为 1；输入全 1，输出为 0。

2. 或非运算

一个或逻辑和一个非逻辑可以构成或非运算，表达式为

$$F = \overline{A + B} \qquad (1.5)$$

或非逻辑的功能显然和或逻辑相反，即：输入有 1，输出为 0；输入全 0，输出为 1。

3. 与或非运算

具有两变量 A、B 的与逻辑和具有两变量 C、D 的与逻辑相或后再与非逻辑相连，可构成与或非

逻辑，逻辑函数式表述为

$$F = \overline{A \cdot B + C \cdot D} \tag{1.6}$$

与非逻辑的功能可表述为：与逻辑中只要有一个输出为 1，则与或非运算的输出为 0；如果与逻辑的输出全为 0，与或非运算的输出为 1。

4. 异或运算

异或运算是只有两变量的逻辑运算。设输入变量为 A、B，输出变量为 F，则输出与输入之间的逻辑关系表示为

$$F = \overline{A}B + A\overline{B} = A \oplus B \tag{1.7}$$

式（1.7）中，运算符 ⊕ 读作"异或"。从异或逻辑关系可看出，异或运算功能为：输入相同时，输出为 0；输入相异时，输出为 1。

5. 同或运算

同或运算也是只有两变量的逻辑运算。设输入变量为 A、B，输出变量为 F，则输出与输入之间的逻辑关系表示为

$$F = \overline{A}\,\overline{B} + AB = \overline{A \oplus B} \tag{1.8}$$

由式（1.8）可看出，同或运算是异或运算的反。同或逻辑运算的功能可概括为：输入相同时，输出为 1；输入相异时，输出为 0。

1.3.4 逻辑函数的表示方法

逻辑函数的表示方法有多种，最常用的有三种：逻辑函数式、真值表和逻辑图。

逻辑代数的基本公式、定律和规则

1. 逻辑函数式

逻辑函数式是用与、或、非等基本逻辑运算来表示输入变量和输出函数间因果关系的逻辑运算式，如前所示 F=AB 的与逻辑函数式等。逻辑函数式常用与或运算形式表示。如异或关系的逻辑运算表达式为：$F = \overline{A}B + A\overline{B} = A \oplus B$；与或非运算的逻辑函数式为：$F = \overline{\overline{A}B + A\overline{B}}$；同或关系运算的逻辑函数为：$F = AB + \overline{A}\,\overline{B} = \overline{A \oplus B}$ 等。

2. 真值表

真值表是根据给定的逻辑问题，把输入逻辑变量各种可能的取值组合，与逻辑函数之间的一一对应关系排列成表格形式。逻辑真值表具有唯一性。若两个逻辑函数具有相同的真值表，则两个逻辑函数必然相等。当逻辑函数有 n 个变量时，共有 2^n 个不同的变量取值组合。列真值表时为避免遗漏，变量的取值组合一般按 n 位二进制数递增顺序列出。

3. 逻辑图

逻辑图是用基本逻辑关系和复合逻辑关系的逻辑图符号组成的对应于某一逻辑功能的逻辑电路图。基本逻辑关系表示的逻辑图符号，如图 1.7 所示。

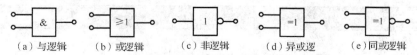

（a）与逻辑　（b）或逻辑　（c）非逻辑　（d）异或逻辑　（e）同或逻辑

图1.7 基本逻辑关系逻辑图

例如，与非运算关系和或非运算的逻辑图可用图 1.8 表示。

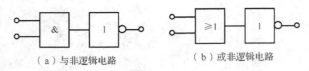

（a）与非逻辑电路　　　　　　　（b）或非逻辑电路

图1.8　逻辑图示例

根据逻辑函数式画逻辑图时，只要把逻辑函数式中各逻辑运算用相应逻辑图符号代替，就可画出和逻辑函数相对应的逻辑图。

思考题

1. 逻辑变量和普通代数变量有何不同？
2. 什么是逻辑？何谓正逻辑？何谓负逻辑？
3. 逻辑关系常用的表示方法有哪些？

1.4　逻辑代数的基本公式、定律和规则

逻辑代数是分析数字逻辑电路中输出和输入变量之间逻辑关系的重要工具之一。

1.4.1　逻辑代数的基本公式

逻辑代数的基本公式是一些不需要证明的、可以直观看出的恒等式，是逻辑代数的基础。利用逻辑代数的基本公式可以化简逻辑函数，还可以推论证明一些逻辑代数的基本定律。

1. 逻辑常量运算的基本公式

逻辑常量只有 0 和 1 两个。对于常量间的与、或、非三种基本逻辑运算公式，如表 1.8 所示。

表 1.8　逻辑常量运算的基本公式

与运算	或运算	非运算
$0 \cdot 0 = 0$	$0 + 0 = 0$	$\overline{1} = 0$
$0 \cdot 1 = 0$	$0 + 1 = 1$	$\overline{0} = 1$
$1 \cdot 0 = 0$	$1 + 0 = 1$	
$1 \cdot 1 = 1$	$1 + 1 = 1$	

2. 逻辑变量、常量运算的基本公式

设 A 为逻辑变量，则逻辑变量与逻辑常量间运算的基本公式，如表 1.9 所示。

表 1.9　逻辑变量、常量运算的基本公式

与运算	或运算	非运算
$A \cdot 0 = 0$	$A + 0 = A$	
$A \cdot 1 = A$	$A + 1 = 1$	$\overline{\overline{A}} = A$
$A \cdot A = A$	$A + A = A$	
$A \cdot \overline{A} = 0$	$A + \overline{A} = 1$	

由于变量 A 的取值只能是 0 或 1，因此当 A≠0 时，必有 A=1。我们把表 1.9 中相同变量之间的运算称为重叠律，如 A·A=A 和 A+A=A；0 和 1 与变量之间的运算称为 0-1 律，如 A·1=A、A+1=1；把两个互非变量间的运算称为互补律，如 A·$\overline{A}$=0 和 A+$\overline{A}$=1。

1.4.2　逻辑代数的基本定律

逻辑代数的基本定律是分析、设计逻辑电路，化简和变换逻辑函数工的重要工具。逻辑代数的基本定律中有一些与普通代数相似，有一些则有其独自的特性，因此要严格区分，不能与普通代数的定律相混淆。

1. 与普通代数类似的定律

逻辑代数中的交换律、结合律和分配律与普通代数类似，如表 1.10 表示。

表 1.10　逻辑代数中的交换律、结合律和分配律

交换律	A+B=B+A
	A·B=B·A
结合律	A+B+C=(A+B)+C=A+(B+C)
	A·B·C=(A·B)·C =A·(B·C)
分配律	A·(B+C)=AB+AC
	A+BC=(A+B)(A+C)

表 1.10 中，交换律和结合律与普通代数类同，而分配律中的第 2 条则是普通代数所没有的，读者可用逻辑代数的基本公式和基本定律加以证明。

2. 吸收律

吸收律可以利用逻辑代数的基本公式推导出来，是逻辑函数化简中常用的基本定律。吸收律可以用表格形式列出，如表 1.11 所示。

表 1.11　吸收律

吸收律	证明
$AB + A\overline{B} = A$	$AB + A\overline{B} = A(B + \overline{B}) = A \cdot 1 = A$
A+AB=A	A+AB=A(1+B)=A·1=A
$A + \overline{A}B = A + B$	$A + \overline{A}B = (A + \overline{A})(A + B) = 1 \cdot (A+B) = A + B$
$AB + \overline{A}C + BC = AB + \overline{A}C$	$AB + \overline{A}C + BC = AB + \overline{A}C + BC(A + \overline{A})$ $= AB + \overline{A}C + ABC + \overline{A}BC$ $= AB(1+C) + \overline{A}C(1+B)$ $= AB + \overline{A}C$

利用吸收律化简逻辑函数时，某些项的因子在化简中被吸收掉，从而使逻辑函数变得简单。

3. 摩根定律（反演律）

摩根定律具有两种形式：①$\overline{A \cdot B} = \overline{A} + \overline{B}$ 和② $\overline{A + B} = \overline{A} \cdot \overline{B}$

反演律可以利用真值表进行证明。如表 1.12 和表 1.13 所示。

表 1.12 $\overline{A \cdot B} = \overline{A} + \overline{B}$ 的证明

A B	$\overline{A \cdot B}$	$\overline{A} + \overline{B}$
0 0	1	1
0 1	1	1
1 0	1	1
1 1	0	0

表 1.13 $\overline{A + B} = \overline{A} \cdot \overline{B}$ 的证明

A B	$\overline{A + B}$	$\overline{A} \cdot \overline{B}$
0 0	1	1
0 1	0	0
1 0	0	0
1 1	0	0

反演律在逻辑函数的化简中应用非常普遍。

1.4.3 逻辑代数的重要规则

1. 代入规则

代入规则内容：对于任一个含有变量 A 的逻辑等式，可以将等式两边的所有变量 A 用同一个逻辑函数替代，替代后等式仍然成立。

代入规则的正确性是由逻辑变量和逻辑函数的二值性保证的。因为逻辑变量只有 0 和 1 两种取值，无论 A=0 还是 A=1 代入逻辑等式中，等式都一定成立，而逻辑函数值也只有 0 和 1 两种取值，所以用它替代逻辑等式中的变量 A 后，等式当然仍成立。

代入规则在推导公式中用处很大。因为将已知等式中某一变量用任意一个函数代替后，就得到了新的等式，从而扩大了等式的应用范围。

例如，已知 $\overline{A \cdot B} = \overline{A} + \overline{B}$ ，若用 $G = A \cdot C$ 代替等式中的 A ，根据代入规则，有：$\overline{A \cdot C \cdot B} = \overline{A \cdot C} + \overline{B} = \overline{A} + \overline{C} + \overline{B}$ 等式仍然成立。

2. 反演规则

对于任意一个函数表达式 F，如果将 F 中所有的与运算符·换成或运算符+，或运算符+换成与运算符·，0 换成 1，1 换成 0，原变量换成反变量，反变量换成原变量，则得到原来逻辑函数 F 的反函数 $\overline{F}$。这个变换规则叫做反演规则。应用反演规则时需注意以下两点。

（1）变换后的运算顺序要保持变换前的运算优先顺序不变，即先变换括号内的，再变换逻辑乘，最后变换逻辑加，必要时可加括号表明运算的先后顺序。

（2）规则中的反变量换成原变量，原变量换成反变量只对单个变量有效，而对于与非、或非等运算的长非号则保持不变。

例如　　　　　　　　　$F = \overline{A} \cdot \overline{B} + C \cdot D + 0$

则 $\qquad \overline{F} = \overline{A} \cdot \overline{B} + C \cdot D + 0 = (A+B) \cdot (\overline{C} + \overline{D}) \cdot 1$;

又如 $\qquad F = \overline{\overline{A+B} + \overline{\overline{C}} + D + \overline{\overline{E}}}$

则 $\qquad \overline{F} = A + B + \overline{C} + D + \overline{E} = \overline{A} \cdot \overline{B} \cdot C \cdot \overline{D} \cdot E$ 。

反演规则的意义在于，利用它可以比较容易地求出一个逻辑函数的反函数。

3. 对偶规则

对于任何一个逻辑函数表达式 F，如果把式中所有的"+"换成"·"，"·"换成"+"；"0"换成"1"，"1"换成"0"，就可得到一个新的逻辑函数式，记作 F′。

例如 $\qquad F = A + B \cdot \overline{C}$

则 $\qquad F' = A \cdot (B + \overline{C})$;

又如 $\qquad F = (A+B) \cdot (A + C \cdot 1)$

则 $\qquad F' = A \cdot B + A \cdot (C + 0)$ 。

在使用对偶规则时，同样要注意运算符号的优先顺序。利用对偶规则，可以把基本逻辑定律和公式扩大一倍，扩大的基本定律和公式的对偶式当然也可以作为基本定律加以运用。

思考题

1. 为什么说逻辑等式都可以用真值表来证明？
2. 求逻辑函数的反函数可采用什么方法？
3. 逻辑代数中有哪些重要规则？试述代入规则的内容。

1.5 逻辑函数及其化简

根据逻辑问题归纳出来的逻辑代数式往往不是最简逻辑表达式，对逻辑函数进行化简和变换，可以得到最简的逻辑函数式和所需要的形式，设计出最简洁的逻辑电路。这对于节省元器件，优化生产工艺，降低成本和提高系统的可靠性，提高产品在市场的竞争力都是非常重要的。因为，只有表达式最简单时，构成的逻辑电路才最经济。显然，逻辑函数式的化简，直接关系到数字电路的复杂程度和性能指标。

1.5.1 逻辑函数的常用形式

逻辑函数的表达式不是唯一的，可以有多种形式，并且各种形式之间可以相互转换。常见的逻辑函数式主要有 5 种形式。设逻辑函数为 $F = AB + \overline{B}C$ 。

1. 与–或表达形式

逻辑函数的与–或表达式的表达形式为： $F_1 = AB + \overline{B}C$ 。

2. 或–与表达形式

逻辑函数的或–与表达式的形式为： $F_2 = (A + \overline{B})(B + C)$ 。

3. 与非-与非表达式

逻辑函数的与非-与非表达式的形式为：$F_3 = \overline{\overline{AB} \cdot \overline{\overline{BC}}}$ 。

4. 或非-或非表达式

逻辑函数的或非-或非表达形式为：$F_4 = \overline{\overline{A + \overline{B}} + \overline{\overline{B} + C}}$ 。

5. 与或非表达式

逻辑函数的的与或非表达形式为：$F_5 = \overline{A \cdot B + \overline{B}C}$ 。

上述逻辑函数的表达形式之间可以利用逻辑代数的基本定律实现变换。从上述逻辑函数的表达形式中可以看出，不同形式的逻辑函数式的繁简程度相差很大。但是，大多都可以根据最简与-或式变换得到。即最为常用的逻辑函数表达的形式是与一或表达式。

1.5.2　逻辑函数的代数化简法

代数化简法就是应用逻辑代数的基本公式、基本定律和重要规则，对已有逻辑表达式进行化简的工作。逻辑函数在化简过程中，通常化简为最简与或式。

而最简与-或式的标准如下。

（1）逻辑函数式中的与项（各种项）的个数最少。

（2）每个与项中的变量个数最少。

逻辑函数的代数化简法中包括以下几种方法。

1. 并项法

并项法化简逻辑函数的核心思想是利用基本公式 $AB + A\overline{B} = A$ ，消去一个互非的变量后，将两项合并为一项。

【例1.6】化简逻辑函数 $F = AB + AC + A\overline{BC}$ 。

【解】先对函数式各项提取公因子 A，

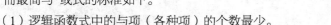

$$F = AB + AC + A\overline{BC}$$
$$= A(B + C + \overline{B + C}) \text{ 。}$$

令括号内 B+C=D，则原式可化简为

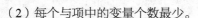

$$F = AB + AC + A\overline{BC}$$
$$= A(D + \overline{D}) = A \text{ 。}$$

2. 吸收法

吸收法化简逻辑函数的核心思想是利用基本公式 $A + AB = A$ ，将多余项 AB 吸收掉。

【例1.7】化简逻辑函数 $F = AB + A\overline{C} + A\overline{B}\overline{C}$ 。

【解】将逻辑函数中的第 2 项和第 3 项中的公因子 $A\overline{C}$ 提取，则冗余项 $A\overline{B}\overline{C}$ 或吸收掉。

$$F = AB + A\overline{C} + A\overline{B}\overline{C} = AB + A\overline{C} \text{ 。}$$

3. 消去法

消去法化简逻辑函数的核心思想是利用基本公式 $A + \overline{A}B = A + B$ ，消去与项 $\overline{A}B$ 中的多余因子 $\overline{A}$ 。

【例1.8】化简逻辑函数 $F = AB + \overline{A}C + \overline{B}C$ 。

【解】$\qquad\qquad F = AB + \overline{A}C + \overline{B}C = AB + C\overline{AB} = AB + C \text{ 。}$

4. 配项法

配项法化简逻辑函数的核心思想是：在不能直接运用公式化简的情况下，可通过基本公式 $A + \overline{A} = 1$，将某一项配因子 $A + \overline{A}$，然后将一项拆为两项，再与其它项合并化简。

【例 1.9】 化简逻辑函数 $F = AB + \overline{A}C + BC$。

【解】

$$\begin{aligned}
F &= AB + \overline{A}C + BC \\
&= AB + \overline{A}C + ABC + \overline{A}BC \\
&= AB(1 + C) + \overline{A}C(1 + B) \\
&= AB + \overline{A}C
\end{aligned}$$

采用代数法化简逻辑函数时，所用的具体方法不是唯一的，最后的表示形式也可能稍有不同，但各种最简结果的与-或式中，乘积项数相同，乘积项中变量的个数对应相等。

显然，采用逻辑代数法化简时，需熟练掌握和运用逻辑代数的基本公式、定律和规则，并多做练习具备一定的解题技巧。

1.5.3 用卡诺图表示逻辑函数

1. 最小项的概念

在 n 个变量逻辑函数的与-或表达式中，如果与项包含了全部变量，并且每个变量在与项中或以原变量或以反变量只出现一次，则该与项就定义为逻辑函数的最小项。

最小项的概念

显然，n 个变量的最小项有 2^n 个。

例如，两变量 A 和 B，它们的最小项数为 $2^2 = 4$ 个，分别记作 $m_0 = \overline{A}\,\overline{B}$、$m_1 = A\overline{B}$、$m_2 = \overline{A}B$ 和 $m_3 = AB$。当各最小项中的原变量用 1、反变量用 0 表示时，可得到最小项的表示为：$m_0 = 00$，$m_1 = 01$，$m_2 = 10$，$m_3 = 11$。

显然，最小项 m 的注脚正好与自然两位二进制数相对应。

三变量 A、B、C 最多可构成 2^3 个最小项：分别是 $\overline{A}\,\overline{B}\,\overline{C}$、$\overline{A}\,\overline{B}C$、$\overline{A}B\overline{C}$、$\overline{A}BC$、$A\overline{B}\,\overline{C}$、$A\overline{B}C$ 和 $AB\overline{C}$ 和 ABC，当最小项中原变量用 1、反变量用 0 表示时，三变量的最小项可表示为：$m_0 = 000$，$m_1 = 001$，$m_2 = 010$，$m_3 = 011$，$m_4 = 100$，$m_5 = 101$，$m_6 = 110$，$m_7 = 111$。

显然，各最小项的注脚分别与自然三位二进制数相对应。

四变量最多能构成 2^4 个最小项：$\overline{A}\,\overline{B}\,\overline{C}\,\overline{D}$、$\overline{A}\,\overline{B}\,\overline{C}D$、$\overline{A}\,\overline{B}C\overline{D}$、$\overline{A}\,\overline{B}CD$、$\overline{A}B\overline{C}\,\overline{D}$、$\overline{A}B\overline{C}D$、$\overline{A}BC\overline{D}$、$\overline{A}BCD$、$A\overline{B}\,\overline{C}\,\overline{D}$、$A\overline{B}\,\overline{C}D$、$A\overline{B}C\overline{D}$、$A\overline{B}CD$、$AB\overline{C}\,\overline{D}$、$AB\overline{C}D$、$ABC\overline{D}$、$ABCD$，当最小项中原变量用 1、反变量用 0 表示时，三变量的最小项可表示为：$m_0 = 0000$，$m_1 = 0001$，$m_2 = 0010$，$m_3 = 0011$，$m_4 = 0100$，$m_5 = 0101$，$m_6 = 0110$，$m_7 = 0111$。$m_8 = 1000$，$m_9 = 1001$，$m_{10} = 1010$，$m_{11} = 1011$，$m_{12} = 1100$，$m_{13} = 1101$，$m_{14} = 1110$，$m_{15} = 1111$。

可见，各最小项的注脚分别与自然四位二进制数相对应。

2. 最小项的性质

最小项具备下列性质。

（1）对于任意一个最小项，只有一组变量取值可使它的值为 1，而变量取其余各组值时，该最小项均为 0。

（2）不同的最小项，使它的值为 1 的那组变量取值也不同。

（3）对于变量的任一组取值，任意两个最小项的乘积为 0。

（4）变量全部最小项之和恒等于 1。

3. 最小项表达式

任何一个逻辑函数都可以表示为最小项的标准形式—最小项相"或"表达式，最小项标准表达式的形式是惟一的。例如，两变量的最小项标准表达式为

$$F(A,B) = \overline{A}\,\overline{B} + \overline{A}B + A\overline{B} + AB \text{。}$$

三变量的最小项标准表达式为

$$F(A,B,C) = \overline{A}\,\overline{B}\,\overline{C} + \overline{A}\,\overline{B}C + \overline{A}B\overline{C} + \overline{A}BC + A\overline{B}\,\overline{C} + A\overline{B}C + AB\overline{C} + ABC \cdots\cdots$$

4. 卡诺图

卡诺图是一种平面方格阵列图，它将最小项按相邻原则排列到小方格内，因此又叫做最小项方格图。画卡诺图时应遵循几何相邻原则，即：任意两个几何位置相邻的最小项之间，只允许有一个变量的取值不同。

根据卡诺图画图规则，图 1.9 分别画出了两变量、三变量和四变量的卡诺图。

在二变量的卡诺图中，因为两变量的最小项数是 $2^2=4$ 个，所以应画出 4 个小方格。四个小方格中各最小项的位置如图 1.9（a）所示。最小项方格的左侧标示的 0 表示变量 A 的反变量，1 表示 A 的原变量；最小项方格上方的 1 表示 B 的原变量，0 表示 B 的反变量。

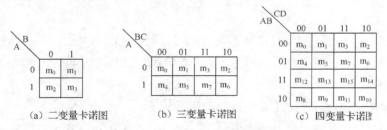

（a）二变量卡诺图　　　（b）三变量卡诺图　　　（c）四变量卡诺图

图1.9　二、三、四变量卡诺图

在三变量的卡诺图中，因三变量的最小项数是 $2^3=8$ 个，所以应画出 8 个小方格。8 个小方格中各最小项的位置如图 1.9（b）所示。最小项方格的左侧标示的 0 表示变量 A 的反变量，1 表示 A 的原变量；卡诺图方格上方表示了变量 BC 的组合，其中 0 是反变量、1 是原变量，BC 两变量的排列顺序遵循相邻原则，按照：00→01→11→10 排列。

在四变量的卡诺图中，因四变量的最小项数是 $2^4=16$，所以应画出 16 个小方格。16 个小方格中各最小项的位置如图 1.9（c）所示。最小项方格的左侧标示的是变量 AB 的组合，其中 0 是它们的反变量，1 是原变量；卡诺图方格上方表示了变量 BC 的组合，其中 0 是反变量、1 是原变量，AB 和两变量和 BC 两变量的排列顺序均遵循相邻原则，按照：00→01→11→10 排列。

由图 1.9 不难看出，相邻行（列）之间的变量组合中，仅有一个变量不同，同一行（列）两端的小方格中，也是仅有一个变量不同，即同一行（列）两端的小方格具有几何位置相邻的特点。

5. 用卡诺图表示逻辑函数

用卡诺图表示逻辑函数时，将函数中出现的最小项，在对应卡诺图方格中填入 1，没有的项填 0（或不填），所得图形即为该函数的卡诺图。

【例1.10】画出逻辑函数 $F = AB + A\overline{C} + AB\overline{C}$ 的卡诺图。

【解】三变量的逻辑函数需画出 8 个最小项方格的卡诺图，第 1 项和第 2 项只有两个变量，显然不是标准最小项，而是合并了互非变量后生成的两最小项的简化形式，即 $AB = ABC + AB\overline{C}$ ，$A\overline{C} = AB\overline{C} + A\overline{B}\overline{C}$ ，第 3 项 $AB\overline{C}$ 是标准最小项。上述五个最小项中，有两个是重复的，对重复的最小项，只需在其对应方格内填入一个 1 即可。因此分别在 $A\overline{B}\overline{C}$ =100 的对应方格、ABC=110 的对应方格和 $AB\overline{C}$ =110 对应的方格内填入 1，逻辑函数 F 对应的卡诺图如图 1.10 所示就画出来了。

【例1.11】画出逻辑函数 $F = \Sigma m$（0，3，4，6，7，12，14，15）的卡诺图。

【解】从逻辑函数表达式中可看出，该逻辑函数是四变量的，所以卡诺图应为具有 16 个最小项的方格图。因为该逻辑函数式已直接给出包含的所有最小项，因此直接按照各最小项的位置在方格内填写 "1" 即可，如图 1.11 所示。

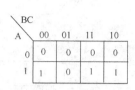

图1.10　例1.10卡诺图

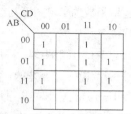

图1.11　例1.11卡诺图

归纳用卡诺图表示逻辑函数的方法可分为以下 3 步。

首先，应先把逻辑函数展开为与-或形式，因为与-或形式的逻辑函数填卡诺图方便、省时、效率高。

其次，根据逻辑函数中变量 n 的个数确定卡诺图所需要的方格数 2^n 个，注意卡诺图的画法应满足几何相邻原则。

最后，根据与-或式中的每个与项所包含的最小项，分别用 1 填入卡诺图对应的最小项方格中。对于有重复最小项的方格只需填入一个 1，最小项全部填入卡诺图中后，用卡诺图表示的逻辑函数就完成了。

1.5.4　逻辑函数的卡诺图化简法

利用卡诺图化简逻辑函数的方法称为卡诺图化简法或图形化简法，化简的依据是具有相邻性的最小项可以合并，并消去互非的因子。由于在卡诺图上几何位置相邻与逻辑上的相邻性一致，因而从卡诺图上能直观地找出那些具有相邻性的最小项，并将其合并化简。

卡诺图表示法

1. 合并最小项的规则

两个为 1 的最小项，当它们几何相邻时，可以合并为一项，同时消去 1 个互非的变量。

四个为 1 的最小项，当它们几何相邻时，可以合并为一项，同时消去 2 个互非的变量。

八个为 1 的最小项，当它们几何相邻时，可以合并为一项，同时消去 3 个互非的变量。

注意　　所谓几何相邻，卡诺图上的同 1 行或同 1 列相邻的 2 个或 4 个最小项，同一行中左右两侧的或同一列中上下两边的 2 个方格或 4 个方格均为几何相邻；或处于两行、两列且相邻，对四变量卡诺图的四个角、左右两侧相邻两列、上下两侧相邻两行几何相邻的概念均适用。

如果逻辑变量数为 5 个或 5 个以上，用卡诺图化简时，合并的小方格应组成正方形或长方形，同时满足相邻原则。但化简优势不再明显。

2. 利用卡诺图化简逻辑函数式的步骤

（1）根据变量的数目，画出相应方格数的卡诺图。

（2）根据逻辑函数式，把所有为"1"的最小项填入卡诺图中。

（3）用卡诺圈把几何相邻的最小项进行合并，合并时应遵照卡诺圈最大化原则。

（4）根据所圈的卡诺圈，消除圈内全部互非的变量，每一个圈作为一个"与"项，将各"与"项相或，即为化简后的最简与或表达式。

3. 利用卡诺图化简逻辑函数举例

【例 1.12】化简例 1.9 的逻辑函数 $F = \sum m$（0，3，4，6，7，12，14，15）。

【解】此逻辑函数的卡诺图填写在前面已经完成，利用卡诺图化简如图 1.12 所示。

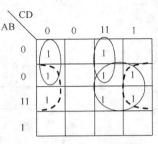

图1.12　例1.12卡诺图

卡诺图中 m_0 和 m_4 几何相邻，可用一个卡诺圈将它们圈起来。由于此卡诺圈中只有变量 B 是互非的，所以 B 被消去，保留其余三个变量 $\overline{A}C\overline{D}$；$m_3$ 和 m_7 几何相邻，也可用一个卡诺圈把它们圈起来。由于此卡诺圈中也是只有变量 B 互非，因此消去 B 后保留其余三个变量 $\overline{A}CD$。显然上述操作中告诉我们，卡诺圈圈住 $2^1=2$ 个最小项时，可消去 1 个互非的变量。卡诺图中有 m_6、m_7、m_{14} 和 m_{15} 几何相邻，因此可用一个卡诺圈把它们圈起来。此卡诺圈中变量 A 和 D 互非，因此消去 A 和 D 后保留其余两个变量 BC；卡诺图中还有 m_4、m_{12}、m_6 和 m_{15} 几何相邻，可用两个半圈构成一个卡诺圈将它们圈起来（卡诺图可视为球状的）。由于此卡诺圈中变量 A 和 C 互非，所以 A 和 C 被消去，保留其余两个变量 $B\overline{D}$。由上述操作过程可知：卡诺圈圈住 $2^2=4$ 个最小项时，可消去 2 个互非的变量。以此类推，卡诺圈若圈住 $2^3=8$ 个最小项时，可消去 3 个互非的变量，……若圈住 2^n 个最小项时，就可消去 n 个互非的变量。

例 1.12 的化简结果为：$F = \overline{A}C\overline{D} + \overline{A}CD + BC + B\overline{D}$。

由于卡诺图化简法对变量在 4 个以下的逻辑函数式效果较好，变量太多时由于卡诺图的方格数太多，因此卡诺图化简的优越性也就无法体现或体现不出了。因此，利用卡诺图化简逻辑函数，通常只用于不超过 4 个变量的逻辑函数式。

【例 1.13】用卡诺图化简 $F = A\overline{B}CD + ABC\overline{D} + A\overline{B} + A\overline{D} + A\overline{B}C$。

【解】将函数 $F = A\overline{B}CD + ABC\overline{D} + A\overline{B} + A\overline{D} + A\overline{B}C$ 填入卡诺图中：填写 $A\overline{B}CD$ 时，找出 AB 为 10 的行和 CD 为 01 的列，在它们交叉点对应的小方格内填 1，填写 $ABC\overline{D}$ 时，找出 AB 为 11 的行和 CD 为 00 的列，在它们交叉点对应的小方格内填 1，填写 $A\overline{B}$ 时找出 AB＝10 的行，每个小方格内填入 1；填写 $A\overline{D}$ 时找出 A＝1 的行和 D＝0 的列，在它们交叉点对应的小方格内填入 1；填写 $A\overline{B}C$ 时找出 AB＝10 的行，再找出 C＝1 的列，在它们交叉点对应的小方格内填入 1；然后按合并原则用卡

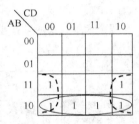

图1.13　例1.13卡诺图

诺圈圈项化简，如图 1.13 所示。化简后得 $F = A\overline{B} + A\overline{D}$。

4. 带有约束项的逻辑函数的化简

如果一个有 n 个变量的逻辑函数，它的最小项数为 2^n 个，但在实际应用中可能仅用一部分，另外一部分禁止出现或者出现后对电路的逻辑状态无影响时，称这部分最小项为无关最小项，也叫做约束项，用 d 表示。例如 8421BCD 码中的 1010～1111 即约束项。

由于无关最小项对最终的逻辑结果不产生影响，因此在化简的过程中，可以根据化简的需要将这些约束项看作 1 或者 0。约束项在卡诺图中填写时一般用×表示。

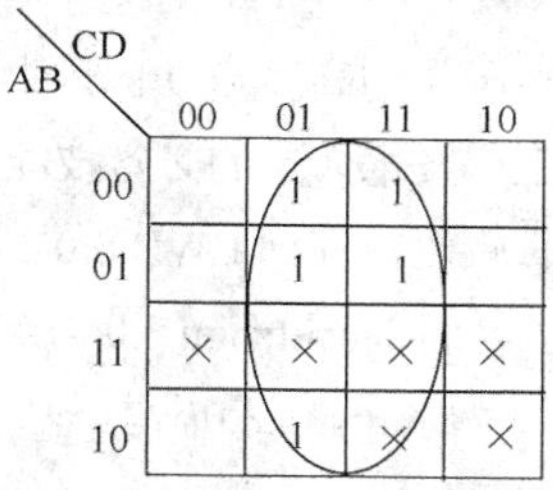

【例 1.14】用卡诺图化简 $F = \sum m$（1，3，5，7，9）$+ \sum d$（10，11，12，13，14，15），其中 $\sum d$（10，11，12，13，14，15）表示约束项。

【解】先做出此函数的卡诺图如图 1.14 所示。利用约束项化简时，根据需要将 m_{11}、m_{13}、m_{15} 对应的方格看作 1，m_{10}、m_{12}、m_{14} 看作 0 时，只需圈一个卡诺圈即可。

AB\CD	00	01	11	10
00		1	1	
01		1	1	
11	×	×	×	×
10	1		×	×

图1.14 例1.14卡诺图

合并后得最简函数 $F = D$。

利用约束项化简的过程中，应注意尽量不要将不需要的约束项也画入圈内，否则得不到函数的最简形式。

思考题

1. 逻辑代数的运算应遵循的规则有哪些？

2. 用代数法化简下列逻辑函数表达式。

（1）$F = ABC + \overline{B}C$

（2）$F = A\overline{B}(A + B)$

（3）$F = AB + \overline{A}C + BC$

（4）$F = ABCD + \overline{B}C + \overline{A}D$

（5）$F = \overline{C}\overline{D} + \overline{C}D + C\overline{D} + CD$

（6）$F = \overline{A}BD + \overline{A}\overline{B}C + A$

3. 你能说出两变量、三变量、四变量的最小项个数吗？若有 n 个变量，其最小项数又为多少呢？

4. 将 $F = A\overline{B} + \overline{A}(\overline{B}C + B\overline{C})$ 写成为最小项表达式。

5. 将 $F = AB\overline{C} + \overline{A}BC + AC$ 化为最简与或式。

6. 用卡诺图化简下列逻辑函数。

（1）$F = A\overline{B}C + ABC\overline{D} + A(B + \overline{C}) + BC$

（2）$F(A、B、C、D) = \sum m(0, 1, 4, 5, 6, 12, 13)$

7. 充分利用无关项化简下列逻辑函数。

（1）$F(A,B,C,D) = \sum m(1,3,4,9,11,12,14,15) + \sum d(5,6,7,13)$

（2）$F(A,B,C,D) = \sum m(0, 1, 4, 9, 12, 13) + \sum d(2,3,6,10,11,14)$

1.6 应用能力训练环节

Multisim 8.0 电路仿真软件学习。

1. Multisim 8.0 电路仿真软件简介

利用计算机仿真软件在虚拟环境下"通电"工作，并用各种虚拟仪器测量，对电路进行分析的方法称为电路仿真。电路仿真技术可以实现电路原理图的输入、实际电路的仿真分析以及印刷电路板制作的高度自动化，大大提高电子设计人员的工作效率，因此，学习和掌握电路仿真技术是电子工程技术人员的必备技能。本教材主要介绍由加拿大交互式图像技术公司推出的 Multisim 8.0 电路仿真软件，简称 EWB 8.0。该软件功能很强，我们仅针对数字电子技术课程的学习做简要介绍。

（1）Multisim 8.0 电路仿真软件的操作界面

Multisim 8.0 与其他应用程序一样，有一个标准的操作界面，主要由主菜单栏、系统工具栏、设计工具栏、主元件库、虚拟电路工作窗口、仿真开关、虚拟仪器库及使用元件型号清单 8 个基本部分组成，如图 1.15 所示。

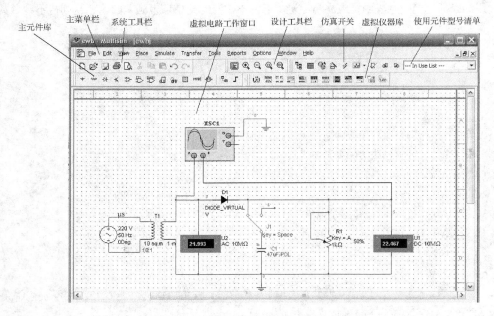

图1.15　EWB 8.0操作界面

（2）主菜单栏

Multisim 8.0 的主菜单栏如图 1.16 所示。

主菜单条上有 11 项：File（文件）、Edit（编辑）、View（视图）、Place（位置）、Simulate（仿真）、Transfer（转换）、Tools（工具）、Reports（报告）Options（选择）、Window（窗口）、Help（帮助）。每一项都包含一些命令和选项，其中文件和编辑两个菜单的功能与 Word 类似，其他菜单均为 EWB 的功能。主菜单的下拉菜单中，有许多常用功能都设置有快捷方式放在界面上，如设计工具、元件库、虚拟仪器仪表库、运行开关等。

图1.16 主菜单栏

（3）系统工具栏

系统工具栏如图 1.17 所示。

图1.17 系统工具栏

Multisim 8.0 的系统工具栏和 Windows 中 Word 的系统工具栏相同。

（4）设计工具栏

设计工具栏如图 1.18 所示。

图1.18 设计工具栏快捷键

（5）主元件库

图 1.19 所示的主元件库包括 12 组，每个组包括若干系列。有的系列是实际元件。这些实际元件给出了生产厂家的实际参数。这些参数是不能修改的。例如，实际电阻给出了电阻值、公差、额定功耗、封装形式等详细参数。有的系列是虚拟元件，虚拟元件的背景为绿色。虚拟元件通常只给出几个主要参数，这些参数可以由用户任意设定。

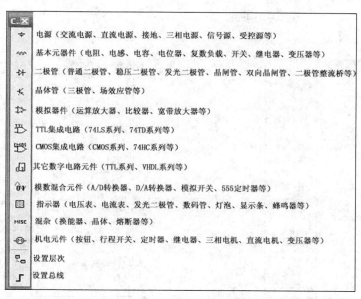

图1.19 主元件库

29

① 电源系列

单击窗口上主元件库的电源系列图标，出现图 1.20 所示的窗口。

② 基本元器件系列

基本元器件系列如图 1.21 所示。

图1.20　主元件库中的电源系列

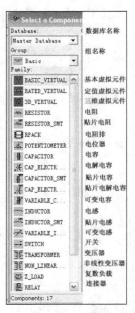

图1.21　基本元器件系列

③ 二极管系列

二极管系列如图 1.22 所示。

④ 三极管系列

三极管系列如图 1.23 所示。

图1.22　二极管系列

图1.23　三极管系列

⑤ 模拟器件系列

模拟器件系列如图 1.24 所示。

⑥ TTL 集成电路系列

TTL 集成电路系列如图 1.25 所示。

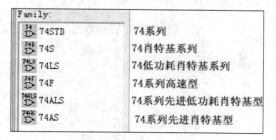

图1.24　模拟器件系列

图1.25　TTL集成电路系列

⑦ CMOS 集成电路系列

CMOS 集成电路系列如图 1.26 所示。

⑧ 其他数字元件

其他数字元件如图 1.27 所示。

图1.26　CMOS电路系列

图1.27　其他数字元件系列

⑨ 模数混合元件系列

模数混合元件系列如图 1.28 所示。

⑩ 指示器元件系列

指示器元件系列如图 1.29 所示。

MIXED_VIRTUAL	虚拟模数混合器件
TIMER	555定时器
ADC_DAC	模数转换器和数模转换器
ANALOG_SWITCH	模拟开关
MULTIVIBRATORS	多频振荡器

图1.28　模数混合元件系列

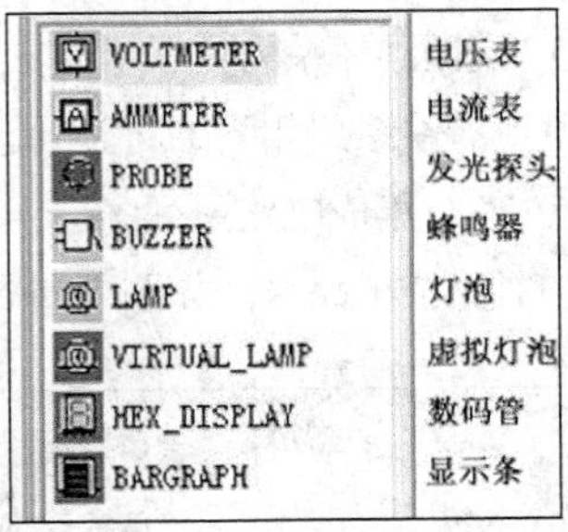

VOLTMETER	电压表
AMMETER	电流表
PROBE	发光探头
BUZZER	蜂鸣器
LAMP	灯泡
VIRTUAL_LAMP	虚拟灯泡
HEX_DISPLAY	数码管
BARGRAPH	显示条

图1.29　指示器元件系列

⑪ 混杂元件系列

混杂元件系列如图 1.30 所示。

⑫ 机电元件系列

机电元件系列如图 1.31 所示。

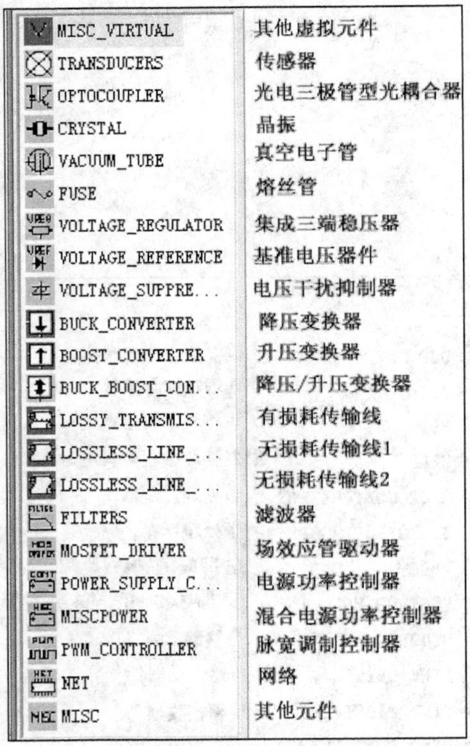

MISC_VIRTUAL	其他虚拟元件
TRANSDUCERS	传感器
OPTOCOUPLER	光电三极管型光耦合器
CRYSTAL	晶振
VACUUM_TUBE	真空电子管
FUSE	熔丝管
VOLTAGE_REGULATOR	集成三端稳压器
VOLTAGE_REFERENCE	基准电压器件
VOLTAGE_SUPPRE...	电压干扰抑制器
BUCK_CONVERTER	降压变换器
BOOST_CONVERTER	升压变换器
BUCK_BOOST_CON...	降压/升压变换器
LOSSY_TRANSMIS...	有损耗传输线
LOSSLESS_LINE_...	无损耗传输线1
LOSSLESS_LINE_...	无损耗传输线2
FILTERS	滤波器
MOSFET_DRIVER	场效应管驱动器
POWER_SUPPLY_C...	电源功率控制器
MISCPOWER	混合电源功率控制器
PWM_CONTROLLER	脉宽调制控制器
NET	网络
MISC	其他元件

图1.30　混杂元件系列

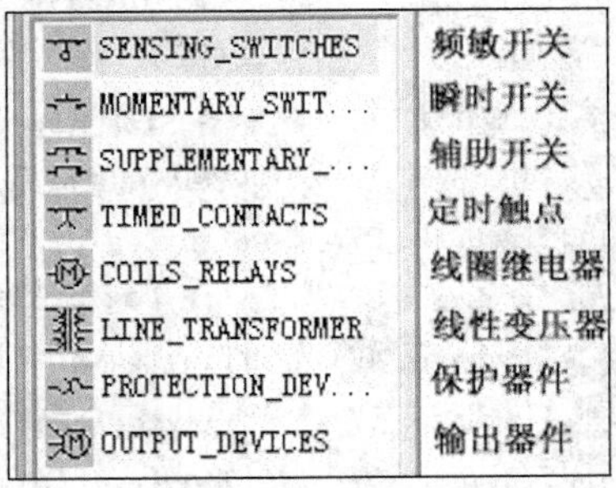

SENSING_SWITCHES	频敏开关
MOMENTARY_SWIT...	瞬时开关
SUPPLEMENTARY_...	辅助开关
TIMED_CONTACTS	定时触点
COILS_RELAYS	线圈继电器
LINE_TRANSFORMER	线性变压器
PROTECTION_DEV...	保护器件
OUTPUT_DEVICES	输出器件

图1.31　机电元件系列

（6）虚拟仪器库

Multisim 8.0 的虚拟仪器库共有 11 类虚拟仪器，各种仪器仪表的功能如图 1.32 所示。

　　如果开始打开软件时虚拟仪器库不在桌面，用鼠标右键单击操作界面上方空白处，即可出现一个仪器库单，选择其中的 Instruments 时，可把常用仪器库调出在桌面上。这样，建立电路需要某种仪器时，只需单击虚拟仪器库中相应的仪器图标，然后拖放到工作区的合适位置。在 EWB 电路仿真软件中，虚拟仪器的使用方法基本上与实际仪器仪表类似，连接虚拟电路时，其输入和输出端子与实际电路的连接方法相同。

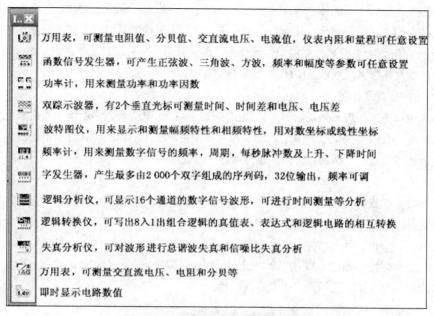

图1.32 虚拟仪器库及其仪器功能简介

（7）可修改参数的常用器件库

与虚拟仪器库调出方法类同，只要用鼠标右键单击工作窗口上方的空白处，就可在出现的器件库选择菜单中选择创建电路所需的元器件库标条。例如，选中 Basic，即可把以下元器件库调出在桌面上。

可修改参数的元器件是蓝色的。

如果用鼠标右键在操作界面上方空白处单击后，在弹出的选择菜单中选中 Main，就可把如下的设计工具条调出来放在桌面上。

图中圈画的图标为电路仿真开关，单击该图标即可执行电路仿真。

2. 电路的建立与仿真分析法

（1）建立电路的方法

建立电路有两种方法，一是用主菜单中的放置元件（Place）命令，二是用快捷方式，通常选用第二种方法。

① 调用元件和设置参数

若用主元件库，单击相应元件图标，在电路窗口中出现一个菜单，选择其中需要的元件，单击"OK"

按钮即可拖曳到电路窗口中建立一个元件。若用虚拟元件库，可直接单击相应元件图标，在电路窗口中建立一个元件。

元件调出及建立后，用鼠标左键按住可拖曳元件至合适位置，元件上的参数字符也可用鼠标左键按住拖曳至任意位置。若要显示元件参数，则双击元件，在出现的对话框中修改元件参数（实际元件的参数一般不可修改）。若用鼠标右键单击元件图，即可显示一个可以对元件进行复制、剪切、旋转、改变颜色、改变文字字型尺寸以及编辑符号的对话框。

② 调用虚拟仪器及设置

在仪器库中单击所需仪器按键后，可以拖曳该仪器至操作窗口合适的位置。双击该仪器，会出现一个仪器的面板，在仪器面板上可以选择测量项目和设置量程等。用鼠标右键单击仪器图，则显示一个可以对仪器图进行复制、剪切、旋转、改变颜色、改变字型和尺寸的对话框。

③ 连线

自动连线时，单击要连线的其中一个端子，然后将鼠标指针移至连线的另一个端子，单击即可完成两个端子之间的连线；手动连线时，先单击连线中的一个端子，然后按住鼠标左键按照需要的连线路径走，在拐弯处单击，继续按住鼠标左键前进，直到连接至另一个端子单击结束。用鼠标右键双击连线，出现一个对话框，如图 1.33 所示。在此对话框中可以设置和改变连线的编号。用鼠标右键单击连线，在弹出的菜单上删除连线或者改变连线颜色。

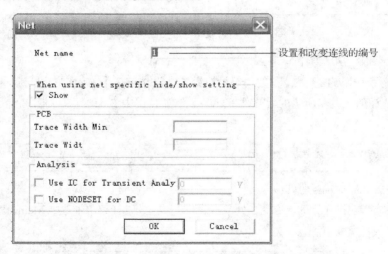

图1.33　设置和改变连线编号对话框

（2）仿真电路的方法

仿真电路时，单击窗口界面上方的仿真开关，双击仪器，就可以显示仪器面板，从仪器面板上可以观察动态波形或读数。在仿真运行时，电路参数不可改变，若需改变电路参数，再单击一次仿真开关则停止仿真，之后再修改参数。

（3）仿真分析的方法

Multisim 8.0 提供的分析方法有 15 种，单击设计工具栏中的分析方法图标，打开分析方法菜单，如图 1.34 所示。

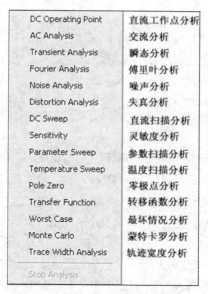

DC Operating Point	直流工作点分析
AC Analysis	交流分析
Transient Analysis	瞬态分析
Fourier Analysis	傅里叶分析
Noise Analysis	噪声分析
Distortion Analysis	失真分析
DC Sweep	直流扫描分析
Sensitivity	灵敏度分析
Parameter Sweep	参数扫描分析
Temperature Sweep	温度扫描分析
Pole Zero	零极点分析
Transfer Function	转移函数分析
Worst Case	最坏情况分析
Monte Carlo	蒙特卡罗分析
Trace Width Analysis	轨迹宽度分析
Stop Analysis	

图1.34 分析方法菜单

在电路仿真中将用到直流分析法、交流分析法及傅里叶分析法等。

3. 电路仿真练习

反相器（非门），练习步骤如下。

（1）按照图 1.35 进行电路连线，创建和连接虚拟电路。

（2）对器件和仪器进行赋值。

（3）改变滑动变阻器 R（总阻值为 $1k\Omega$）的数值，观察电压计的读数。观察灯变化时，电阻 R 的阻值和电压计的读数，并记录这些值。

（4）分析反相器的输入输出特性，并画出输入输出曲线图（高低电平值）。

电路图中的可变电阻从可修改元器件库中选择，根据需要进行赋值。图标上的"Key=A"表示其数值百分比变换时的操作键。若要改变电路的电阻 R 值，选中图标上的百分比，单击"A"可按百分比增加，单击"Shift+A"组合键则按百分比减小。

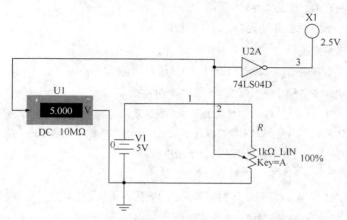

图1.35 反相器电路仿真

习题

一、填空题

1. 由二值变量构成的因果关系称为_____关系。能够反映和处理_____关系的数学工具称为逻辑代数。

2. 在正逻辑的约定下，1表示____电平，0表示____电平。

3. 数字电路中，输入信号和输出信号之间的关系是_____关系，所以数字电路也称为_____电路。在_____关系中，最基本的关系是_____、_____和_____。

4. 计数制中的数码个数称为_____，计数制中的每一位数都对应该位上的数码乘以一个固定的数，这个固定的数称作_____。

5. 十进制整数转换成二进制整数时需采用_____法；十进制小数转换成二进制小数时需采用_____法。十进制数转换为八进制数和十六进制数时，应先转换成_____制数，然后再根据转换的_____数，按_____一组转换成八进制数；按_____一组转换成十六进制数。

6. 将八进制数（47.5）$_8$转换为十六进制数的结果是_____；将十六进制数（FD）$_{16}$转换为二进制数的结果是_____。

7. 1+1=2是在_____数制中成立的，1+1=1是在_____代数中成立的。

8. 逻辑代数的基本定律有____律、____律、____律、____律和____律。

9. 在化简的过程中，约束项可以根据需要看作_____或_____。最简与或表达式是指在表达式中_____最少，且_____也最少。

10. 卡诺图是将代表_____的小方格按_____原则排列而构成的方块图。卡诺图的画图规则为：任意两个几何位置相邻的_____之间，只允许_____的取值不同。

二、判断题

1. 奇偶校验码是最基本的检错码，避免使用PCM方法传送信号时出错。   （   ）

2. 异或函数与同或函数在逻辑上互为反函数。   （   ）

3. 8421BCD码、2421BCD码和余3码都属于有权码。   （   ）

4. 逻辑函数有多种描述形式，只有真值表是唯一的。   （   ）

5. 每个最小项都是各变量相与构成的，即n个变量的最小项含有n个因子。   （   ）

6. 因为逻辑表达式A+B+AB=A+B成立，所以AB=0成立。   （   ）

7. 逻辑函数F=A$\bar{B}$+$\bar{A}$B+$\bar{B}$C+B$\bar{C}$已是最简与或表达式。   （   ）

8. 利用约束项化简时，将全部约束项都画入卡诺图，可得到函数的最简形式。   （   ）

9. 卡诺图中为1的方格均表示逻辑函数的一个最小项。   （   ）

10. 在逻辑运算中，"与"逻辑的符号级别最高。   （   ）

11. 化简逻辑函数时，无关最小项若都用1表示，一般易得到最简结果。   （   ）

12. 二极管和三极管在数字电路中可工作在截止区、饱和区和放大区。   （   ）

三、单项选择题

1. 处理（　　　）的电子电路是数字电路。

　　A. 交流电压信号　　　　　　　　　　B. 时间和幅值上都连续变化的信号

　　C. 直流电压信号　　　　　　　　　　D. 时间和幅值上都离散的信号

2. 十进制数100对应的二进制数为（　　　）。

　　A. 1011110　　　　　B. 1100010　　　　C. 1100100　　　　D. 11000100

3. 和逻辑式 $\overline{AB}$ 表示不同逻辑关系的逻辑式是（　　　）。

　　A. $\overline{A}+\overline{B}$　　　　　B. $\overline{A}\cdot\overline{B}$　　　　C. $\overline{A}\cdot B+\overline{B}$　　　　D. $A\overline{B}+\overline{A}$

4. 格雷码的优点是（　　　）。

　　A. 代码短　　　　　　　　　　　　　B. 两组相邻代码之间只有一位不同

　　C. 记忆方便　　　　　　　　　　　　D. 同时具备以上三者

5. 以下表达式中，符合逻辑运算法则的是（　　　）。

　　A. $C\cdot C=C2$　　　B. $1+1=10$　　　C. $0<1$　　　　D. $A+1=1$

6. 已知 $F=\overline{ABC+CD}$，（　　　）肯定可以使F的取值为0。

　　A. ABC=011　　　B. BC=11　　　　C. CD=10　　　D. BCD=111

7. 在函数F=AB+CD的真值表中，F=1的状态共有（　　　）个。

　　A. 2　　　　　　　B. 4　　　　　　　C. 7　　　　　　D. 16

8. 逻辑函数的描述有多种，下面（　　　）的描述是唯一的。

　　A. 逻辑函数表达式　　B. 文字说明　　　C. 逻辑图　　　　D. 卡诺图

四、简述题

1. 逻辑代数与普通代数有何异同？逻辑代数中，最基本的逻辑运算是什么？

2. 什么是BCD码？恒权码和无权码各有何特点？

3. 什么是真值表？若输入变量为3个，则对应的函数多少取值？

4. 用最简的语言表述卡诺图化简逻辑函数的原则和方法。

五、计算题

1. 完成下列数制之间的转换。

（1）$(369)_{10}=(\qquad)_2=(\qquad)_8=(\qquad)_{16}$

（2）$(11101.1)_2=(\qquad)_{10}=(\qquad)_8=(\qquad)_{16}$

（3）$(57.625)_{10}=(\qquad)_2=(\qquad)_8=(\qquad)_{16}$

2. 完成下列数制与码制之间的转换。

（1）$(47)_{10}=(\qquad)_{余3码}=(\qquad)_{8421码}$

（2）$(3D)_{16}=(\qquad)_{格雷码}$

（3）$(25.25)_{10}=(\qquad)_{8421BCD}=(\qquad)_{2421BCD}=(\qquad)_8$

3. 用代数法化简下列逻辑函数。

（1）$F=(A+\overline{B})C+\overline{AB}$

（2）$F = A\bar{C} + \bar{A}B + BC$

（3）$F = \bar{A}BC + \bar{A}B\bar{C} + AB\bar{C} + \bar{A}\bar{B}C + ABC$

（4）$F = A\bar{B} + B\bar{C}D + \bar{C}\,\bar{D} + AB\bar{C} + A\bar{C}D$

4. 用卡诺图化简下列逻辑函数。

（1）$F = \Sigma m(3,4,5,10,11,12) + \Sigma d(1,2,13)$

（2）$F(ABCD) = \sum m(1,2,3,5,6,7,8,9,12,13)$

（3）$F = (A、B、C、D) = \sum m(0,1,6,7,8,12,14,15)$

（4）$F = (A、B、C、D) = \sum m(0,1,5,7,8,14,15) + \sum d(3,9,12)$

5. 写出下面各卡诺图表示的最简逻辑函数表达式。

(1)

AB\CD	00	01	11	10
00		1	1	
01		1	1	
11	1	1	1	1
10		1	1	

(2)

AB\CD	00	01	11	10
00	1			1
01		1	1	
11	1	1	1	1
10	1			1

第2章 门电路和集成逻辑门

当今社会是数字化的社会，数字技术、数字器件得到了十分迅速的发展，数字IC 芯片中的集成电路越来越复杂，功能越来越强大，数字电路的分析也越来越困难。但是，再复杂、功能再强大的数字电路，其内部都离不开基本的逻辑门，逻辑门电路是构成数字电路的基本单元。

用来实现基本逻辑关系的电子电路称为基本逻辑门电路。在实际应用中，多数表决器电路，抢答器电路，判奇、判偶电路，频率计电路等数字器件的电路中，无不包含大量的逻辑门。因此，学习门电路和集成逻辑门，对于每一个从事电子技术的工程技术人员来说都是十分必要的。只有充分了解各种门电路的功能原理，掌握集成逻辑门的使用方法和外部连线技能，才能在实际应用电路中正确选择、检测和连接符合电路功能要求的逻辑门。

本章学习目的及要求

1. 了解半导体二极管、三极管和 MOS 管的开关特性。

2. 了解分立元件的基本门电路的结构组成，理解它们的工作原理。重点理解分立元件的 TTL 与非门、OC 门、三态门的工作原理。

3. 了解集成的 TTL、CMOS 逻辑门的外部特性。

4. 熟悉 74LS00、74LS20 等集成逻辑门的管脚排列及功能测试方法。

2.1 半导体二极管和三极管的开关特性

由半导体二极管、三极管构成的电子开关是由信号控制的，这些电子开关的特点是体积小、开关转换速度快、易于控制和使用寿命长。这些优点使得电子开关广泛应用于电子设备中，尤其是在数字电路的接通、断开和转换中起着重要的作用，成为构成数字电路不可缺少的功能器件。

2.1.1 理想开关的开关特性

图 2.1 中的 S 为一个理想开关，理想开关的特性包括静态特性和动态特性。

理想开关的开关特性

1. 静态特性

静态特性是指处于闭合状态或关断状态时，开关所具有的特性。

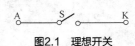

图2.1　理想开关

（1）理想开关处于断开状态时，开关的等效电阻 $R_{OFF}=\infty$。因此，无论 U_{AK} 在多大范围内变化，理想开关 S 上通过的电流 $I_{OFF}=0$。

（2）理想开关处于闭合状态时，开关的等效电阻 $R_{ON}=0$。因此，无论流过开关的电流在多大范围内变化，理想开关 S 两端的电压 $U_{AK}=0$。

2. 动态特性

动态特性是指理想开关由断开状态转换到闭合状态，或由闭合状态转换为断开状态时，理想开关所呈现的特性。

（1）理想开关 S 的开通时间 $t_{ON}=0$。说明由断开状态转换到闭合状态时，理想开关不需要时间，可以瞬间完成。

（2）理想开关 S 的关断时间 $t_{OFF}=0$。说明由闭合状态转换到断开状态时，理想开关也不需要时间，可以瞬间完成。

显然，上述理想开关 S 在客观世界中是不存在的。

日常生活中的机械开关，如按压式的家庭用开关，推拉式的刀闸开关，控制电路通、断的继电器触点、接触器触点等，在一定电压和电流的范围内，静态特性与理想开关十分接近，但动态特性较差，完全满足不了数字电路一秒钟开关几百万次乃至数千万次的需要。而由二极管、三极管构成的电子开关，其静态特性比机械开关的特性稍差，但它们的动态特性却是机械开关无法比拟的，基本上可以满足数字电路对开关的要求。因此，作为电子开关的二极管、三极管和 MOS 管广泛应用于数字电路中。

2.1.2　半导体二极管的开关特性

半导体二极管的开关特性

半导体二极管的核心部分是一个 PN 结，因此具有"单向导电"性。当二极管处于正向偏置时，开关二极管导通。导通二极管的电阻很小，为几十至几百欧，相当于一个闭合的电子开关；二极管处于反向偏置时呈截止状态。截止时，二极管的电阻很大，一般硅二极管在 10MΩ 以上，锗二极管也有几十千欧至几百千欧，相当于一个断开的电子开关。半导体二极管的开关特性在数字电路中起控制电流接通或关断的作用。

1. 静态特性

二极管的静态特性是指二极管在导通和截止两种稳定状态下的特性。

为了便于分析，二极管的导通电压取单一值，即硅管 0.7V，锗管 0.3V。

（1）正向特性

通常把二极管的导通压降称为门槛电压，用 U_T 表示。

图 2.2 为二极管的典型开关电路。假设电路的输入电压为低电平，且 $V_{CC}-u_i$ 大于二极管的门槛电压 U_T 时，二极管 VD 正向偏置呈导通状态。导通状态时，二极管对电流呈现的电阻很小，此时的二极管相当于一个具有 U_T 压降、处于闭合状态的电子开关。数字电路中研究问题时，通常把二极管理想化，理想二极管的管压降 U_T 可忽略，此时近似于理想开关。

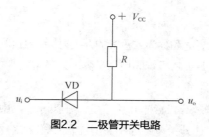

图2.2　二极管开关电路

（2）反向特性

当二极管开关电路中的输入电压为高电平，即 $V_{CC}-u_i$ 小于门槛电压 U_T 时，二极管 VD 反向偏置呈截止状态。在截止状态下，二极管呈现很大的电阻，电流基本不能通过约等于 0，二极管相当一个断开的电子开关。

在工程实际中，常常根据各种情况对二极管作不同的等效电路，通常都要在二极管开关电路中串联一个限流电阻 R，以避免通过二极管的电流突然增大时，二极管烧损。

2. 动态特性

动态特性是指开关二极管在导通与截止两种状态转换过程中的特性，动态特性表现在二极管完成两种状态之间的转换需要一定的时间。

（1）开通时间

二极管从截止状态到导通状态所需的时间称为开通时间。二极管正向偏置时导通，其 PN 结在正向电压作用下空间电荷区迅速变窄，正向电阻很小。因此，在导通过程中及导通以后，二极管的正向压降都很小，电路中的正向电流几乎是立即达到了最大值。上述情况表明二极管的开通时间极短，对二极管的开关速度影响甚小，因此二极管的开通时间一般可忽略不计，即开通时，二极管的特性接近理想开关的特性。

（2）反向恢复时间

二极管从正向导通到反向截止所需的时间称为反向恢复时间。当二极管突然由正向偏置变为反向偏置时，PN 结两边存储的载流子在反向电压作用下朝各自原来的方向运动，即 P 区中的电子被拉回 N 区，N 区中的空穴被拉回 P 区，形成反向漂移电流，开始时，空间电荷区依然很窄，二极管电阻很小，所以反向电流很大，经过一定的时间后，PN 结两侧存储的载流子显著减少，空间电荷区随之变宽，反向电流经过时间 t_{OFF} 后基本为 0，二极管截止。开关二极管的动态特性如图 2.3 所示。

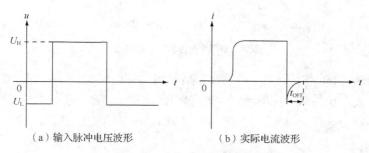

（a）输入脉冲电压波形　　　　　　（b）实际电流波形

图2.3　开关二极管的动态特性

（3）开关时间

开通时间和反向恢复时间二者之和称为二极管的开关时间。因半导体二极管的反向恢复时间远大于正向导通所需的时间，所以在开关二极管的使用参数上，通常忽略二极管的正向导通时间，只给出反向恢复时间作为二极管的开关时间。

二极管的反向恢复时间限制了二极管的开关速度。在实际应用中，开关二极管的反向恢复时间实际上也只有几纳秒，如用于高速开关电路的平面型硅开关管 2CK 系列，$t_{OFF} \leq 5ns$。即使是锗开关二极管，反向恢复时间也不过只有几百纳秒。因此，开关二极管的开关速度相当快，是机械开关不能比拟的。

2.1.3 双极型晶体管的开关特性

双极型晶体管的输出特性曲线分为三个工作区：放大区、饱和区和截止区。在模拟电子电路中，晶体管的任务是传输和放大小信号，因此放大电路的核心元件必须工作在放大区。在数字电路中，晶体管作为开关元件的任务是控制数字电路的通、断，因此需工作在截止区和饱和区：晶体管处于饱和状态时，管子输出端电压很小，输出电流很大，对电流呈现的电阻极小，相当于一个闭合的电子开关；晶体管处于截止状态时，管子输出端电压很高，输出电流几乎为零，对电流呈现的电阻很大，相当于一个断开的电子开关。在数字电路中，放大状态则是开关晶体管截止和饱和两种状态之间稍纵即逝的过渡状态。

双极型晶体管的开关特性

1. 静态特性

图 2.4（a）为双极型晶体管的开关电路示意图。

晶体管的开关电路实际上是一个反相器电路，当输入电压为高电平 3V 时，晶体管饱和导通，允许信号通过，在饱和状态下，晶体管的输出电压 $u_{CE} \leq 0.3V$，输出端对导通电流呈现的电阻极小，相当于一个闭合的电子开关。晶体管饱和导通时，电源 V_{CC} 供出的+5V 电压几乎全部加在小灯泡 R_C 两端，使小灯泡点亮。其等效电路如图 2.4（b）所示。

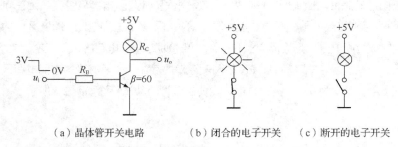

（a）晶体管开关电路　　　（b）闭合的电子开关　　（c）断开的电子开关

图2.4　双极型晶体管的静态特性

当输入电压为低电平 0V 时，开关电路中的晶体管截止。在截止状态下，由于晶体管无传输和放大，因此通过的输出电流为 0，+5V 电压即为晶体管的输出端电压 u_o。由于截止状态下晶体管的集电极电流为 0，所以晶体管相当于一个断开的电子开关，小灯泡由于无电流通过所以不亮，其等效电路如图 2.4（c）所示。

2. 动态特性

双极型晶体管工作在开关状态时，其内部电荷的建立与消散都需要一定的时间。因此，集电极电

流 i_c 的变化总是滞后于输入电压 u_i 的变化，这说明无论晶体管是由饱和状态转换为截止状态，还是由截止状态转换为饱和状态，都需要一定的时间。晶体管在饱和和截止两种状态间转换的过程中呈现的特性称为动态特性。

图 2.5 为晶体管开关时间示意图。

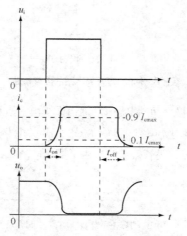

图2.5 晶体管开关时间示意图

图 2.5 中 t_{on} 为晶体管的开通时间，是从输入电压 u_i 的上升跳变沿至 i_c 上升到 $0.9I_{cmax}$ 时经历的时间；t_{off} 称为晶体管的关断时间，是从输入电压 u_i 的下降跳变沿至 i_c 下降到 $0.1I_{cmax}$ 时经历的时间。

一般情况下，双极型晶体管的开通时间 t_{on} 要比其关断时间 t_{off} 小得多。因此，在理想状态下，开通时间可忽略，即理想晶体管开通时特性接近理想开关的特性，而动态特性显然不理想。

显然，晶体管的开通时间和关断时间越小，晶体管的开关速度越快。双极型晶体管作为开关使用时，饱和越深，开关速度就越低。因此，要提高晶体管开关电路的速度，必须降低晶体管的饱和深度，加速基区存储电荷的消散。在工程实际应用中，为了满足数字电路对开关速度的要求，采取抗饱和三极管作为高速电子开关。

2.1.4 MOS管的开关特性

MOS 管是一种集成度高、功耗低、工艺简单的半导体器件。与双极型晶体管相对应，MOS 管也有三个电极：栅极 G、源极 S 和漏极 D。MOS 管在数字电路中当作开关元件使用时，应工作在其输出特性曲线上的饱和区（也叫恒流区或放大区）和截止区。

MOS 管的开关特性

1. 静态开关特性

图 2.6 是 MOS 管开关电路及直流等效电路。其中图 2.6（a）是 MOS 管的开关电路。

MOS 管的一个重要参数是开启电压 U_T，当电路中 MOS 管的栅极与源极之间的电压 $U_{GS} > U_T$ 时，MOS 管的漏极和源极之间形成导电沟道，MOS 管开关电路处于"开通状态"，此时，电路中的 MOS 管相当一个闭合的电子开关。MOS 开关管饱和导通时，漏极电流 I_D 等于输出饱和值，数值较大，漏极电阻（灯泡电阻）上的压降约等于漏极电源电压 V_{DD}，灯被点亮，直流等效电路如图 2.6（b）所示。

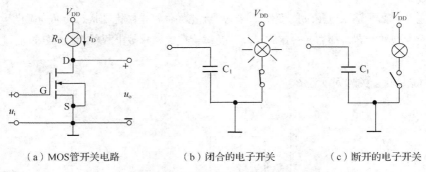

（a）MOS管开关电路　　　　（b）闭合的电子开关　　　　（c）断开的电子开关

图2.6　MOS管开关电路的静态特性

当电路中 MOS 管的栅极与源极之间的电压 U_{GS} 小于开启电压 U_T 时，由于漏极与源极之间的导电沟道尚未形成，MOS 管截止，电路中无电流，此时 MOS 管开关电路处于"关断状态"，电路中的 MOS 管相当一个断开的电子开关。MOS 开关管截止时，由于漏极电流 $i_D=0$，灯不亮，其直流等效电路如图 2.6（c）所示。

 注意　　在静态下，等效电路中的 C_1 相当于开路，因此，在MOS管的漏极和源极之间相当于一个电子开关，这个电子开关受MOS管输入电压 U_{GS} 的控制。

2. 动态开关特性

MOS 管三个电极之间均有电容存在，栅极与源极之间的电容和栅极与漏极之间的电容数值一般为 $1\sim3pF$，漏极与源极之间的电容通常为 $0.1\sim1pF$。MOS 管在数字电路中用作开关管时，其动态开关特性均会受这些极间电容充、放电过程的制约。

3. MOS 管的开通时间

图 2.7 为 MOS 管开关时间示意图，显然与双极型晶体管的开关时间示意图几乎完全相同。

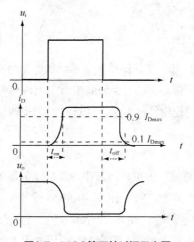

图2.7　MOS管开关时间示意图

当输入电压 u_i 的上升跳变沿到来时，MOS 管由于极间电容的作用而不能立刻导通，通常可认为

当 i_D 从 0 开始上升到 $0.9I_{Dmax}$ 时，需经历 t_{on} 的延迟时间 MOS 导通，图 2.7 中的 t_{on} 称为 MOS 管的开通时间。

4. MOS 管的关断时间

图 2.7 中的 t_{off} 称为 MOS 管的关断时间，是从输入电压 u_i 的下降跳变沿至 i_D 下降到 $0.1I_{Dmax}$ 时经历的时间。与双极型晶体管类似，MOS 管的开通时间 t_{on} 要比其关断时间 t_{off} 小得多。

注意

由于MOS管的导通电阻比双极型晶体管的饱和导通电阻大得多，漏极电阻R_D也比集电极电阻R_C大，所以无论是MOS管的开通时间还是关断时间，都比双极型晶体管的时间长，即MOS管的动态开关特性较差。

思考题

1. 半导体二极管导通和截止时各有什么特点？其开关条件是什么？和理想开关相比，半导体二极管做为开关管的主要缺点有哪些？

2. 双极型晶体管的开关条件是什么？为什么说晶体管饱和越深，其开关速度越慢？采取什么措施可提高晶体管的开关速度？

3. MOS 管的开关条件是什么？和双极型晶体管相比，哪一种开关的特性更好？速度更快？为什么？

2.2 分立元件的门电路

当门电路由二极管、晶体管和电阻等分立元件构成时，称为分立元件的门电路。目前电子工业的飞速发展和集成电路的日新月异，使分立元件门电路几乎都被集成门电路所取代。但是，为了更好地理解和掌握基本逻辑门电路的工作原理和逻辑功能，用户仍应首先理解分立元件门电路的组成，理解和掌握其工作原理。

2.2.1 二极管与门

1. 分立元件与门电路的组成

图 2.8（a）是由三个二极管和一个电阻构成的与门电路。为了使分析问题简单化，通常在分析问题时把二极管理想化，即正向导通时视二极管为短路，反向阻断时视二极管为开路。

二极管与门

电路中的 A、B、C 是与门电路的三个信号输入端，输入信号只有高电平 3V 和低电平 0V 两种取值，与门电路中的电源 V_{CC} 取+5V。

在实际的电子工程中，各种逻辑门的功能都是确定和已知的。因此，数字电路图中通常不用原理电路表示逻辑门，而是采用逻辑图符号来表示相应的逻辑门，如图 2.8（b）所示的与门电路的逻辑图符号代替了与门原理电路。在数字电路中，门电路实际上就是一种具有因果关系的逻辑开关电路。只有满足一定条件时，门才能打开，否则门就关闭。

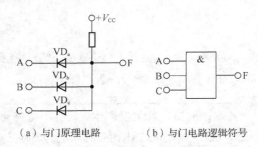

（a）与门原理电路　　　　（b）与门电路逻辑符号

图2.8　与门原理电路及其逻辑符号

2. 与门电路的工作原理

如果把输入 A、B、C 作为门电路的逻辑条件，并设高电平为 1，低电平为 0；把输出 F 作为门电路的逻辑结果，同样设高电平为 1，低电平为 0 时，与门电路的工作原理如下。

（1）当输入端中至少有一个为低电平 0V 时，对于共阳极接法的二极管，由于 V_{CC} 高于输入端电位，必然有二极管导通。设输入端 A 为低电平时，二极管 VD_a 阴极电位最低，因此 VD_a 首先快速导通，使输出端 F 点的电位钳位至低电平 0，则其他二极管无论是高电平还是低电平，相对于 F 点都将处于反偏的截止状态。这一结果恰好符合与逻辑真值表中的"输入有 0 时输出为 0"的与逻辑关系。

（2）若电路中所有输入端都是 3V，即电路输入全部为高电平 1，各二极管相当于并联，由于正偏二极管全部导通，输出电位 F 被钳位在 3V，即为高电平 1，这一结果恰好符合与逻辑真值表中的"输入全 1 时输出为 1"的与逻辑。

显然，与门电路的逻辑功能可表述为："有 0 出 0，全 1 出 1"。一个与门的输入端至少有两个或两个以上，但输出端只能是一个。

2.2.2　二极管或门

1. 分立元件或门电路的构成

图 2.9（a）是或门原理电路，和与门电路一样，电路中的二极管均为理想二极管。或门电路中的 A、B、C 是三个信号输入端，只有高电平 3V 和低电平 0V

二极管或门

两种取值，限流电阻仍接在电源与输出端之间。和与门电路不同的是，三个二极管成共阴极接法，电源 $V_{CC}=-5V$。

图 2.9（b）图为或门电路的逻辑图符号。

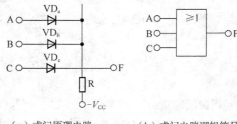

（a）或门原理电路　　　　（b）或门电路逻辑符号

图2.9　或门原理电路及其逻辑符号

2. 或门电路的工作原理

（1）当输入端中至少有一个为高电平时，对于共阴极接法的二极管，由于电源电位低于输入端电位，必然有二极管导通。当任一输入端为3V时，该端子上连接的二极管就会因其阳极电位最高而迅速导通，致使输出端F点的电位被钳位至高电平3V，其他二极管由于反偏而处于截止状态，从而实现了或逻辑真值表中的"输入有1时，输出为1"的逻辑功能。

（2）当输入端均为低电平0V时，电路中的所有二极管相当于并联而全部导通，输出端F点的电位被钳位至低电平0V，实现了真值表中的"输入全部是0时，输出为0"的或逻辑功能。

或门的逻辑功能可表述为："有1出1，全0出0"。一个或门的输入端至少有两个或两个以上，输出端只能有一个。

2.2.3　三极管非门

三极管非门

1. 分立元件非门电路的构成

图2.10所示的由双极型三极管构成的反相器电路实际上就是一个非门。A是非门电路的输入端，F是非门电路的输出端。图2.10（b）为相应非门的逻辑图符号。

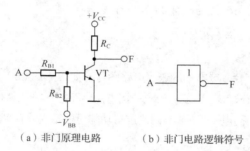

（a）非门原理电路　　　（b）非门电路逻辑符号

图2.10　非门原理电路及其逻辑符号

2. 非门电路的工作原理

设图2.10中输入信号A的两种取值分别为低电平0V和高电平3V。

（1）当输入端A为高电平3V时，三极管饱和导通，$i_C R_C \approx +V_{CC}$，输出端F点的电位约等于0V，实现了非门真值表中的"输入为1时，输出为0"的非逻辑功能。

（2）当输入端A为低电平0V时，三极管截止，输出端F点的电位约等于$+V_{CC}$，实现了"输入为0时，输出为1"的非逻辑功能。

显然，反相器的输入和输出关系取高电平为逻辑1、低电平为逻辑0时，即可得到和逻辑非真值表完全相同的功能。在非门的逻辑图符号中，方框图右边的小圆圈表示"非"的含义。一个非门只有一个输入端和一个输出端。

2.2.4　分立元件的复合门

数字电路中的基本逻辑门电路是与门、或门和非门。除此之外，为扩大二极管和晶体管的应用范围，一般常在二极管门电路后接入晶体管非门电路，从而组成各种形式的复合门电路。

1．与非门

与非门是与门和非门的结合。与非门的逻辑电路图符号如图2.11（a）所示。

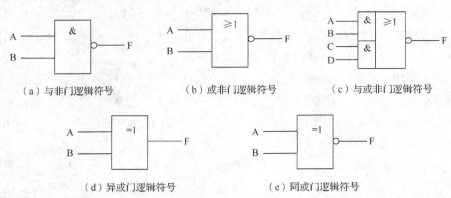

（a）与非门逻辑符号　　　　　（b）或非门逻辑符号　　　　　（c）与或非门逻辑符号

（d）异或门逻辑符号　　　　　　　（e）同或门逻辑符号

图2.11　复合逻辑门电路的逻辑图符号示意图

与非门在数字电路中应用较为普遍，与非门的逻辑功能可描述为：当输入端中有一个或一个以上为低电平 0 时，输出即为高电平 1；当输入端全部为高电平 1 时，输出端为低电平 0。显然，与非门是与门的非运算，与非逻辑功能可概括为"有 0 出 1，全 1 出 0"。

与非逻辑运算表达式为：$F = \overline{ABC}$

2．或非门

或非门是或门和非门的结合。或非门的逻辑电路图符号如图 2.11（b）所示。

或非的逻辑功能为：当输入端中有一个或一个以上是高电平 1 时，输出端为低电平 0；当输入端全部为低电平 0 时，输出端为高电平 1。或非门的逻辑功能可概括为"有 1 出 0，全 0 出 1"。或非门的逻辑运算表达式为：$F = \overline{A + B + C}$

3．与或非门

两个或两个以上与门和一个或门及一个非门的结合，可构成一个与或非门。

与或非门能够实现的逻辑功能可表述为：当各与门的输入端中都有一个或者一个以上输入为低电平 0 时，与或非门的输出端为高电平 1；当至少有一个与门的输入端全部为高电平 1 时，与或非门的输出端为低电平 0。与或非门的逻辑函数式为：$F = \overline{AB + CD}$

与或非门的逻辑图符号如图 2.11（c）所示。

4．异或门

异或门有多个输入端、1 个输出端，多输入异或门通常由多个两输入的基本异或门构成。两输入异或门的逻辑图符号如图 2.11（d）所示。

异或门的逻辑功能可表述为：当两个输入端的电平相同时，输出端为低电平 0；当两个输入端的电平一个为高电平 1，一个为低电平 0 时，输出为高电平。这种逻辑功能简述为：相异出 1，相同出 0。

对应逻辑函数表达式为：$F = \overline{A}B + A\overline{B} = A \oplus B$

5．同或门

同或门也是数字逻辑电路的基本单元，通常有两个输入端和一个输出端。同或门的逻辑功能为：

当两个输入端的电平相同时，输出端为高电平；当两个输入端中的一个为高电平 1，一个为低电平 0 时，输出端为低电平 0。同或门实现的逻辑功能可简述为：相同出 1，相异出 0。对应的逻辑运算表达式为：$F = \overline{A}\,\overline{B} + AB = \overline{A \oplus B}$

显然，同或逻辑是异或逻辑的逻辑反，因此也称为异或非门。同或门的逻辑符号如图 2.11（e）所示。

思考题

1. 在由分立元件构成的基本逻辑门中，与门电路和或门电路突出的不同点是哪些？原理分析的方法相同吗？

2. 三种基本的逻辑门有哪些？试述它们的逻辑功能。

3. 由双极型晶体管构成的反相器电路可作为非门使用，MOS 管反相器能否做为非门？

2.3　TTL集成逻辑门

分立元件组成的基本逻辑门电路，最突出的优点是结构简单、成本低。但是分立元件的门电路也存在严重的缺点：一是输出的高、低电平数值和输入的高、低电平数值不相等；二是带负载能力差，一般不能用来直接驱动负载电路，而且连线和焊点太多，造成电路体积庞大，使得电路的可靠性变差。为了提高电路的带负载能力和工作可靠性，人们研制出了各种数字集成逻辑门。和分立元件的门电路相比，数字集成逻辑门成本更低，带负载能力很强，工作可靠性高，且便于安装调试。由于数字集成逻辑门只有电源、输入、输出、控制等引脚，因此只要外部电路连接正确，即可保证逻辑门工作的可靠性。目前在实际应用中，一般都采用集成逻辑门，而分立元件的门电路只是偶尔作为集成门电路的部分电路。

集成逻辑门电路按元件类型的不同可分为双极型逻辑门（TTL 集成逻辑门）和单极型逻辑门（CMOS 集成逻辑门）两大类。

其中 TTL 是"晶体管—晶体管—逻辑电路"的简称。TTL 集成电路相继生产的产品有 74（标准）、74H（高速）、74S（肖特基）和 74LS（低功耗肖特基）四个系列。其中 74LS 系列产品具有最佳的综合性能，是 TTL 集成电路的主流，也是应用最广泛的系列。

TTL 集成逻辑门的结构组成

2.3.1　TTL集成逻辑门的结构组成

TTL 集成逻辑门通常可分为三级，分别由输入级、中间级和输出级组成，其结构方框图如图 2.12 所示。

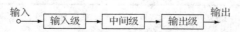

图2.12　TTL集成逻辑门的结构方框图

输入级通常用来完成 TTL 集成逻辑门对输入信号的放大作用；中间级对传输信号起耦合作用并作相应处理；输出级用来完成信号输出并驱动下级负载动作。

1. 输入级的形式

TTL 集成逻辑门的形式有多种，如图 2.13 所示。

图 2.13（a）所示的单发射极形式输入级，其输出和输入之间的关系为：G=A。图 2.13（b）所示的双发射极形式的输入级，其输出和输入之间的关系为：G=AB。图 2.13（c）所示的二极管与门形式的输入级，其输出和输入之间的关系为：G=AB；图 2.13（d）所示的二极管或门形式的输入级，其输出和输入之间的关系为：G=A+B。

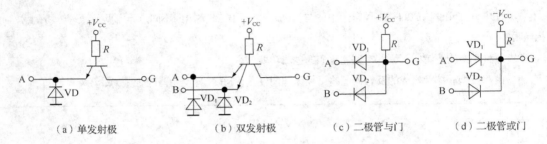

（a）单发射极   （b）双发射极   （c）二极管与门   （d）二极管或门

图2.13 TTL集成逻辑门输入级的电路形式

图 2.13（a）、图 2.13（b）中的二极管，是晶体管发射极作为输入端时的钳位二极管，其作用一是可抑制输入端可能出现的负极性干扰脉冲，二是防止晶体管发射极电流过大而起到保护作用。

2. 中间级的形式

中间级的作用是对信号进行耦合和处理，常用的电路形式就是各种分相器。例如，最常用的 TTL 与非门的中间级是单变量分相器；或非门的中间级则是 A+B 分相器。对于功能不同的集成逻辑门，中间级分相器的电路形式也各不相同。下面仅介绍较为简单的单变量分相器。

单变量（A）分相器的电路图如图 2.14 所示。

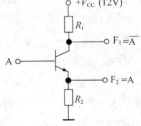

设输入变量 A 的高电平为 3V，低电平为 0.3V，电源 V_{CC}=12V。由电路图分析可得：A 为高电平时，晶体管饱和导通 V_{CC} 基本降落在电阻 R_1 上，输出 $F_1=\overline{A}$ 为低电平，输出 F_2=A 为高电平；当输入 A 为低电平时，晶体管截止，R_1、R_2 上无电流，输出 $F_1=\overline{A}$ 为高电平，输出 F_2=A 为低电平。根据此结果，可得出如表 2.1 所示的单分相器的逻辑真值表。

图2.14 单变量（A）分相器

表 2.1 单变量（A）分相器的逻辑真值表

A	F_1	F_2
0	1	0
1	0	1

注：逻辑电平的高低仅相对于变量本身数值而言。

3. 输出级形式

TTL 集成逻辑门常采用如图 2.15 所示的 4 种输出形式。

图 2.15（a）为集电极开路输出形式。集电极开路输出级的特点为：需外接负载电阻 R_L 和驱动电压 V_{CC}，从而实现高压、大电流的驱动。

图 2.15（b）为三态门输出形式。三态门输出级的特点主要是具有控制两个晶体管均截止的电路，而且输出具有三种状态：当控制端有效时，无论输入如何，输出 F 均呈高阻态；当控制端无效时，输出 F 按逻辑门正常输出可具有高电平 1 和低电平 0 两种状态。

图 2.15（c）为具有图腾结构的输出级形式，这种输出级电路的特点是任何情况下作为输出的两个晶体管，总有一个处于饱和导通状态，另一个处于截止状态，图腾结构的输出级电路负载驱动能力较强。

图 2.15（d）所示的输出级电路形式与图 2.15（c）不同的是，它不仅是图腾结构输出形式，还采用了复合管作为输出驱动管，所以其负载驱动能力极强。

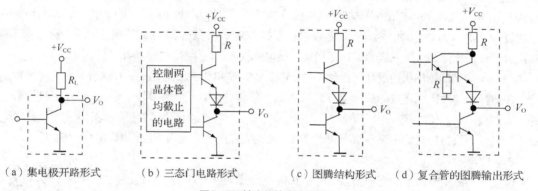

（a）集电极开路形式　（b）三态门电路形式　（c）图腾结构形式　（d）复合管的图腾输出形式

图2.15 输出级的电路形式

2.3.2 典型TTL与非门

在所有的集成电路中，TTL 与非门应用最为普遍。

1. 电路组成

典型的 TTL 与非门电路如图 2.16（a）所示，图 2.16（b）为它的逻辑电路图符号。

TTL 与非门的结构组
成与功能

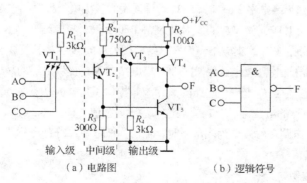

（a）电路图　　　　　（b）逻辑符号

图2.16 TTL与非门

TTL 与非门的输入级由多发射极晶体管 VT_1 和电阻 R_1 组成。多发射极晶体管，可看作是由多个晶体管的集电极和基极分别并接在一起，如图 2.17 所示。

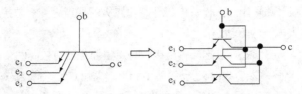

图2.17 多发射极晶体管

VT_1 的几个发射极作为逻辑门的输入端，各个发射极的发射结可看作是钳位二极管，其作用是限制输入端可能出现的负极性干扰脉冲。多发射极晶体管 VT_1 的引入，不但加快了晶体管 VT_2 储存电荷的消散，提高了 TTL 与非门的工作速度，而且实现了逻辑与功能。

TTL 与非门的中间级显然是一个典型的单变量分相器电路，又称为倒相极，由电阻 R_2、R_3 和三极管 VT_2 组成。中间级的作用是从 VT_2 的集电极和发射极同时输出两个相位相反的信号，作为输出极中三极管 VT_3 和 VT_5 的驱动信号，同时控制输出级的 VT_4、VT_5 管工作在截然相反的两个状态，以满足输出级互补工作的要求。三极管 VT_2 还可将前级电流放大，以供给 VT_5 足够的基极电流。

TTL 与非门的输出级由晶体三极管 VT_3、VT_4、VT_5 和电阻 R_4、R_5 组成，在这种具有图腾结构的输出级中，两个与输出相连接的晶体管 VT_4 和 VT_5，总是当其中一个饱和导通时，另一个必处于截止状态，即图腾结构的 TTL 与非门无论是开门还是关门，总有一个输出晶体管处于截止状态，因此降低了静态损耗，而且推拉式输出级非常有利于增强电路的负载能力，还可提高门电路的开关速度。

2. 工作原理

（1）当输入信号中至少有一个为低电平 0.3V 时，低电平对应的发射结迅速导通，VT_1 的基极电位被钳位在 0.3V+0.7V=1V 上，而由"地"经 VT_5 发射结→VT_2 发射结→VT_1 的集电极，显然 VT_1 的集电极电位为 0.7V+0.7V=1.4V，VT_1 的集电结 N 高 P 低处于反偏而无法导通，导致 VT_2、VT_5 截止。由于 VT_2 截止，R_2 上无电流，其集电极电位约等于集电极电源+5V。这个+5V 电位可使 VT_3、VT_4 导通并处于深度饱和状态。因 R_2 和 I_{B3} 都很小，均可忽略不计，所以与非门输出端 F 点的电位：

与非门的工作原理

$$V_F=V_{CC}-I_{B3}R_2-U_{BE3}-U_{BE4}\approx5-0-0.7-0.7\approx3.6V$$

可见，在这种情况下，电路实现了"有 0 出 1"的与非逻辑功能。

（2）当输入信号全部为高电平 3.6V 时，VT_1 管导通后的基极电位被钳制在 1.4V+0.7V=2.1V，此时 VT_1 管的集电极电位仍为 1.4V，使 VT_1 的发射结 N 高 P 低反偏，集电结 P 高 N 低正偏，处于"倒置"工作状态。在倒置情况下，VT_1 的集电结作为发射结使用，可向 VT_2 基极提供较大的电流，使得 VT_2 和 VT_5 均处于深度饱和导通状态：电源经 R_1、VT_1 集电结向 VT_2 提供足够的基极电流，使 VT_2 饱和导通。VT_2 的发射极电流在电阻 R_3 上产生的压降又为 VT_5 提供了足够的基极电流使 VT_5 饱和导通，从而使 TTL 与非门的输出 F 点的电位等于 VT_5 管的饱和输出典型值，即 $F=0.3V$。

可见，TTL 与非门电路在输入全为高电平时，输出为低电平，符合与非门"全 1 出 0"的与非逻辑功能。

3. 外特性和主要参数

对 TTL 集成与非门的内部电路功能了解即可，在实际应用中，更重要的是理解集成逻辑门电路的外部特性及正确连接。

（1）TTL 与非门的外特性

图 2.18 为 TTL 与非门的电压传输特性，即 TTL 与非门的外特性。下面对其外特性进行解读。

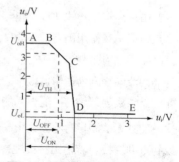

电压传输特性中的 AB 段是特性曲线的截止区：TTL 与非门的输入 $u_i \leq 0.5V$ 为低电平，输出为高电平 $U_{OH}=3.6V$，该段范围内，VT_2、VT_5 均为截止状态；B 点时 VT_2 开始导通；BC 段则是 VT_2 导通、VT_5 截止的线性区，此区域上对应输出为 $0.9U_{OH}$ 时的输入电压通常均小于或等于 1.3V；CD 段为 VT_2、VT_5 都导通的转折区：对应 C 点处，VT_5 开始导通，输出电压 u_o 急剧下降，对应 D 点处

图2.18 TTL 与非门的电压传输特性

下降至接近低电平 0.3V，也是对应输入开门电平的数值 U_{ON}；特性曲线上的 DE 段对应 VT_2、VT_5 都处于深度饱和导通的区域，此时输出为低电平 U_{OL}。

需要指出的是：TTL 与非门电压传输特性中的参数，均为符合一定的条件下测试出来的典型值，测试时电路连接一般应遵守这样一些原则：不用的输入端悬空（悬空端子为高电平"1"）或接高电平；输出为高电平时不带负载；输出为低电平时输出端应接规定的灌电流负载。

（2）TTL 与非门的主要参数

TTL 与非门外特性上标示的各电路参数是传输特性的表现形式，其主要参数如下。

① 输出端高电平 U_{OH}：是被测与非门的一个输入端接地，其余输入端开路时，输出端的电压值。一般 74 系列的 TTL 与非门输出高电平的典型值为 3.6V（产品规格为 >3V）。

② 输出端低电平 U_{OL}：是被测与非门一输入端接 1.8V，其余输入端开路，负载接 380Ω 的等效电阻时，输出端的电压值。典型值为 0.3V（产品规格为 <0.35V）。

③ 关门电平 U_{OFF}：表示使与非门关断所需的最大输入电平，即图 2.18 中输出为 $0.9U_{OH}$ 时，对应的输入电压值，U_{OFF} 的典型值为 1V（产品规格为 <0.8V）。

关门电平和输入低电平（输入高电平和输入低电平的门槛值一般取 1.4V）的差值称为输入低电平噪声容限 U_{NL}，即 $U_{NL}=U_{OFF}-U_{IL}$。低电平噪声容限是保证输出高电平不低于 U_{OH} 时输入端允许的最大噪声电压值。

④ 开门电平 U_{ON}：输出为 0.35V 时，对应的输入电压称为开门电平 U_{ON}，其典型值为 1.4V。（产品规格为 >1.8V）

输入高电平和开门电平的差值称为输入高电平噪声容限 U_{NH}，即 $U_{NH}=U_{IH}-U_{ON}$。高电平噪声容限是在保证输出为低电平的前提下所允许的最大噪声电压。

⑤ 阈值电压 U_{TH}：电压传输特性转折区中点对应的输入电压值，是 VT_5 导通和截止的分界线，也是输出端为高、低电平的分界线，所以称为阈值电压（门槛电压）。在分析 TTL 与非门工作状态时，阈值电压 U_{TH} 很关键：输入电压小于该值时，可认为与非门截止，输出为高电平；当输入电压大于该值时，可认为与非门饱和，输出为低电平。一般 TTL 与非门阈值电压的典型值为 1.4V。

⑥ 扇出系数 N_0：门电路的输出端允许下一级接同类门电路的数目称为扇出系数。扇出系数反映了与非门的最大负载能力。N_0 值越大，与非门电路的带负载能力越强（产品规格为 4～8）。

2.3.3 集电极开路的TTL与非门

集电极开路的TTL
与非门（OC门）

虽然图腾结构的 TTL 与非门因其推拉式输出方式而具有输出电阻较低的显著优点，但是其使用仍有一定的局限性。首先图腾结构的 TTL 与非门的输出端不能并联使用，否则就会有一个远大于正常工作时的电流，由输出为逻辑高电平的 TTL 与非门流向输出为逻辑低电平的 TTL 与非门，可能会烧毁门电路，即普通 TTL 与非门无法实现"线与"逻辑功能。其次，具有图腾结构的典型 TTL 与非门电压通常规定工作在+5V，这就使其无法满足对不同输出高低电平的要求。另外，使用时，TTL 与非门的输出端不允许长久接"地"或与电源短接。若输出端接地，则在门电路输出为低电平时，VT_5 处于饱和状态，会有很大的电流流过 VT_5 使其烧毁。高电平时，流过有源负载 VT_3、VT_4 的电流很大，时间稍长也会被烧毁。

克服上述局限性的方法就是把输出级改为集电极开路的三极管结构，做成 OC 门。

集电极开路的 TTL 与非门通常称为 OC 门，OC 门的电路图和逻辑符号如图 2.19 所示。

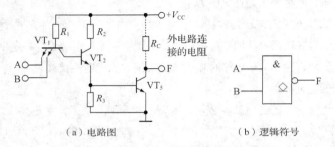

（a）电路图 （b）逻辑符号

图2.19 OC门的电路图及逻辑符号

OC 门与普通 TTL 与非门的主要区别有以下两点。

（1）没有 VT_3 和 VT_4 组成的射极跟随器，VT_5 的集电极是开路的。应用时应将 VT_5 的集电极经外接电阻 R_C 接到电源口 V_{CC} 和输出端之间，这时才能实现与非逻辑功能。

（2）普通 TTL 与非门的输出是图腾结构的推挽输出，输出电阻很小，不允许将两个或两个以上的普通 TTL 与非门的输出端直接连接在一起。但是 OC 门的输出端子则可以直接并接在一起，从而实现"线与"的逻辑功能，如图 2.20 所示。

在图 2.20 中，只有 A、B 同时为高电平时，Y_1 才能为低电平，只有 C、D 同时为高电平时，Y_2 才能为低电平。将 Y_1 和 Y_2 两条输出线直接连在一起，只要 Y_1 和 Y_2 中有一个为低电平，输出 Y 就是低电平。只有 Y_1 和 Y_2 同时为高电平时，Y 才能是高电平，显然 $Y=Y_1 \cdot Y_2$。Y 和 Y_1、Y_2 之间的这种连接方式称为"线与"，在逻辑图中用虚线方框表示。

具有"线与"逻辑的两个 OC 门如图 2.20 所示，可用函数式 $Y = Y_1 \cdot Y_2 = \overline{AB} \cdot \overline{CD} = \overline{AB + CD}$ 表示，显然这个电路通过线与后可得到**或非**逻辑功能。

在工程实际应用中，为了承受较大电流和较高电压，常把一些 OC 门的输出管尺寸设计得比较大。例如，SN7407 的输出管允许的最大负载电流为 40mA，截止时耐压为 30V，足以直接驱动小型继电器。

为保证具有"线与"逻辑功能的几个 OC 门高电平不低于 U_{OH} 值，电源

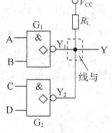

图2.20 两个OC门的线与

V_{CC}上串接的电阻 R_L 的数值不能选得过大，其最大值应按照下式选择。

$$R_{L((max))} = \frac{V_{CC} - U_{OH}}{nI_{OH} + mI_{IH}} \tag{2.1}$$

在式（2.1）中，I_{OH} 是每个 OC 门输出三极管截止时的灌电流，I_{IH} 是负载门每个输入端的高电平输入电流。

当"线与"的 OC 门中只有一个导通时，负载电流将全部流入导通的那个 OC 门，因此 R_L 的数值又不能选得过小，以确保流入导通 OC 门的电流不至超过最大允许的负载电流 I_{LM}。R_L 最小值应按照下式选择。

$$R_{L(min)} = \frac{V_{CC} - U_{OL}}{I_{LM} - m'I_{IL}} \tag{2.2}$$

在式（2.2）中，U_{OL} 是规定的输出低电平，m' 是负载门的个数，I_{IL} 是每个负载门输入端的低电平输入电流。（如果负载门为或非门，则 m' 是输入端数。）

最后选定的 R_L 电阻数值应介于上述两个公式规定的最大值和最小值之间。

除了与非门和反相器以外，与门、或门、或非门等都可以做成集电极开路的输出结构，而且外接负载电阻的计算方法与上述方法相同。

三态门

2.3.4 三态门

三态门简称作 TSL（tristatelogic）门，是在普通逻辑门的基础上，加上使能控制信号和控制电路构成的。其电路如图 2.21 所示。

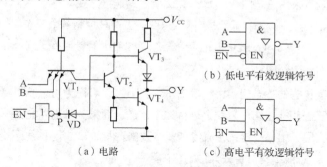

图2.21 三态门输出的电路图和图符号

图腾结构的 TTL 与非门有两个输出状态，即逻辑 0 或逻辑 1，这两个状态都是低阻输出。三态门除具有这两个状态外，还有高阻输出的第三种状态。

图 2.21（a）为三态输出的 TTL 与非门电路。可以看出，三态门是在普通 TTL 与非门电路的基础上增加一个带有控制端 EN 的控制电路。由一级反相器和一个钳位二极管构成的控制电路为低电平有效；由两级反相器和一个钳位二极管构成的控制电路为高电平有效。

当控制端起作用时，三态门处高阻状态，其输出端相当于和其他电路断开。三态门的逻辑图符号如图 2.21（b）和图 2.21（c）所示。

以图 2.21（b）所示的低电平有效的控制电路为例来说明其控制原理。

当 $\overline{EN} = 0$ 时，二极管 VD 截止，此时三态门就是普通 TTL 与非门，对应不同的输入，输出相应产生高电平 1 或低电平 0；当 $\overline{EN} = 1$ 时，多发射极晶体管 VT_1 饱和，VT_2、VT_4 截止，同时二极管 VD 导

55

通，使 VT_3 同时截止。这时从外往输出端看去，电路输出端呈现高阻状态。由于该电路的输出端有高电平、低电平和高阻三种状态，故称之为三态门。

低电平有效的三态门的逻辑功能真值表如表 2.2 所示。

表 2.2 三态门真值表

使能端 $\overline{EN}$	数据输入端		输出端 Y
	A	B	
0	0	0	1
0	0	1	1
0	1	0	1
0	1	1	0
1	×	×	高阻态

图 2.21（c）为控制端高电平有效的三态门，即 EN=1 时为正常的与非工作状态，而 EN=0 时，高电平有效的控制端三态门电路输出为高阻态。

三态门在计算机系统中得到了广泛的应用，其中一个重要用途是构成数据总线。

计算机系统中为了减少各个单元电路之间连线的数目，希望能在同一条传输线上分时传递若干门电路的输出信号。这时可采用三态门构成如图 2.22 所示的连接方式。

在图 2.22 中，G_1、G_2、…、G_n 均为三态门，只要在工作时控制各个三态门的门控端 EN 轮流等于 1，而且任何时候仅有一个等于 1，就可以把各个三态门的输出信号轮流送到公共传输总线上而互不干扰，这种连接方式称为总线结构。

总线结构中处于禁止态的三态门，由于输出呈现高阻态，可视为与总线脱离。利用这种分时传送原理，可以实现多组三态门挂在同一总线上进行数据传送。而某一时刻只允许一组三态门的输出在总线上发送数据，从而实现了用一根导线轮流传送多路数据。图 2.22 中的总线即用于传输多个三态门输出信号的导线（母线）。总线结构可省去大量的机内连线。

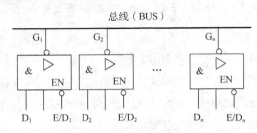

图2.22 三态门应用举例

三态门还可以做成单输入、单输出的总线驱动器，并且输入与输出有同相和反相两种类型。在实际应用中，三态门还可用作多路开关和用于信号双向传输。

利用三态门实现数据的双向传输应用电路如图 2.23 所示。

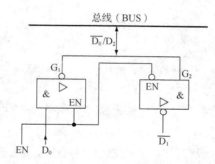

图2.23 用三态门实现数据的双向传输

在图 2.23 中，当 EN=1 时，G_1 工作而 G_2 为高阻态，数据 D_0 经 G_1 反相后送到总线上；当 EN=0 时，G_2 工作而 G_1 为高阻态，来自总线的数据经 G_2 反相后由 D_1 送出。

在实际工程中，经常将多个双向三态传输器集成在一个芯片内，使用起来十分方便，如74HCT640 等。

2.3.5 ECL门电路

ECL 门电路

由于 TTL 门电路中的晶体管均工作在深度饱和状态，其存储电荷效应使电路的开关速度受到了限制。为了提高开关速度，必须改变电路的工作方式，使其从深度饱和状态变为非饱和型都能从根本上提高开关速度。ECL 门电路就是一种非饱和型高速数字集成逻辑门，其平均传输延迟时间可在 2ns 以下，是目前双极型电路中速度最快的。

1. ECL 门电路的基本单元

ECL 门电路的基本单元是一个差动放大器，如图 2.24 所示。根据差动放大电路的工作原理，V_{C2} 与 V_I 同极性，V_{C1} 与 V_I 反极性，因此输出与输入的逻辑关系为：$V_{C1} = \overline{V_I}$，$V_{C2}=V_I$。由此可知，图 2.24 为单变量的分相器。

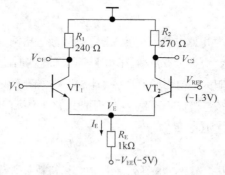

图2.24 ECL门电路的基本单元

当输入 V_I 为低电平 $V_{IL}=-1.6V$ 时，VT_1 管截止，VT_2 管导通，此时，

$$V_E=V_{REF}-V_{BE2}=-1.3-0.7=-2V$$

R_E 上的电流 I_E 为：

$$I_E=[V_E-V_{EE}]/R_E=(-2+5)/1=3mA$$

两个集电极输出电压为：

$$V_{C2}=-I_E R_2=-3*270\approx-0.8V \qquad V_{C1}=0V$$

此时 VT$_2$ 管集电结的反偏电压为：

$$V_{CB2}=V_{C2}-V_{BE1}=-0.8-(-1.3)=0.5V$$

故 VT$_2$ 管工作在放大状态，而不是饱和状态。

同理可分析出当输入 V_1 为高电平时，VT$_1$ 管导通，VT$_2$ 管截止时的情况，VT$_1$ 管也是工作在放大状态而没有进入饱和区。

由于 ECL 门电路的基本单元没有工作于深度饱和状态而是工作在放大区，因此其开关速度得到了极大的提高。

2. ECL 门电路的工作特点

ECL 门电路工作时具有如下优点。

（1）由于三极管导通时工作在非饱和状态，且逻辑电平摆幅小，传输时间可缩短至 2ns 以下，工作速度极高。

（2）输出具有互补性，使用方便、灵活。

（3）因输出级采用了射极跟随形式，所以输出阻抗低、带负载能力强。

（4）电源电流基本不变，电路内部的开关噪声很小。

ECL 门电路工作时具有如下缺点。

（1）噪声容限低。

（2）电路功耗大。

ECL 门电路适用场合：目前主要用于高速、超高速的中、小规模集成电路中。

2.3.6 TTL集成电路的改进系列

TTL 集成电路的改进系列

为了提高电路的工作速度和降低其功耗，人们相继研制出了一系列的改进型 TTL 集成电路。

1. 74H 系列

74H 系列又称高速系列，在电路结构上主要采取了两项改进措施：一是在输出级采用了达林顿结构，这种结构进一步减小了门电路输出高电平时的输出电阻，从而提高对负载电容的充电速度；二是将所有电阻的阻值降低了几乎一半，减小电阻不仅缩短了电路中各结点电位上的上升时间和下降时间，也加速了三极管的开关过程，因此，74H 系列门电路的平均传输延迟时间比 74 系列门电路缩短了一半，通常在 10ns 以内。

2. 74S 系列

74S 系列中的 S 代表肖特基，因此 74S 系列是指 TTL 肖特基系列集成电路。

在 74 系列的门电路中，三极管工作在深度饱和状态，这种状态是造成传输时间延迟的主要原因。如果能使三极管导通时避免进入深度饱和状态，则传输时间将大幅度减少。为此，在 74 系列门电路中采用抗饱和的肖特基三极管，这种三极管由普通双极型三极管和肖特基势垒二极管组合而成。在实际制作时，只需在制作基极的铝引线时，把引线连接至肖特基势垒二极管的阳极，由肖特基势垒二极管的阴极延伸到 N 型的集电区半导体引线上即可。

由于肖特基势垒二极管的开启电压很低，只有 0.3～0.4V，所以当肖特基三极管的 b-c 结进入正向偏置以后，肖特基势垒二极管首先导通，并将 b-c 结的正向电压钳位在 0.3~0.4V。此后，从基极注入的过驱动电流从肖特基势垒二极管流走，从而有效地制止了三极管进入深度饱和状态。

74S00 与非门就是 TTL 肖特基集成电路的应用实例。74S00 不仅采取了肖特基结构，还在电路中引进了有源泄放电路，进一步改善了门电路的电压传输特性，更加接近理想开关特性。但是，74S 系列采用抗饱和三极管和减小了电路中的电阻，使得电路的功耗加大，导致电路输出低电平升高（达 0.5V 左右）。

3. 74LS 系列

为了获得更少的延迟时间和更小的功耗，在兼顾功耗与速度两个方面的基础上开发出了低功耗肖特基系列集成电路，简称为 74LS 系列。

74LS 门电路为降低功耗，大幅度降低了集成电路内部各个电阻的阻值，同时将 R_5 原来接地的一端改接到输出端，改进后的功耗仅为 74 系列的五分之一，74H 系列的十分之一。为了缩短传输延迟时间，提高开关工作速度，在采用肖特基抗饱和三极管的基础上又进一步改进，使得其传输延迟时间只有 74 系列的五分之一，74S 系列的三分之一。

由于 74LS 系列 TTL 集成电路的电压传输特性上，CD 段几乎在同一条直线上，因此不存在线性区，而且阈值电压也要比 74 系列低，约为 1V。

在不同系列的 TTL 器件当中，只要器件型号的后几位数码相同，它们的逻辑功能、外形尺寸、引脚排列就完全一样。例如，7400、74S00、74LS00 都是四 2 输入与非门，采用的都是 14 个引脚的双列直插式封装，而且输入端、输出端、电源及地端引脚位置都是相同的，如图 2.25 所示。

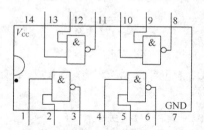

图2.25　四2输入与非门引脚排列图

2.3.7　TTL集成逻辑门的使用注意事项

1. 电源

（1）74LS 系列 TTL 集成门电路的典型电源电压为+5V（±0.25V），超出此范围可能造成电路工作紊乱。电源的正极和"地"不能接反，电源电压的极限参数为 7V。TTL 集成电路存在尖峰电流，需要良好的接地，并且要求电源内阻尽可能小。为防止外来干扰信号通过电源进入电路，常在电源输入端接入 10~100μF 的低频滤波电容，每隔 5~10 个集成电路在电源和地之间接入一个 0.01~0.1μF 的高频滤波电容。

TTL 集成逻辑门的使用注意事项

（2）数字逻辑电路和强电控制电路要分别接地，避免强电控制电路在地线上产生干扰。

（3）电源接通时，严禁插拔集成电路，因为电流的冲击可能造成集成芯片永久性损坏。

2. 闲置输入端

TTL 集成电路芯片的输入端不能直接与高于+5V 和低于-0.5V 的低内阻电源连接，否则将损坏芯片。闲置输入端应根据逻辑功能的要求连接，以不改变电路逻辑状态及工作稳定为原则。

（1）TTL 集成电路芯片的输入端口为与逻辑关系时（与门、与非门），多余的输入端可以悬空（但不能带开路长线）或通过一只 $1\sim10\text{k}\Omega$ 的电阻接电源正极，在前级驱动能力允许时，也可并接到一个已使用的高输入端上。

（2）TTL 门输入端口为或逻辑关系时（或门、或非门），闲置的输入端可以接低电平或直接接地，在前级驱动能力允许时，也可并接到一个已使用的低输入端上。

（3）对于与或非门中不使用的与门，该与门至少有一个输入端接地。

3. 输出端

（1）输出端不允许直接接电源或直接接地，否则可能使输出级的管子因电流过大而损坏，输出端可通过上拉电阻与电源正极相连，使输出高电平提升。输出电流应小于产品手册上规定的最大值。

（2）具有图腾结构的几个 TTL 与非门输出端不能直接并联。

（3）集电极开路的集成芯片输出端可以并联使用以实现"线与"，其公共输出端和电源正极之间应接负载电阻。集电极开路的集成门可驱动大电流负载，实现电平转换。

（4）电路的输出端接容性负载时，应在电容之前接限流大电阻（$\geq2.7\text{k}\Omega$），避免在开机的瞬间，较大的冲击电流烧坏电路。

除此之外，还要注意焊接 TTL 集成芯片时，应选用 45W 以下的电烙铁，最好用中性焊剂，所用设备应接地良好。

思考题

1. TTL 与非门如有多余输入端能不能与"地"相接？TTL 或非门如有多余输入端不能与 5V 电源相接或悬空？

2. 图腾结构的 TTL 与非门和 OC 门的主要区别是什么？

3. 三态门和普通 TTL 与非门有什么不同？主要应用在什么场合？

4. 何为"线与"？哪一种逻辑门能实现"线与"逻辑？

5. 通过实验记录，用内阻为 $20\text{k}\Omega/\text{V}$ 的万用表测量 74LS00 集成芯片中的一个门，在下列各种情况下：

（1）其他输入端悬空。

（2）其他输入端接 5V 电源。

（3）其他输入端有一个接地。

（4）其他输入端有一个接 0.3V。

测量该集成逻辑门上一个悬空输入端的电压，观察测量值为多少 V。

2.4 MOS集成逻辑门

MOS 集成逻辑门电路是在 TTL 电路问世后开发出来的第二种数字集成器件。从发展的趋势来看，由于制造工艺的不断改进，MOS 集成逻辑门的工作速度已基本赶上了 TTL 集成电路，其功耗和抗干扰能力则远优于 TTL 集成电路，且制作工艺简单、成本低、输入阻抗极高、工作电源允许变化范围大，能与大多数 TTL 逻辑电路兼容。MOS 逻辑门的这些优越性能，使其得到快速发展。

MOS 集成逻辑门分为 P 沟道增强型（称 PMOS）、N 沟道增强型（称 NMOS）和互补 MOS（称 CMOS）三种。PMOS 由于开关速度低，电源电压取值较高且为负电源，不便与 TTL 集成逻辑门衔接，现已很少生产和使用。NMOS 克服了 PMOS 的许多问题，但速度低的问题始终制约了其发展。CMOS 充分表现了 MOS 技术的突出优点，从发展规模上看，目前 CMOS 逻辑门的性能已超越 TTL 逻辑门而成为占主导地位的逻辑器件，几乎所有的超大规模存储器件，以及 PLD 器件都采用了 CMOS 工艺制造，CMOS 逻辑门已成为大规模和超大规模集成电路的主流产品。

2.4.1 CMOS逻辑门的基本单元

CMOS 逻辑门电路的基本单元主要有 CMOS 反相器和 CMOS 传输门，它们可以组成各种 CMOS 集成逻辑门电路。

CMOS 逻辑门的基本单元

1. CMOS 反相器

CMOS 反相器是 CMOS 集成电路的基本单元，具有非门逻辑功能。图 2.26 是 CMOS 反相器电路。

CMOS 反相器电路中的 VT_1 是增强型 NMOS 管，VT_2 是 PMOS 管，两管的漏极 D 接在一起作为电路的输出端，两管的栅极 G 接在一起作为电路的输入端，VT_1 的源极 S_1 与其衬底相连并接地，VT_2 的源极 S_2 与其衬底相连并接电源 V_{DD}。

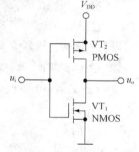

图2.26 CMOS反相器

电路工作原理：当输入电压为低电平即 $u_i=0V$ 时，NMOS 管 VT_1 的栅源电压小于开启电压，不能形成导电沟道，VT_1 截止，S_1 和 D_1 之间呈现很大的电阻 R_{OFF}；PMOS 管 VT_2 的栅源电压大于开启电压，能够形成导电沟道，VT_2 导通，S_2 和 D_2 之间呈现较小的电阻 R_{ON}。此时电路的输出电压：

$$u_o = \frac{R_{OFF}}{R_{OFF} + R_{ON}} V_{DD} \approx V_{DD}$$

这一过程实现了"输入为 0，输出为 1"的非门逻辑功能。

当输入电压 u_i 为高电平 V_{DD} 时，NMOS 管 VT_1 的栅源电压大于开启电压，形成导电沟道，VT_1 导通，S_1 和 D_1 之间呈现较小的电阻 R_{ON}；PMOS 管 VT_2 的栅源电压为 0V，不满足形成导电沟道的条件，VT_2 截止，S_2 和 D_2 之间呈现很大的电阻 R_{OFF}，电路的输出电压：

$$u_o = \frac{R_{ON}}{R_{OFF} + R_{ON}} V_{DD} \approx 0$$

这一过程实现了"输入为 1，输出为 0"的非门逻辑功能。

CMOS 反相器稳态时，由于 VT_1 和 VT_2 中必然有一个管子是截止的，所以电源向电路提供的电流极小，电路的功率损耗很低，被称为微功耗电路。又由于电路中的 NMOS 管和 PMOS 管特性对称，因此具有很好的电压传输特性，其阈值电压 $U_{TH} \approx V_{DD}/2$，所以噪声容限很高，约为 $V_{DD}/2$。

实际的 CMOS 反相器电路为防止击穿，通常还要加装保护环节，以保护器件的氧化层和抑制输入端的干扰。

2. CMOS 传输门

当一个 PMOS 管和一个 NMOS 管并联时，就构成一个如图 2.27 所示的传输门。

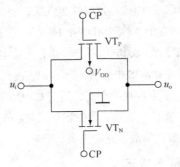

图2.27　CMOS传输门

在 CMOS 传输门电路中，两个增强型 MOS 管的源极相接，作为电路的输入端，两管漏极相连作为电路的输出端。两管的栅极作为电路的控制端，分别与互为相反的控制电压 CP 和 $\overline{\text{CP}}$ 相连。另外，PMOS 管的衬底接 V_{DD}，NMOS 管的衬底与"地"相接。

CMOS 传输门的工作原理如下。

当控制端 CP 为高电平 1 时，$\overline{\text{CP}}$ 为低电平 0，传输门导通，数据可以从输入端传输到输出端，也可以从输出端传输到输入端，实现数据的双向传输。当控制端 CP 为低电平"0"，$\overline{\text{CP}}$ 为高电平 1 时，传输门关闭，禁止传输数据。

由于传输门中两个 MOS 管的结构对称，源、漏极可以互换，实现双向传输，因此又被称为双向模拟电子开关。

传输门不但可以实现数据的双向传输，经改进后也可以组成单向传输数据的传输门，利用单向传输门可以构成传送数据的总线；当传输门的控制信号由一个非门的输入和输出来提供时，又可构成一个模拟开关，其电路和原理不再赘述。

2.4.2　CMOS与非门

1. 电路组成

图 2.28 为 CMOS 与非门电路。电路中的两个驱动管 VT_{N1} 和 VT_{N2} 相串联，两个负载管 VT_{P1} 和 VT_{P2} 相并联。VT_{P1} 和 VT_{N1} 与 VT_{P2} 和 VT_{N2} 分别构成一对反相器。

CMOS 与非门

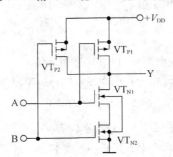

图2.28　CMOS与非门电路

2. 工作原理

当输入 A、B 中有一个为低电平 0 或两个输入全为 0 时，两个驱动管至少有一个阻断或全阻断，两个负载管至少有一个导通或全导通，因此输出 Y 为 1；只有输入 A、B 全为高电平"1"时，两个驱动管才能全都导通，两个负载管全阻断，因此输出 Y 为低电平"0"。输出与输入之间实现了"有 0 出 1，全 1 出 0"的与非门逻辑功能。

2.4.3　CMOS或非门

CMOS 或非门

1. 电路组成

图 2.29 为 CMOS 或非门电路。电路中的两个驱动管 VT_{N1} 和 VT_{N2} 相并联，两个负载管 VT_{P1} 和 VT_{P2} 相串联。

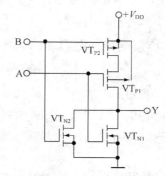

图2.29　CMOS或非门电路图

2. 工作原理

当输入 A、B 中有一个为高电平 1 或两个输入全为 1 时，两个驱动管至少有一个导通或全导通，两个负载管至少有一个阻断或全阻断，因此输出 Y 为低电平 0；只有输入 A、B 全为低电平 0 时，两个驱动管才全阻断，两个负载管全导通，此时输出 Y 为高电平 1。

显然，此电路输出与输入之间的关系为"有 1 出 0，全 0 出 1"的或非门逻辑功能。

2.4.4　其他CMOS集成逻辑门

其他 CMOS 集成逻辑门

1. 漏极开路的与非门（OD 门）

与 TTL 集成 OC 门类似，该电路是具有与非功能的特殊与非门，具有"线与"逻辑功能，而且当输出低电平小于 0.5V 时，它可吸收 50mA 的灌电流。同样，OD 门和 OC 门还可在电路中用作电平转换，因为 OD 门输出 MOS 管漏极电源是外接的，输出 Y 随外接电源的不同而改变，所以能够方便地实现电平移位。

2. CMOS 三态门电路

CMOS 三态输出门是在 CMOS 反相器的基础上又串接了 PMOS 管 VT_{P2} 和 NMOS 管 VT_{N2} 组成的。CMOS 三态门的功能与 TTL 三态门功能类似，当使能端有效时，它相当于一个反相器，当使能端处无效态时，它的输出对"地"和对电源 V_{DD} 都呈高阻态。

3. 高速 CMOS 集成逻辑门

与 TTL74 系列逻辑门相比，CMOS4000 系列电路虽然集成度高、抗干扰能力强且低功耗，但由于

MOS 管存在较大的极间电容和较小的漏极电流，因此造成它的开关速度较低，带负载能力差，使其使用范围受到较大限制。

为了提高 CMOS 集成逻辑门的开关速度，人们设法减少 MOS 管的导电沟道长度和缩小 MOS 管的几何尺寸，以减小 MOS 管的极间电容；为了提高 CMOS 集成逻辑门的负载能力，研制过程中采用缩短 MOS 管的导电沟道长度和加大导电沟道宽度的方法来提高漏极电流。这些措施使高速 CMOS 集成逻辑门的平均传输延迟时间小于 10ns/门。目前主要有 CC54HC/CC74HC 和 CC54HCT/CC74HCT 两个子系列，它们的逻辑功能、外引脚排列与同型号的 TTL 电路相同。

在工程实际应用中，高速 CMOS 逻辑门 CC54HC/CC74HC 子系列的工作电压为 2～6V，输入电平特性与 CMOS4000 系列相仿；当 CC54HC/CC74HC 子系列的电源电压取 5V 时，输出高低电平与 TTL 电路兼容。高速 CMOS 逻辑门 CC54HCT/CC74HCT 子系列型号中的 T 表示与 TTL 电路兼容，其电源电压为 4.5～5.5V，输入电平与 LSTTL 系列逻辑门相同。

2.4.5　CMOS逻辑门的特点及使用注意事项

1．CMOS 门电路的特点

（1）CMOS 集成电路的静态功耗非常小，通常只有几 μW，即使是中规模集成电路，其功耗也不会超过 100μW，因此使用 CMOS 集成门制作的设备成本低。

（2）CMOS 电路集成度高，由于只有多子导电，所以热稳定性好、抗辐射能力强。

CMOS 逻辑门特点
及使用注意事项

（3）CMOS 电路的电源电压允许范围宽。例如，CMOS4000 系列的电源电压在 3～18V，HCMOS 集成电路为 2～6V，十分方便于电路电源电压的选择。

（4）CMOS 电路的逻辑摆幅大，$V_{OL}=0V$，$V_{OH}{\approx}V_{DD}$。

（5）输入阻抗极高，通常可达 $10^8\Omega$。

（6）CMOS 电路的噪声容限最大可达电源电压的 45%，最小不低于电源电压的 30%，而且随着电压的提高而增大，因此抗干扰能力强，适合于特殊环境下工作。

（7）扇出能力强。所谓扇出系数，是指能带同类门电路的个数。低频时，CMOS 门电路几乎不考虑扇出能力问题；高频下扇出系数与工作频率有关。

2．CMOS 逻辑门的使用注意事项

（1）CMOS 集成电路的电源电压极性不能接反，否则会造成电路永久性失效。

（2）合理选用电源电压。CMOS 集成门电路的电源电压选择得越高，电压的抗干扰能力就越强，但是，电源电压最大不允许超过极限值 18V，高速 CMOS 集成电路中的 HC 系列电源电压可在 2～6V 范围内选择，HCT 系列的电源电压在 4.5～5.5V 范围内选择，最大不得超过 7V 的极限值。为防止通过电源引入干扰信号，应根据具体情况对电源进行去耦和滤波。

（3）注意输入端的静电保护。CMOS 集成电路应在静电屏蔽下运输和存放。调试电路板时，开机时，先接通电路板电源，后开信号源电源；关机时，先关信号源电源，后断开电路板电源。严禁带电从插座上拔插器件。

（4）闲置输入端的处理：CMOS 集成电路闲置不用的输入端不能悬空；与门和与非门闲置输入端应接高电平；或门和或非门的闲置输入端应接地。通常闲置输入端不宜与使用输入端并联使用，因为并联使用会增大输入电容，使开关速度进一步下降。但在工作速度要求不高的情况下，有时也允许输入端并联使用。

（5）输出端的连接：同一芯片上的 CMOS 门，在输入相同时，输出端可以并联使用（目的是增大驱动能力），否则，输出端不许并联使用。由于电路的输出级一般为 CMOS 反相器结构，输出端不允许与电源或"地"端直接相连，否则造成输出级的 MOS 管因过电流而损坏。当 CMOS 集成电路输出端与大容量负载相连时，为保证管子不因大电流而烧损，应在输出端和电容之间串接一个限流电阻。

（6）CMOS 集成电路应注意输入电路的过流保护。

CMOS 集成电路虽然出现较晚，但发展很快，制造工艺不断改进，这使得 CMOS 集成电路在工程实际的应用越来越广泛。

思考题

1. CMOS 反相器、CMOS 漏极开路的 OD 门和 CMOS 三态门的输出端可以并联使用吗？为什么？
2. CMOS 传输门具有哪些用途？
3. CMOS 集成电路具有什么特点？
4. 为什么说 CMOS 集成电路比 TTL 集成电路的静态功耗低？抗干扰能力强？
5. 如果将 CMOS 与非门、或非门和异或门作反相器使用，输入端应如何连接？

2.5　集成逻辑门使用中的实际问题

集成逻辑门在具体的应用中，器件的主要技术参数有传输延迟时间、功耗、噪声容限，带负载能力等，根据这些参数可以正确地选用一种器件或两种器件混用。下面对使用中不同门电路之间的接口技术、门电路与负载之间的匹配等几个实际问题进行讨论。

2.5.1　各种逻辑门之间的接口问题

在数字电路或系统的设计中，往往由于工作速度或者功耗指标的要求，需要多种逻辑器件混合使用。例如，TTL 和 CMOS 两种器件目前都要使用，在两种电路并存的情况下，经常会遇到需要将两种器件互相对接的问题。由于不同器件的电压和电流参数也各不相同，这就需要采用接口电路，一般需要考虑下面三个条件。

各种逻辑门之间的接口问题

（1）驱动器件必须能给负载器件提供灌电流的最大值。

（2）驱动器件必须能给负载器件提供足够大的拉电流。

（3）驱动器件的输出电压必须处于负载器件所要求的输入电压范围内，包括高、低电压值。

在上述条件中，（1）和（2）属于门电路的扇出系数问题，取决于各种逻辑门的带负载能力。条件

（3）则属于电压兼容性问题。其余如噪声容限、输入和输出电容以及开关速度等参数在某些设计中也必须考虑。

下面分析 CMOS 门驱动 TTL 门或者相反的两种情况的接口问题。

1. CMOS 驱动 TTL 门

用 CMOS4000 系列 CMOS 电路驱动 74 系列 TTL 电路时，若它们的电源电压相等，则 CMOS4000 系列可直接驱动 TTL 门，不需另加接口电路，仅按电流大小计算出扇出系数即可。

图 2.30 为两种 CMOS4000 系列驱动 TTL 门的简单电路。

图 2.30（a）是将同一芯片上的多个 CMOS 与非门并联使用，以增大输出电流，满足 TTL 电路输入低电平大电流的需求。同理，为增大输出电流，同一芯片上的多个 CMOS 或非门、多个非门同样可采取这种方法获得较大输出电流，以推动 TTL 电路。

图 2.30（b）是在 CMOS 电路输出端及 TTL 电路输入端之间接入一个 CMOS 驱动器，以此来增大 CMOS 电路的输出电流。

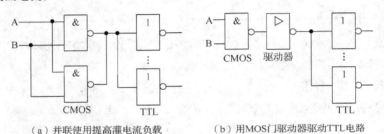

(a) 并联使用提高灌电流负载　　　　　(b) 用MOS门驱动器驱动TTL电路

图2.30　CMOS4000系列驱动TTL门电路

当高速 CMOS 门和 TTL 负载门的电源电压相同时，如 CC74HC 和 CC74HCT 系列，CMOS 门的输出端可直接与 TTL 输入端相连，也能满足 TTL 输入电流的要求。

【例 2.1】 已知 74HC00 与非门电路用来驱动一个基本的 TTL 反相器和 6 个 74LS 门电路。试验算此时的 CMOS 门电路是否过载。

【解】（1）查相关手册得接口参数如下：一个基本的 TTL 门电路，I_{IL}=1.6mA，6 个 74LS 门的输入电流 I_{IL}=6×0.4mA=2.4mA，总的输入电流 $I_{IL(total)}$=1.6mA+2.4mA=4mA。

（2）因 74HC00 门电路的 I_{OL}=I_{IL}=4mA，所驱动的 TTL 门电路并未过载，可直接与 TTL 负载门相连。

2. TTL 门驱动 CMOS 门

当 TTL 门驱动 CMOS 门时，由于 TTL 为驱动器件，CMOS 为负载器件。由手册可知，当 TTL 输入为低电平时，它的输出电压参数与 CMOS HC 的输入电压参数是不兼容的。例如，LSTTL 系列的 $V_{OH(min)}$ 为 2.7V，而 HCCMOS 的 $V_{IH(min)}$ 为 3.5V。为了克服这一矛盾，应在 TTL 电路的输出端和 CMOS 电路的输入端之间接一个上拉电阻 R_p，电路连接情况如图 2.31 所示。

由图 2.31 可知，用上拉电阻 R_p 接到 V_{DD} 可将 TTL 输出高电平电压升至约 5V，上拉电阻的值取决于负载器件的数目以及 TTL 和 CMOS 的电流参数。

当 TTL 驱动 CMOSHCT 系列时，由于电压参数兼容，所以不需另加接口电路。

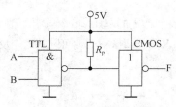

图2.31 TTL门驱动CMOS门

基于这一情况，在数字电路设计中，也常用CMOSHCT当作接口器件，以免除上拉电阻。

2.5.2 门电路带负载时的接口电路

1. 用门电路直接驱动显示器件

门电路带负载时的接口问题

在数字电路中，往往需要用发光二极管来显示信息的传输，如简单的逻辑器件的状态、七段数码显示或图形符号显示等。在这些情况下，需用接口电路将数字信息转换为模拟信息显示。

图 2.32 为 CMOS 反相器驱动一个发光二极管电路的应用举例。其中图 2.32（a）中让 CMOS 反相器 74HC04 的输入端与一个发光二极管 LED 的阳极相连，LED 的阴极上串接了一个限流电阻 R 以保护 LED 发光管，限流电阻的另一端与"地"相接；图 2.32（b）则是在 CMOS 反相器的输出端连接 LED 的阴极，让 LED 的阳极与限流电阻相接，限流电阻的另一端与电源相连。

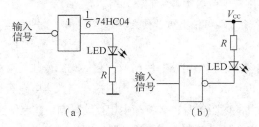

图2.32 用门电路直接驱动显示器件图例

图 2.32 中限流电阻的大小可分别按下面两种情况来计算。当图 2.32（a）中门电路的输入为低电平时，输出为高电平，于是

$$R = \frac{V_{OH} - V_F}{I_D}$$

反之，当 LED 接入电路的情况如图 2.32（b）所示时，门电路的输入信号应为高电平，输出为低电平，故有

$$R = \frac{V_{CC} - V_F - V_{OL}}{I_D}$$

在以上两个公式中：I_D 为通过发光管 LED 的电流；V_F 是 LED 的正向压降，V_{OH} 和 V_{OL} 分别为门电路输出的高、低电平电压值，通常取典型值。

2. 机电性负载接口

在工程实践中，往往会使用各种数字电路来控制机电性系统的功能，如控制电动机的位置和转速、继电器的接通与断开、流体系统中阀门的开通和关闭、自动生产线中机械手的多参数控制等。

在继电器的应用中，继电器本身有额定的电压和电流参数。在一般情况下，需用运算放大器来提升到必须的数/模电压和电流接口值。对于小型继电器，可以将两个反相器并联作为驱动电路，如图2.33所示。

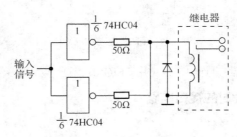

图2.33　继电器接口电路图例

2.5.3　抗干扰措施

1. 多余输入端的处理措施

集成逻辑门电路在使用时，一般不让多余的输入端悬空，以防止引入干扰信号。对多余输入端的处理以不改变电路工作状态及稳定可靠为原则。

对于 TTL 与非门，一般可将多余的输入端通过上拉电阻（1～3kΩ）接电源正端，也可利用一个反相器将其输入端接地，其输出高电位可接多余的输入端。

对于 CMOS 电路，多余输入端可根据需要使之接地（或非门）或直接接 V_{DD}（与非门）。

2. 去耦合滤波器

数字电路或系统往往由多个逻辑门电路芯片构成，它们均由公共的直流电源供电。这种电源是非理想的，一般是由整流稳压电路供电，具有一定的内阻抗。当数字电路运行时，产生较大的脉冲电流或尖峰电流，当它们流经公共的内阻抗时，必将产生相互的影响，甚至使逻辑功能错乱。

对于上述情况常用的处理方法是采用去耦合滤波器，通常是用 10～100μF 的大电容器与直流电源并联，以滤除多余的频率成分。除此以外，对于每一个集成芯片还应加接 0.1μF 的电容器，以滤除开关噪声。

3. 接地和安装工艺

正确的接地技术对于降低电路噪声是很重要的。这方面可将电源"地"与信号"地"分开，先将信号"地"汇集在一点，然后将二者用最短的导线连在一起，以避免含有多种脉冲波形（含尖峰电流）的大电流引到某数字器件的输入端而导致系统正常的逻辑功能失效。此外，当系统中兼有模拟和数字两种器件时，同样需将二者的"地"分开，然后再选用一个合适的共同点接地，以免除电源"地"和信号"地"之间的影响。必要时，也可设计模拟和数字两块电路板，各备直流电源，然后将二者的"地"恰当地连接在一起。在印刷电路板的设计或安装中，要注意连线尽可能短，以减少接线电容而导致寄生反馈有可能引起的寄生振荡。有关这方面技术的详细介绍，可参阅有关文献。集成数字电路的数据手册，也提供某些典型电路的应用设计，同样是有益的参考资料。

此外，CMOS 器件在使用和储藏过程中要注意静电感应导致损伤的问题。静电屏蔽是常用的防护措施。

思考题

1. 用 CMOS4000 系列门电路驱动 TTL 负载门时，为了满足 TTL 负载门较大电流的需求，通常可采用什么方法解决？

2. TTL 门电路驱动 CMOS 门电路时，如果电源不兼容时，通常采用什么方法解决兼容问题？

2.6 应用能力训练环节

2.6.1 集成逻辑门电路的功能测试

1. 实验目的

（1）认识各种逻辑门集成芯片及其各管脚功能的排列情况。

（2）初步掌握使用数字电路实验系统的方法。

（3）进一步熟悉各种常用门电路的逻辑符号及逻辑功能。

（4）了解 TTL、CMOS 两种集成电路外引线排列的差别及标示识别。

2. 实验集成电路图符号及集成电路引脚排列图

（1）常用组合逻辑门电路图符号

图 2.34 为常用组合逻辑门电路图符号。

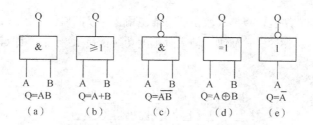

图2.34 常用组合逻辑门电路图符号

（2）常用集成电路芯片引脚排列图

在图 2.35 所示的各引脚排列图中，凡前面带有 74LS 的均为 TTL 集成电路，前面带有 CC40 的均为 CMOS 集成电路，注意两种电路的管脚排列上的差异！

3. TTL、CMOS 集成电路外引线连接注意事项

（1）TTL 集成门电路外引脚分别对应逻辑符号图中的输入、输出端，在标准双列直插式的 TTL 集成电路中，7 脚为电源地（GND），14 脚为电源正极（+5V），其余管脚为输入和输出，若集成芯片引脚上的功能标号为 NC，则表示该引脚为空脚，与内部电路不连接。

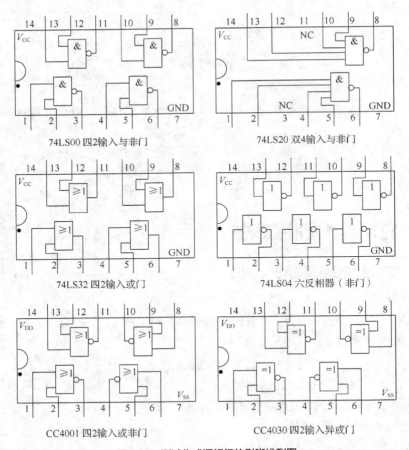

图2.35 测试集成逻辑门的引脚排列图

（2）外引脚的识别方法是：将集成块正面对准使用者，以凹口侧小标志点"·"为起始脚 1，逆时针方向向前数 1，2，3，…，N 脚，使用时根据功能查找 IC 手册，即可知各管脚功能，如图 2.36 所示。

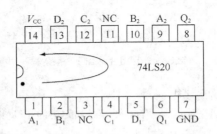

图2.36 TTL门的引脚识别

（3）TTL 电路（OC 门和三态门除外）的输出端不允许并联使用，也不允许直接与+5V 电源或地线相连，否则将会使电路的逻辑混乱并损害器件。

（4）TTL 电路输入端外接电阻要慎重，要考虑输入端负载特性。针对逻辑门不同外电阻阻值有特别要求，否则会影响电路的正常工作。

（5）多余输入端的处理，输入端可以串入一个 1～10kΩ 的电阻或直接接在大于+2.4V 和小于+4.5V 电源上，来获得高电平输入，直接接"地"为低电平输入。或门及或非门等 TTL 电路的多余输入端不能悬空，只能接"地"。与门、与非门等 TTL 电路的多余输入端可以悬空（相当于高电平），但悬空时对地呈现阻抗很高，容易受到外界干扰。因此，可将它们接电源或与其他输入并联使用，但并联时，对信号驱动电流的要求增加了。

（6）严禁带电操作，应该在电路切断电源时，拔插集成电路，否则容易使集成电路损坏。

（7）CMOS 集成电路的正电源端 V_{DD} 接电源正极，V_{SS} 接电源负极（通常接地），不允许反接。同样在装接电路、拔插集成电路时，必须切断电源，严禁带电操作。

（8）CMOS 集成电路多余的输入端不允许悬空，应按逻辑要求处理接电源或地，否则会使电路的逻辑混乱并损害器件。

（9）CMOS 集成电路器件的输入信号不允许超出电源电压范围，或者说输入端的电流不得超过 10mA。若不能保证这一点，必须在输入端串联限流电阻，CMOS 电路的电源电压应先接通，再接入信号，否则会破坏输入端的结构，关机时应先切断输入信号再切断电源。

4. 实验步骤

（1）在数字逻辑测试仪或数字电子实验台上找到相应的逻辑门电路 14P 插座，把待测集成电路芯片插入。插入时注意管脚位置不能插反，否则会使集成电路烧损。

（2）由于电路芯片上一般集成多个门，测试功能时只需对其中一个门测试即可。注意同一个逻辑门的标号应相同，不允许张冠李戴。

（3）集成电路芯片上逻辑门的输入 A、B 应接于逻辑电平开关上。逻辑电平电键打向上时，输出为高电平 1，电键搬向下则为低电平 0，输出的逻辑电平作为逻辑门电路的输入信号。

（4）让待测逻辑门的输出端与数字逻辑测试仪或数字电路实验台上对应的 LED 发光管上的输入电平相连，如图 2.37 所示。

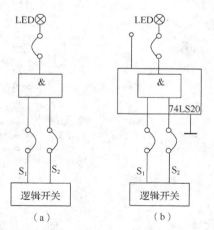

图2.37　TTL与门实验连接图

把待测门电路的输出端子插入逻辑电平输入的任意一个插孔内，输出为高电平 1 时，插孔上面的 LED 发光二极管亮；输出为低电平 0 时，插孔上面的 LED 发光二极管不亮。

（5）输入、输出全部连接完毕后，把芯片上的"地"端与电源"地"相连，把芯片上的正电源端与+5V 直流电源相连后，才能验证逻辑门的功能（如 74LS00 四 2 输入与非门集成芯片功能测试）。

① 将其中一个门的输入端 A 和 B 均输入低电平 0，观察输出发光管的情况，记录下来。

② 改变 A 输入"0"、B 输入"1"，观察输出发光管情况，记录下来。

③ 改变 A 输入"1"、B 输入"0"，观察输出发光管情况，记录下来。

④ 改变 A 输入"1"、B 输入"1"，观察输出发光管情况，记录下来。

根据检测结果得出结论，与非门功能应为"有 0 出 1，全 1 出 0"。

（6）以下各逻辑门的功能测试均按上述要求检测，逐个得出结论。

5. 思考题

1. 欲使一个异或门实现非逻辑，电路将如何连接，为什么说异或门是可控反相器？

2. 对于 TTL 电路，为什么说悬空相当于高电平？而 CMOS 集成门电路多余端为什么不能悬空？

3. 能用两个与非门实现与门功能吗？

2.6.2　学习Multisim 8.0电路仿真（一）

1. 学习目的

（1）进一步熟悉 Multisim 8.0 中虚拟仪器的使用。

（2）掌握仪器库中函数信号发生器和字发生器的使用方法。

（3）掌握三态门的电路仿真。

2. Multisim 8.0 中虚拟仪器的使用

（1）函数信号发生器

Multisim 8.0 虚拟仪器库中的函数信号发生器可产生频率、幅度和偏置都可调的正弦波、三角波和方波，其中三角波和方波可以调节占空比，方波可以调节上升/下降时间。虚拟的函数信号发生器的图符号如图 2.38 所示，设置界面如图 2.39 所示。

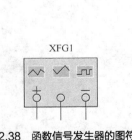

图2.38　函数信号发生器的图符号

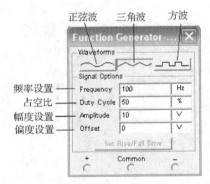

图2.39　函数信号发生器设置界面

将函数信号发生器与虚拟仪器库中的示波器相连接，连接方法如图 2.40 所示。

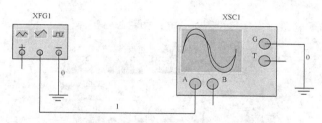

图2.40 函数信号发生器与示波器相连接的方法

在连接好的示波器图标上双击，出现一个带有显示屏的菜单，如图 2.41 所示，可以看到我们设置的频率为 100Hz，占空比为 50％，幅值为 10V，偏置为 0V 的三角波。

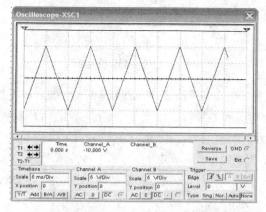

图2.41 函数信号发生器产生的三角波

（2）字发生器

Multisim 8.0 虚拟仪器库中的字发生器可产生最多 2 000 个字的数字信号，每个字 32 位，按设置的频率分别从 32 个端口输出。

字发生器的图符号如图 2.42 所示。

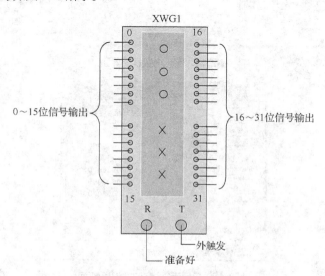

图2.42 字发生器的图符号

双击字发生器图符，出现字发生器设置对话框，如图 2.43 所示。

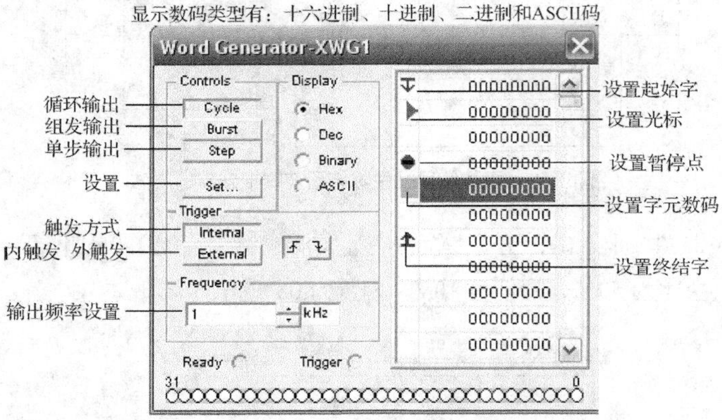

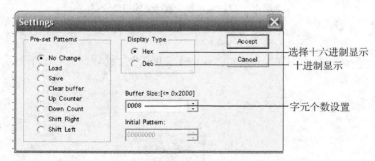

图2.43　字发生器设置对话框

单击设置键（Set），出现如图 2.44 所示的字元个数设置对话框，根据需要设置字元个数。例如，设置字元个数为 8，如图 2.44 所示。在如图 2.45 所示的设置界面右侧的字码显示框中只显示 8 个字（十六进制）。将这 8 个字设置为十六进制数 0、1、0、1、2、3、2、3，并设置为无暂停点的循环输出，输出频率设置为 1kHz。然后，把字发生器和示波器按照图 2.46 左所示的连接方式相连，双击示波器，出现示波器显示设置对话框，设置周期为 1ms/ Div；幅度 A、B 均为 2V/ Div；X 轴偏移量为 0；Y 轴偏移量为-3；水平面高度 Level 为 0.5V。

图2.44　字元个数设置界面

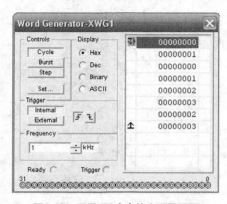

图2.45　只显示8个字的主设置界面

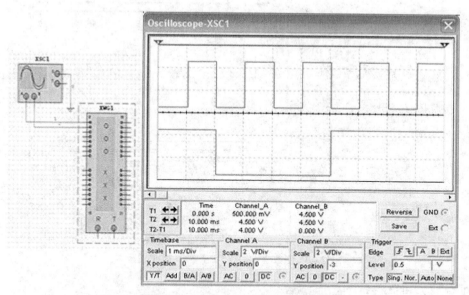

图2.46　字发生器与示波器的连接及其字发生器的波形观察

单击仿真开关，示波器运行，观察波形运行情况，8 个字将循环输出，每 1ms 输出 1 个字。因设置的输出频率为 1kHz，所以 0 输出端的波形频率为 500 Hz，1 输出端的波形频率为 125 Hz。

（3）三态与门电路仿真

按图 2.47 连接电路。

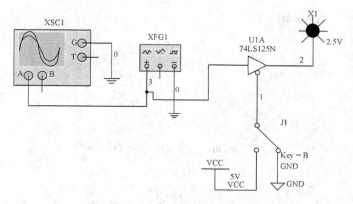

图2.47　三态与门仿真实验电路

其中函数信号发生器和示波器的参数按照图 2.48 进行设置。

设置完毕后，打开仿真开关，让使能控制端先和 5V 电源相连（注意三态与门的使能端是低电平有效），观察电路中灯的变化，再单击 B，让使能端与"地"端相连，继续观察灯泡的变化，并记录下来。同时也可双击示波器，观察示波器的波形与灯变化的情况。

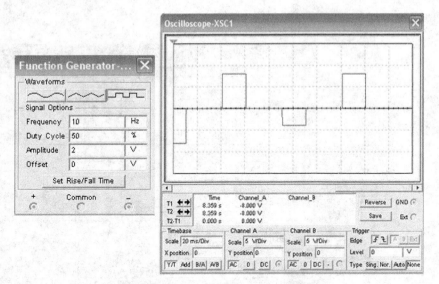

图2.48　函数信号发生器和示波器参数的设置

（4）与、或、非等逻辑门的功能测试

如图 2.49 仿真电路是对或门 7432N 为例进行的功能测试电路，如果进行与门、非门、异或门、同或门功能测试时，只需把仿真电路中的门做相应的替换即可。

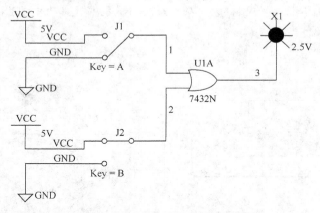

图2.49　函数信号发生器和示波器参数的设置

习题

一、填空题

1. 在逻辑电路中，电平接近 0 时称为_____电平，电平接近 V_{CC} 或 V_{DD} 时称为_____电平。

2. 数字电路中最基本的逻辑门有_____、_____和_____门。常用的复合逻辑门有_____门、
_____门、_____门、_____门和_____门。

3. 在图腾结构的 TTL 集成电路中，多发射极三极管可完成_____逻辑功能。

4. CMOS 反相器由两个＿＿＿＿＿＿型的 MOS 管组成，且其中一个是＿＿＿＿＿＿管，另外一个是＿＿＿＿＿＿管，由于两管特性对称，所以称为互补对称 CMOS 反相器。

5. TTL 与非门输出高电平 U_{OH} 的典型值是＿＿＿＿V，低电平 U_{OL} 的典型值是＿＿＿＿V。

6. 普通的 TTL 与非门具有＿＿＿＿结构，输出只有＿＿＿＿和＿＿＿＿两种状态；TTL 三态与非门除了具有＿＿＿＿态和＿＿＿＿态外，还有第三种状态＿＿＿＿态，三态门可以实现＿＿＿＿结构。

7. 集电极开路的 TTL 与非门又称为＿＿＿＿门，几个＿＿＿＿门的输出可以并接在一起，实现＿＿＿＿功能。

8. TTL 集成电路和 CMOS 集成电路相比较，其中＿＿＿＿集成电路的带负载能力较强，而＿＿＿＿集成电路的抗干扰能力较强。

9. 用三态门构成总线连接时，依靠＿＿＿＿端的控制作用，可以实现总线的共享而不至于引起＿＿＿＿。

10. TTL 集成与门多余的输入端可＿＿＿＿＿＿＿＿＿＿＿＿；TTL 集成或门多余的输入端可＿＿＿＿＿＿＿＿＿＿＿＿。

二、判断题

1. 所有的集成逻辑门的输入端子均为两个或两个以上。　　　（　　）
2. 根据逻辑功能可知，异或门的反是同或门。　　　（　　）
3. 具有图腾结构的 TTL 与非门可以实现"线与"逻辑功能。　　　（　　）
4. 基本逻辑门电路是数字逻辑电路中的基本单元。　　　（　　）
5. TTL 和 CMOS 两种集成电路与非门，其闲置输入端都可以悬空处理。　　　（　　）
6. 74LS 系列产品是 TTL 集成电路的主流产品，应用最广泛。　　　（　　）
7. 74LS 系列集成电路属于 TTL 型，CC4000 系列集成电路属于 CMOS 型。　　　（　　）
8. 与门多余的输出端可与有用端并联或接低电平。　　　（　　）
9. OC 门不仅能够实现"总线"结构，还可构成与或非逻辑。　　　（　　）
10. 一个四输入与非门，使其输出为 0 的输入变量取值组合有 7 个。　　　（　　）

三、单项选择题

1. 具有"有 1 出 0、全 0 出 1"功能的逻辑门是（　　）。
    A. 与非门　　　　B. 或非门　　　　C. 异或门　　　　D. 同或门
2. 用三态门可以实现"总线"连接，但其"使能"控制端应为（　　）。
    A. 固定接1　　　B. 固定接0　　　C. 分时使能　　　D. 同时使能
3. 在数字电路中，当晶体管的饱和深度变浅时，其工作速度（　　）。
    A. 变低　　　　B. 不变　　　　C. 变高　　　　D. 加倍
4. TTL 与非门阈值电压 UI 的典型值是（　　）。
    A. 0.3V　　　　B. 3.6V　　　　C. 0.8V　　　　D. 1.4V
5. （　　）的输出端可以直接并接在一起，实现"线与"逻辑功能。
    A. TTL与非门　　B. 三态门　　　C. OC门　　　　D. ECL门

6. （　　）在计算机系统中得到了广泛的应用，其中一个重要用途是构成数据总线。

    A. 三态门　　　　　　B. TTL与非门　　　　C. OC门　　　　　　D. ECL门

7. 一个两输入端的门电路，当输入为10时，输出不是1的门电路为（　　）。

    A. 与非门　　　　　　B. 或门　　　　　　　C. 或非门　　　　　D. 异或门

8. 以下不属于CMOS逻辑电路优点的提法是（　　）。

    A. 输出高低电平理想　B. 抗干扰能力强　　C. 电源适用范围宽　D. 电流驱动能力强

9. 在三极管c、b之间并接（　　），可提高三极管开关速度。

    A. 稳压二极管　　　　B. 肖特基二极管　　C. 双极型三极管　D. MOS管

10. TTL门电路采用推拉式输出结构的优点是（　　）。

    A. 输出阻抗低、带负载能力强　　　　　　　B. 输出电阻高、带负载能力强

    C. 输入阻抗高、频带展宽　　　　　　　　　D. 输入电阻高、带负载能力强

四、简述题

1. 数字电路中的晶体管，通常工作在其特性曲线的哪些工作区？为什么？

2. 评价一个逻辑门性能的优劣，主要看哪些方面？

3. TTL与非门闲置的输入端能否悬空处理？CMOS与非门呢？

4. 图腾结构的TTL与非门和OC门、三态门的主要区别是什么？

5. 把与非门、或非门、异或门当作非门使用时，它们的输入端应如何连接？

6. 提高CMOS门电路的电源电压可提高电路的抗干扰能力，TTL门电路能否这样做？为什么？

五、分析题

1. 已知输入信号A、B的波形和输出Y_1、Y_2、Y_3、Y_4的波形如图2.50所示。判断各为哪种逻辑门，并画出相应逻辑门的图符号，写出相应逻辑表达式。

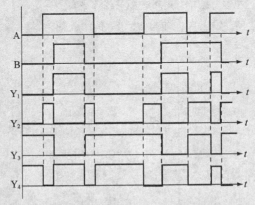

图2.50　分析题第1题电路波形图

2. 电路如图2.51（a）所示，其输入变量的波形如图2.51（b）所示。判断图中发光二极管在哪些时段会亮。

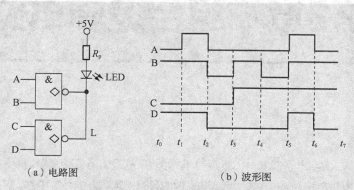

（a）电路图　　　　　　　　　（b）波形图

图2.51　分析题第2题电路与波形图

3. 试写出图 2.52 所示数字电路的逻辑函数表达式，并判断其功能。

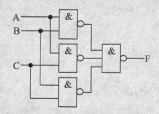

图2.52　分析题第3题电路图

4. 用 TTL 与非门驱动发光发二极管，已知发光二极管正向压降为 2V，驱动电流为 10mA，与非门的驱动能力为 16mA。要求与非门输入 A、B 均为高电平时发光二极管亮，问与发光二极管相串联的限流电阻应选多大？

第3章　组合逻辑电路

数字电子技术中，为了完成较为复杂的逻辑运算和逻辑功能，往往需要把多种逻辑门按照一定的方式组合起来，构成具有一定功能的数字电路。这些以逻辑门作为基本单元的数字电路称为组合逻辑电路。组合逻辑电路可以有一个或多个输入端，也可以有一个或多个输出端，组合逻辑电路的一般框图如图 3.1 所示。

图3.1　组合逻辑电路一般框图

组合逻辑电路中的数字信号只单向传输，其输出与输入之间的逻辑函数关系表示为：

$$F_1 = f_1(X_1, X_2, X_2, \cdots, X_n)$$
$$F_2 = f_2(X_1, X_2, X_2, \cdots, X_n)$$
$$\vdots$$
$$F_n = f_n(X_1, X_2, X_2, \cdots, X_n)$$

组合逻辑电路包括由小规模集成电路组成的逻辑电路和由中规模集成电路组成的逻辑电路。前者是第 2 章介绍的各种集成门电路，后者则是本章要详细介绍的编码器、译码器、加法器、比较器、数据选择器等。对于已经设计出来的组合逻辑电路，用户只有了解和熟悉它们的功能和外部特性，才能在实际电子线路中正确选择和合理使用它们；当实际应用中需要设计一定功能的组合逻辑电路时，技术人员首先要掌握相关的组合逻辑电路理论知识和实际应用技术，才可能设计出实用、可靠、功能完善和经济指标好的组合逻辑电路新器件。因此，组合逻辑电路是电子工程技术人员必须掌握的重要基础知识之一。

 本章学习目的及要求

1. 了解组合逻辑电路的特点。

2. 掌握组合逻辑电路功能的描述方法：逻辑表达式、逻辑真值表、卡诺图和逻辑图等。

3. 了解组合逻辑电路的分析步骤，掌握分析已知逻辑电路功能的方法。

4. 掌握组合逻辑电路的设计方法：根据逻辑事件设定输入和输出变量及其逻辑状态的含义，根据因果关系列出真值表，写出逻辑函数式并进行化简，最后设计出最简逻辑电路图。

5. 了解组合逻辑电路中的竞争与冒险现象，掌握消除冒险现象的常用方法。

6. 应用 Multisim 8.0 电路仿真软件设计具有一定功能的组合逻辑电路。

学习本章知识时，不需要死记硬背编码器、译码器、数据选择器、数据比较器等典型中规模组合逻辑标准器件的内部逻辑电路结构，重点要放在理解这些器件的功能原理上，掌握这些中规模集成逻辑器件的使用方法。

3.1 组合逻辑电路的分析

组合逻辑电路的基本单元是门电路，组合逻辑电路实际上是逻辑函数的电路实现，因此组合逻辑电路的分析基础是数字逻辑基础和卡诺图、真值表、逻辑图等，其中真值表是组合逻辑电路最基本的分析工具。

3.1.1 组合逻辑电路的特点

组合逻辑电路在逻辑功能上的共同特点是：任何时刻的输出仅仅取决于该时刻电路的输入，与电路原来的状态无关，即组合逻辑电路不具有记忆性。

组合逻辑电路的特点

无论是简单组合逻辑电路还是复杂逻辑电路，其电路结构上的特点如下。

（1）电路全部由逻辑门电路组合而成。

（2）只有从输入到输出的正向传输，没有输出与输入之间的反馈通道。

（3）电路中不包含记忆单元。

3.1.2 组合逻辑电路功能的描述

从组合逻辑电路的功能特点看，既然它是逻辑函数的电路实现，因此用来表示逻辑函数的逻辑函数表达式、真值表表示法、卡诺图表示法以及波形图等都可以用来表示组合逻辑电路的逻辑功能。

组合逻辑电路功能的描述

1. 逻辑函数式

例如，已知一个组合逻辑电路如图 3.2 所示。

根据逻辑电路可列出输出和输入之间的逻辑关系式为：

$$F = \overline{A}B + A\overline{B}$$

由逻辑函数式可以看出此组合逻辑电路的功能是：异或功能。如果逻辑电路图较为复杂，写出的逻辑函数式也一定相应复杂。但是，可通过逻辑函数的化简得到最简式，由最简式分析得出电路的逻辑功能。

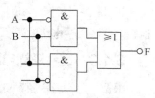

图3.2 组合逻辑电路举例

2. 真值表

真值表描述组合逻辑电路的功能比较直观。假如有一个三变量的组合逻辑电路，真值表如表 3.1 所示。

表 3.1 三变量组合逻辑电路真值表

A	B	C	F
0	0	0	0
0	0	1	1
0	1	0	1
0	1	1	0
1	0	0	1
1	0	1	0
1	1	0	0
1	1	1	1

观察真值表的输入与输出关系，当输入变量中有奇数个 1 时，输出为 1；输入变量中有偶数个 1 或全 0 时，输出为 0。因此，可判断出该组合逻辑电路是一个三变量的判奇电路。

3. 波形图

组合逻辑电路的输入变量和输出变量之间的关系用波形图表示时，更加直观。例如，一个两变量的组合逻辑电路的波形图如图 3.3 所示。

由波形图可以看出，当两输入相同时，输出为 0，两输入相异时，输出为 1。因此，可判断此组合逻辑电路的功能为：异或。

4. 逻辑图

任意一个多输入、单输出或多输入、多输出的组合逻辑电路，都可以用门电路图符号相连接的逻辑电路图表达，如图 3.4 所示。

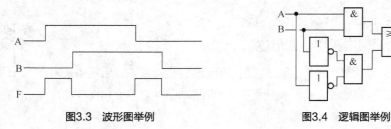

图3.3 波形图举例 　　　　图3.4 逻辑图举例

设计出一个组合逻辑电路后，都要在最简与或式的基础上画出相应的组合逻辑电路图，通过组合逻辑电路图反映电路的逻辑功能。

3.1.3 组合逻辑电路的分析

根据给定的组合逻辑电路，找出其输出信号和输入信号之间的逻辑关系，确定电路逻辑功能的过程叫作组合逻辑电路的分析。一般情况下，得到组合逻辑电路的真值表后，还需要做简单的文字说明，指出电路的功能特点。

组合逻辑电路的分析

1. 组合逻辑电路的一般分析步骤

（1）根据已知逻辑电路图，分别用符号注明各级门的输出。

（2）从组合逻辑电路的输入端至输出端，逐级写出逻辑函数式，最后用一个逻辑函数式统一表示。

（3）用公式法或卡诺图法化简写出的逻辑函数式，得到最简逻辑表达式。

（4）根据最简逻辑表达式，列出相应的逻辑电路真值表（如果最简逻辑表达式一眼就可看出其电路功能，这一步可省略）。

（5）根据真值表找出电路输出与输入之间的关系，总结出电路的逻辑功能，以理解电路的作用。

2. 组合逻辑电路分析举例

【例3.1】分析图 3.5 所示的逻辑电路的功能。

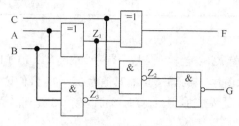

图3.5　例3.1逻辑电路图

【解】（1）对图用逐级递推法写出输出 F 和 G 的逻辑函数表达式。

$$Z_1 = A \oplus B$$
$$Z_2 = \overline{(A \oplus B)C}$$
$$Z_3 = \overline{AB}$$
$$F = C \oplus (A \oplus B)$$
$$G = \overline{\overline{(A \oplus B)C} \cdot \overline{AB}}$$
$$= (A \oplus B)C + AB$$

（2）用代数法化简逻辑函数。

$$F = C \oplus (A \oplus B)$$
$$= C\overline{A\overline{B} + \overline{A}B} + \overline{C}(A\overline{B} + \overline{A}B)$$
$$= C[(\overline{A} + B)(A + \overline{B})] + A\overline{BC} + \overline{A}B\overline{C}$$
$$= \overline{A}\overline{B}C + ABC + A\overline{B}\,\overline{C} + \overline{A}B\overline{C}$$
$$G = (A \oplus B)C + AB$$
$$= C(A\overline{B} + \overline{A}B) + AB$$
$$= A\overline{B}C + \overline{A}BC + AB$$
$$= AC + BC + AB$$

（3）列出真值表如表 3.2 所示。

表 3.2　例 3.1 电路真值表

输入			输出	
A	B	C	F	G
0	0	0	0	0
0	0	1	1	0
0	1	0	1	0
0	1	1	0	1
1	0	0	1	0

续表

输入			输出	
A	B	C	F	G
1	0	1	0	1
1	1	0	0	1
1	1	1	1	1

（4）逻辑功能分析。

观察真值表可得出电路的特点是：当输入信号中有两个或两个以上的 1 时，输出 G 为 1，其他为 0；当输入信号中 1 的个数为奇数个时，输出 F 为 1，其他为 0。如果我们认为 A 和 B 分别是被加数和加数，C 是低位的进位数，则 F 是按二进制数计算时本位的和，G 是向高位的进位数。可见，该电路是一个一位全加器。

【例 3.2】分析图 3.6 所示的逻辑电路的功能。

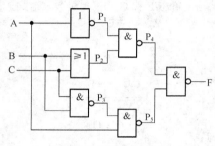

图3.6　例3.2逻辑电路图

【解】（1）对图 3.6 用逐级递推法写出输出 F 的逻辑函数表达式。

$$P_1 = \overline{A}$$
$$P_2 = B + C$$
$$P_3 = \overline{BC}$$
$$P_4 = \overline{P_1 P_2} = \overline{\overline{A}(B+C)}$$
$$P_5 = \overline{AP_3} = \overline{A\overline{BC}}$$
$$F = \overline{P_4 P_5} = \overline{\overline{\overline{A}(B+C)} \ \overline{A\overline{BC}}}$$

（2）用代数法化简逻辑函数。

$$F = \overline{\overline{\overline{A}(B+C)} \ \overline{A\overline{BC}}} = \overline{A}(B+C) + A\overline{BC} = \overline{A}B + \overline{A}C + A\overline{B} + A\overline{C}$$

（3）列出真值表如表 3.3 所示。

表 3.3　例 3.2 电路真值表

输入			输出
A	B	C	F
0	0	0	0
0	0	1	1

续表

输入			输出
A	B	C	F
0	1	0	1
0	1	1	1
1	0	0	1
1	0	1	1
1	1	0	1
1	1	1	0

（4）逻辑功能分析。

观察真值表可得出电路的特点是：当 3 个输入信号完全相同时，输出为 0，若三个输入中至少有一个不相同，则输出为 1。由于三变量不一致时输出 F 为 1，因此这是一个三变量不一致电路。

思考题

1. 组合逻辑电路的基本单元是什么？组合逻辑电路有什么共同特点？
2. 组合逻辑电路结构上有何特点？
3. 组合逻辑电路常用的表示方法有哪些？其中最常用的是哪种方法？
4. 试述组合逻辑的分析步骤。

3.2　组合逻辑电路的设计

根据给定的逻辑功能，写出最简的逻辑函数式，并根据逻辑函数式组成相应组合逻辑电路的过程，称为组合逻辑电路的设计。显然，组合逻辑电路的设计过程与组合逻辑电路的分析过程互逆。

3.2.1　组合逻辑电路的设计步骤

组合逻辑电路应该遵循的基本设计步骤如下。

（1）根据给出的条件和最终实现的功能，进行逻辑抽象：确定输入变量和输出变量数目，用相应字母表示出来，其次用 0 和 1 各表示一种状态，由此找出逻辑变量和逻辑函数之间的逻辑关系。

（2）列出真值表。

（3）根据真值表写出组合逻辑电路的逻辑表达式，并进行化简。

（4）根据最简逻辑表达式画出相应组合逻辑电路的逻辑图。

组合逻辑电路的设计步骤

3.2.2　组合逻辑电路的设计举例

【例 3.3】设计一个多数表决器，三人参加表决，多数通过，少数否决。

组合逻辑电路设计举例

【解】（1）逻辑变量和逻辑函数及其状态的设置。根据题目的要求，表决人对应输入逻辑变量，设用 A、B、C 表示；表决结果对应输出逻辑函数，用字母 F 表示。

设输入为 1 时，表示同意，为 0 时表示否决；输出为 1 时为通过，为 0 时提案被否决。

（2）列出相应真值表如表 3.4 所示。

表 3.4　例 3.3 电路真值表

输入			输出
A	B	C	F
0	0	0	0
0	0	1	0
0	1	0	0
0	1	1	1
1	0	0	0
1	0	1	1
1	1	0	1
1	1	1	1

（3）写出逻辑函数表达式并化简。由于真值表中的每一行对应一个最小项，所以将输出为 1 的最小项用"与"项表示后进行逻辑加，即可得到逻辑函数的最小项表达式。在写最小项时，逻辑变量为 0 时用反变量表示，为 1 时用原变量表示。

因为在真值表中，输出逻辑函数共有 4 个 1，所以最小项表达式共有 4 个，它们是：$011 \rightarrow \overline{A}BC$、$101 \rightarrow A\overline{B}C$、$110 \rightarrow AB\overline{C}$、$111 \rightarrow ABC$，即 $F = \overline{A}BC + A\overline{B}C + AB\overline{C} + ABC$。

如图 3.7 所示，用卡诺图进行化简。

化简结果得：　　　　　　$F = AB + BC + CA$。

（4）根据逻辑函数式可画出逻辑电路图。由于在实际制作逻辑电路的过程中，一块集成芯片上往往有多个同类门电路，所以在构成具体逻辑电路时，通常只选用一种门电路，而且一般选用与非门的较多。因此，此多数表决电路的逻辑函数式利用非非定律和反演率，很容易得到与非与非式。即：

$$F = \overline{\overline{AB + BC + CA}} = \overline{\overline{AB} \cdot \overline{BC} \cdot \overline{CA}}。$$

这样，就得到了如图 3.8 所示的由 4 个与非门构成的多数表决器逻辑电路。

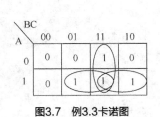

图 3.7　例 3.3 卡诺图

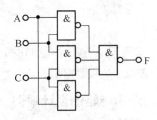

图 3.8　例 3.3 电路图

【例 3.4】用与非门设计一个监视交通信号灯工作状态的逻辑电路。交通灯的每一组信号灯由红、黄、绿三盏灯组成。正常工作时，只有一盏灯亮，而且只允许一盏灯亮。出现其他情况均为交通灯电路发生故障，这时应提醒维护人员修理。示意图如图 3.9 所示。

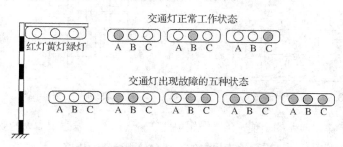

图3.9　交通信号灯的正常情况和故障情况图例

【解】（1）选取电路变量并赋值。

取红、黄、绿三盏灯的状态为输入变量，分别用 A、B、C 表示，并规定灯亮时为 1，灯不亮时为 0。取故障信号为输出变量，以 F 表示，并规定正常工作状态下 F 为 0，发生故障时 F 为 1。

（2）根据题意列出表 3.5 所示的逻辑真值表。

表 3.5　例 3.4 的逻辑真值表

输入			输出
A	B	C	F
0	0	0	1
0	0	1	0
0	1	0	0
0	1	1	1
1	0	0	0
1	0	1	1
1	1	0	1
1	1	1	1

（3）写出逻辑函数表达式并化简。

$$F = \overline{A}\,\overline{B}\,\overline{C} + \overline{A}BC + A\overline{B}C + AB\overline{C} + ABC$$

用卡诺图化简如图 3.10 所示。

化简结果得：　　$F = \overline{A}\,\overline{B}\,\overline{C} + AB + AC + BC$ 。

（4）根据逻辑函数式画出逻辑电路图。

题目要求用与非门进行设计。因此，该电路可对最简函数式进一步变换，主要还是利用非非定律和反演率，得到与非与非式。即：

$$F = \overline{\overline{\overline{A}\,\overline{B}\,\overline{C} + AB + AC + BC}}$$

$$= \overline{\overline{\overline{A}\,\overline{B}\,\overline{C}} \cdot \overline{AB} \cdot \overline{AC} \cdot \overline{BC}}$$

这样，就得到了如图 3.11 所示的组合逻辑电路。

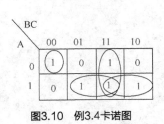

图3.10 例3.4卡诺图

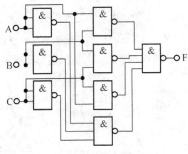

图3.11 例3.4电路图

随着中、大规模集成电路的出现，组合逻辑电路在设计概念上发生了很大的变化，现在已经有了逻辑功能很强的组合逻辑器件，灵活地应用它们，将会使组合逻辑电路设计事半功倍。

思考题

1. 试述组合逻辑电路的设计步骤。
2. 试用与非门设计一个三变量的判奇电路。

3.3 常用中规模集成器件

编码器

3.3.1 编码器

1. 编码与编码原则

在数字逻辑应用技术中，经常需要把具有某种特定含义的信号用若干 0 和 1 的组合构成一个二进制数，这个二进制数因为被赋予了特定的含义而称为代码。n 位二进制代码可以组合成 2^n 个不同的信息，给每个信息规定一个具体码组，这种过程叫作编码。

提出问题：如果要对 M 个信息进行编码，应如何确定二进制代码的位数？

编码原则：n 位二进制代码可以表示 2^n 个信息。对 M 个信息编码时，应由 $2^n \geq M$ 来确定位数 n。

例如，对 101 键盘编码时，因为需要编码的二进制信息为 101 位，根据编码原则可知，$2^6=64<101$；而 $2^7=128>101$。所以人们对 101 键盘编码时采用了 7 位二进制的 ASCⅡ码。

编码实际上是信息从一种形式或格式转换为另一种形式的过程，如人们用的电话号码就是电话运营部门给每部电话的特定编码。编码广泛应用于电子计算机、电视、遥控和通信等方面。

2. 普通编码器

能够实现编码功能的组合逻辑电路称为编码器。

例如，计算机键盘上的按键每个至少负责一个功能。由于计算机只识别二进制信息，所以计算机在处理各种文字符号或数码时，必须通过编码器先把这些文字符号或数码进行二进制编码，在编码时给使用的每一个二进制代码赋予特定的含义，分别表示某个确定的信号或者对象。操作计算机键盘时，用户每按下一个键，键盘中的编码器就能够迅速将此按键对应的编码通过接口电路输送到计算机的键盘缓冲器中，由 CPU 识别和处理。

任何时刻只允许输入一个编码信号，否则输出将发生混乱的编码器称为普通编码器。

图 3.12 所示的三位二进制普通编码器，输入量用 I_0、I_1、I_2、…、I_n 表示 8 个需要编码的信息，输出量采用三位二进制代码，用 Y_0、Y_1、Y_2 分别表示 8 个编码 000、001、010、011、100、101、110、111。

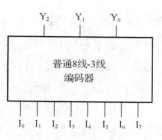

图3.12 三位二进制编码器

由于三位二进制普通编码器任何时刻只能对一个输入信号进行编码，不允许同时对两个或两个以上的输入信号进行编码，因此它的输入量 I_0、I_1、I_2、…、I_n 应是一组互相排斥的变量，用真值表可表示为表 3.6 所示。

表 3.6 真值表

输入	输出		
I_0	Y_2	Y_1	Y_0
I_0	0	0	0
I_1	0	0	1
I_2	0	1	0
I_3	0	1	1
I_4	1	0	0
I_5	1	0	1
I_6	1	1	0
I_7	1	1	1

由于 I_0、I_1、I_2、…、I_n 互相排斥，所以只需要将函数值为 1 的变量加起来，就可以得到相应输出信号的最简与或式，由真值表可得

$$Y_2=I_4+I_5+I_6+I_7$$
$$Y_1=I_2+I_3+I_6+I_7$$
$$Y_0=I_1+I_3+I_5+I_7$$

根据上述输出与输入之间的逻辑函数式可直接画出图 3.13（a）所示的由或门组成的组合逻辑电路图。如果对上述 3 式进行非非运算，又可得到如图 3.13（b）所示的由与非门组成的组合逻辑电路图。

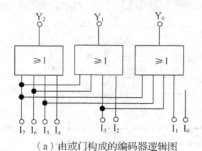

（a）由或门构成的编码器逻辑图   （b）由与非门构成的编码器逻辑图

图3.13 三位二进制编码器逻辑图

3. 优先编码器

在数字系统中，当编码器同时有多个输入有效时，常要求输出不但有意义，而且应按事先编排好的优先顺序输出，即要求编码器只对其中优先权最高的一个输入信号进行编码，具有此功能的编码器称为优先编码器。

在优先编码器电路中，允许同时输入两个以上的编码信号。只不过优先编码器在设计时已经将所有的输入信号按优先顺序排了队，当几个输入信号同时出现时，优先编码器只对其中优先权最高的一个输入信号实行编码。

优先编码器

（1）10 线-4 线优先编码器

10 线-4 线优先编码器是将十进制数码转换为二进制代码的组合逻辑电路。74LS147 优先编码器的管脚排列图和惯用符号图如图 3.14 所示。

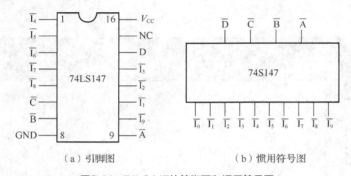

（a）引脚图　　　　　　　　（b）惯用符号图

图3.14　74LS147的管脚图和惯用符号图

74LS147 是一个 16 脚的集成芯片，其中 15 脚为空脚，$\overline{I_1} \sim \overline{I_9}$ 为输入信号端，$\overline{A} \sim \overline{D}$ 为输出端。输入和输出均为低电平有效。

74LS147 的真值表如表 3.7 所示。从表 3.7 中可以看出，当无输入信号，输出端全部是高电平 1 时，表示输入的十进制数码为 0 或者无输入信号。当 $\overline{I_9}$ 输入端是低电平 0 时，不论其他输入端是否有输入信号输入，输出均为 0110（1001 的反码）。再根据其他输入端的输入情况可以得出相应的输出代码，$\overline{I_9}$ 的优先级别最高，$\overline{I_1}$ 的优先级别最低。

表 3.7　74LS147 编码器真值表

输入									输出			
$\overline{I_1}$	$\overline{I_2}$	$\overline{I_3}$	$\overline{I_4}$	$\overline{I_5}$	$\overline{I_6}$	$\overline{I_7}$	$\overline{I_8}$	$\overline{I_9}$	$\overline{D}$	$\overline{C}$	$\overline{B}$	$\overline{A}$
×	×	×	×	×	×	×	×	×	1	1	1	1
×	×	×	×	×	×	×	×	0	0	1	1	0
×	×	×	×	×	×	×	0	1	0	1	1	1
×	×	×	×	×	×	0	1	1	1	0	0	0
×	×	×	×	×	0	1	1	1	1	0	0	1
×	×	×	×	0	1	1	1	1	1	0	1	0
×	×	×	0	1	1	1	1	1	1	0	1	1
×	×	0	1	1	1	1	1	1	1	1	0	0
×	0	1	1	1	1	1	1	1	1	1	0	1
0	1	1	1	1	1	1	1	1	1	1	1	0

（2）8 线-3 线优先编码器 74LS148

74LS148 芯片是一种优先编码器。在优先编码器中优先级别高的信号排斥优先级别低的信号，具有单方面排斥的特性。74LS148 的管脚排列图和惯用符号图如图 3.15 所示。图中 $\overline{I_0} \sim \overline{I_7}$ 为输入信号端，$\overline{Y_0} \sim \overline{Y_2}$ 为输出端，$\overline{S}$ 为使能输入端，$\overline{O_E}$ 为使能输出端，$\overline{G_S}$ 为片优先编码输出端。

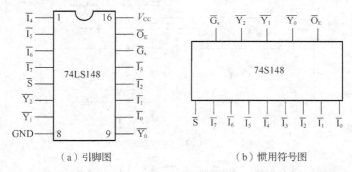

（a）引脚图　　　　　　（b）惯用符号图

图3.15　74LS148的管脚图和惯用符号图

在表示输入、输出端的字母上，"非"号表示低电平有效。

当使能输入端 $\overline{S} = 1$ 时，电路处于禁止编码状态，所有的输出端全部是高电平 1；当使能输入端 $\overline{S} = 0$ 时，电路处于正常编码状态，输出端的电平由 $\overline{I_0} \sim \overline{I_7}$ 的输入信号而定。$\overline{I_7}$ 的优先级别最高，$\overline{I_0}$ 的优先级别最低。

使能输出端 $\overline{O_E} = 0$ 时，表示电路处于正常编码同时又无输入编码信号的状态。

74LS148 集成芯片的真值表如表 3.8 所示。

表 3.8　74LS148 编码器真值表

输入								输出				
$\overline{S}$	$\overline{I_1}$	$\overline{I_2}$	$\overline{I_3}$	$\overline{I_4}$	$\overline{I_5}$	$\overline{I_6}$	$\overline{I_7}$	$\overline{Y_2}$	$\overline{Y_1}$	$\overline{Y_0}$	$\overline{G_S}$	$\overline{O_E}$
1	×	×	×	×	×	×	×	1 1 1			1	1
0	1	1	1	1	1	1	1	1 1 1			1	0
0	×	×	×	×	×	×	×	0 0 0			0	1
0	×	×	×	×	×	×	0	0 0 1			0	1
0	×	×	×	×	×	0	1	0 1 0			0	1
0	×	×	×	×	0	1	1	0 1 1			0	1
0	×	×	×	0	1	1	1	1 0 0			0	1
0	×	×	0	1	1	1	1	1 0 1			0	1
0	×	0	1	1	1	1	1	1 1 0			0	1
0	0	1	1	1	1	1	1	1 1 1			0	1

从表 3.8 中可以解读出优先编码器 74LS148 输出和输入之间的关系。

74LS148 使能端的主要作用是控制编码器芯片工作状态：当使能端 $\overline{S} = 0$ 时，允许编码；当 $\overline{S} = 1$ 时，各输出端及 $\overline{O_E}$、$\overline{G_S}$ 均封锁，编码被禁止。使能端 $\overline{O_E}$ 是选通输出端，级联应用时，高位片的 $\overline{G_S}$ 端与低位片的 $\overline{S}$ 端连接起来，可以扩展优先编码功能。$\overline{G_S}$ 为优先扩展输出端，级联应用时可作为输出位的扩展端。

利用使能端，可以将两块 74LS148 扩展为 16 线-4 线优先编码器，如图 3.16 所示。

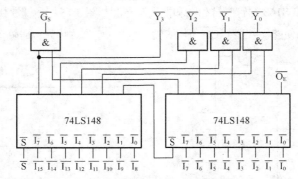

图3.16　74LS148优先编码器的功能扩展

当高位芯片的使能输入端为 0 时，允许对 $\overline{I_8} \sim \overline{I_{15}}$ 编码，当高位芯片有编码信号输入时，$\overline{O_E}$ 为 1，它控制低位芯片处于禁止状态；当高位芯片无编码信号输入时，$\overline{O_E}$ 为 0，低位芯片处于编码状态。高位芯片的 $\overline{G_S}$ 端作为输出信号的高位端，输出信号的低三位由两块芯片的输出端对应位相与后得到。在有编码信号输入时，两块芯片只能有一块工作于编码状态，输出也是低电平有效，相与后可以得到相应的编码输出信号。

【例 3.5】电话室需控制 4 种电话编码，优先权由高到低是：火警电话、急救电话、工作电话、生活电话，分别编码为 11、10、01、00。试设计该编码器电路。

【解】（1）假设火警、急救、工作和生活 4 种电话信号分别为 A、B、C、D，并用 1 表示有电话，0 表示无电话；输出编码用 F_1、F_0 表示。按题意可列出真值表如表 3.9 所示。其中 × 表示取值任意。

表 3.9　例 3.5 真值表

输入				输出	
A	B	C	D	F_1	F_0
1	×	×	×	1	1
0	1	×	×	1	0
0	0	1	×	0	1
0	0	0	1	0	0

（2）写出 F_1、F_2 的逻辑函数式并化简。

$$F_1 = A + \overline{A}B = A + B$$

$$F_0 = A + \overline{A}\,\overline{B}C = A + \overline{B}C$$

（3）根据逻辑函数式画出相应逻辑电路图如图 3.17 所示。

由逻辑图不难看出，该电路有三个输入信号（A、B、C）就可以正常工作。当 A=B=C=0 时，F_1F_0=00，即表示对生活电话编码，所以输入信号 D 的输入端可以省略。

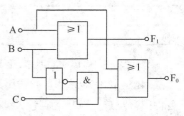

图3.17　例3.5逻辑图

本例可用来熟悉优先编码器的功能和特点，通过本例可以初步了解组合逻辑
电路的设计方法。

变量译码器

3.3.2 译码器

1. 译码

将输入的每个二进制代码都译成对应的高、低电平信号的过程称为译码。显然，译码和编码的过程互逆。

2. 译码器

能实现译码功能的组合逻辑电路称为译码器。译码器和编码器都是多输入、多输出的组合逻辑电路。译码器在数字系统中不仅用于转换代码、显示终端的数字，还用于数据分配、存储器寻址和组合控制信号等。

按功能的不同，译码器可分为变量译码器、代码变换译码器和显示译码器。本章主要介绍变量译码器和显示译码器的外部工作特性和应用。

3. 变量译码器

74LS138 是一个有 16 个管脚的变量译码器，具有电源端，地端，3 个输入端 A_2、A_1、A_0，8 个输出端 $\overline{Y_7} \sim \overline{Y_0}$，3 个使能端 G_1、$\overline{G_{2A}}$、$\overline{G_{2B}}$。其管脚图和惯用符号如图 3.18 所示。

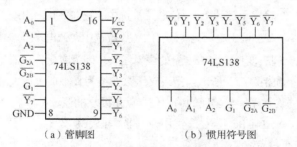

（a）管脚图　　　　　　（b）惯用符号图

图3.18　74LS138的管脚图和惯用符号图

74LS138 的输入、输出关系如表 3.10 所示。

表 3.10　74LS138 译码器的输入、输出关系

输入						输出							
G_1	$\overline{G_{2A}}$	$\overline{G_{2B}}$	A_2	A_1	A_0	$\overline{Y_0}$	$\overline{Y_1}$	$\overline{Y_2}$	$\overline{Y_3}$	$\overline{Y_4}$	$\overline{Y_5}$	$\overline{Y_6}$	$\overline{Y_7}$
×	1		×	×	×	1	1	1	1	1	1	1	1
0	×		×	×	×	1	1	1	1	1	1	1	1
1	0		0	0	0	0	1	1	1	1	1	1	1
1	0		0	0	1	1	0	1	1	1	1	1	1
1	0		0	1	0	1	1	0	1	1	1	1	1
1	0		0	1	1	1	1	1	0	1	1	1	1
1	0		1	0	0	1	1	1	1	0	1	1	1
1	0		1	0	1	1	1	1	1	1	0	1	1
1	0		1	1	0	1	1	1	1	1	1	0	1
1	0		1	1	1	1	1	1	1	1	1	1	0

从真值表中可看出，当输入使能端 G_1 为低电平 0 时，无论其他输入端为何值，输出全部为高电平 1；当输入使能端 $\overline{G_{2A}}$ 和 $\overline{G_{2B}}$ 中至少有一个为高电平 1 时，无论其他输入端为何值，输出全部为高电平 1；当 G_1 为高电平 1、$\overline{G_{2A}}$ 和 $\overline{G_{2B}}$ 同时为低电平 0 时，由 A_2、A_1、A_0 决定输出端中输出低电平 0 的一个输出端，其他输出为高电平 1（将输入 A_2、A_1、A_0 看作二进制数，它所代表的十进制数就是输出低电平输出端的下标）。两片 74LS138 可以构成 4 线-16 线译码器，连接方法如图 3.19 所示。

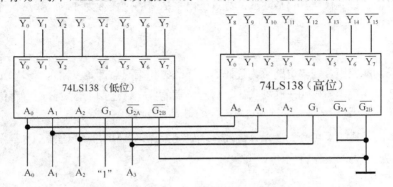

图3.19 两片74LS138译码器扩展成4线-16线译码器连线图

A_3、A_2、A_1、A_0 为扩展后电路的信号输入端，$\overline{Y_{15}} \sim \overline{Y_0}$ 为输出端。当输入信号最高位 $A_3=0$ 时，高位芯片被禁止，$\overline{Y_{15}} \sim \overline{Y_8}$ 输出全部为 1，低位芯片被选中，低电平 0 输出端由 A_2、A_1、A_0 决定。$A_3=1$ 时，低位芯片被禁止，$\overline{Y_7} \sim \overline{Y_0}$ 输出全部为 1，高位芯片被选中，低电平 0 输出端由 A_2、A_1、A_0 决定。

用 74LS138 还可以实现三变量或者二变量的逻辑函数。因为变量译码器每个输出端的低电平都与输入逻辑变量的一个最小项相对应，所以当把逻辑函数变换为最小项表达式时，只要从相应的输出端取出信号，送入与非门的输入端，与非门的输出信号就是要求的逻辑函数。

【例 3.6】已知函数 $F = \overline{A}B + \overline{B}C + A\overline{C}$，试用译码器 74LS138 实现。

【解】F 的最小项表达式为：

$$F = \overline{A}B\overline{C} + \overline{A}BC + AB\overline{C} + \overline{A}\,\overline{B}C + AB\overline{C} + A\overline{B}\,\overline{C}$$
$$= \sum m(1, 2, 3, 4, 5, 6)。$$

逻辑电路如图 3.20 所示。

4. 显示译码器

在数字系统中，经常需要将数字、文字、符号的二进制代码翻译成人们习惯的形式并直观地显示出来，供人们读取或监视系统的工作情况。在工程实际应用中，各种工作方式的显示器件对译码器的要求区别较大，且希望显示器和译码器能够配合使用，最好能够直接驱动显示器。因此，人们就把这种类型的译码器叫作显示译码器。

（1）半导体显示器

某些特殊的半导体器件，如用磷砷化镓做成的 PN 结，当外加正向电压时，可以将电能转换成

显示译码器

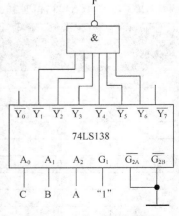

图3.20 例3.6逻辑电路图

光能，从而发出清晰的光线。这样的 PN 结既可以封装成单个 LED 发光二极管，也可以封装成笔划段型或点阵型的显示器件，如图 3.21 所示。笔划段型显示器由一些特定的笔划段组成，以显示一些特定的字型和符号；点阵型则由许多成行成列的发光元素点组成，由不同行和列上的发光点组成一定的字型、符号和图形。

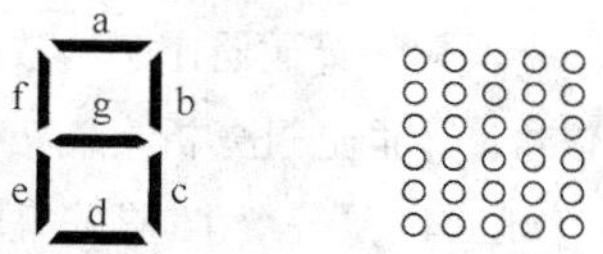

（a）笔划段型显示器　　（b）点阵型显示器

图3.21　笔划段型和点阵型显示器示意图

笔划段型数码管用七段发光管做成"日"字形，用来显示 0～9 十个数码，如图 3.22 所示。

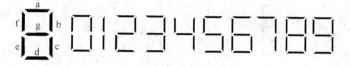

图3.22　七段数码管原理图

LED 数码管笔划段型在结构上分为共阴极和共阳极两种，如图 3.23 所示。

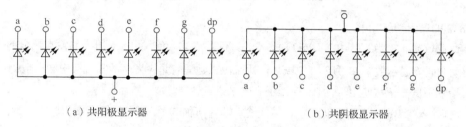

（a）共阳极显示器　　　　　（b）共阴极显示器

图3.23　笔划段型LED显示器

共阴极结构的数码管需要高电平驱动才能显示；共阳极结构的数码管需要低电平驱动才能显示。因此，驱动数码管的译码器，除逻辑关系和连接要正确外，电源电压和驱动电流应在数码管规定的范围内，不得超过数码管允许的功耗。

半导体发光二极管 LED 作为单个发光器件时，尺寸不能做得太小，小尺寸的 LED 显示器件，一般是笔划段型的，广泛用于显示仪表中；大型尺寸的一般是点阵型器件，往往用于大型或特大型显示屏。

半导体显示器的基本特点是：清晰悦目，工作电压低（1.5～3V），工作电流为 5～20mA，体积小，寿命可长达 1 000 小时，响应速度快（1～100ns），颜色丰富（红、白、绿、黄等），工作可靠等。

（2）液晶显示器

液晶是一种特殊的能极化的液态晶体，属于有机化合物。在一定的温度范围内，液晶既具有液体的流动性，又具有晶体的某些光学特性，其透明度和颜色随电场、磁场、光、温度等外界条件的变化而变化。液晶显示器件本身并不发光，在黑暗中不能显示数字。但是，液晶显示器在外界电场作用下可产生光电效应，依靠光电效应调制外界光线可使液晶不同部位形成对光线的反差，从而把字型和图案显示出来。

液晶显示器 LCD 是一种平板薄型显示器件，其驱动电压很低，工作电流极小，与 CMOS 电路组合起来可组成微功耗系统，广泛应用于电子钟表、电子计数器、各种仪表仪器中。

（3）集成显示译码器

七段显示译码器用来与数码管相配合，把以二进制 BCD 码表示的数字信号转换为数码管所需的输入信号。下面通过分析集成 74LS48 译码显示器芯片，了解这一类集成逻辑器件的功能和使用方法。

74LS48 是一个 16 脚的集成器件，除电源、接地端外，有 4 个输入端 A_3、A_2、A_1、A_0，输入 4 位二进制 BCD 码，高电平有效；7 个输出端 a～g，内部的输出电路有上拉电阻，可以直接驱动共阴极数码管；3 个使能端 $\overline{LT}$、$\overline{BI}/\overline{RBO}$ 和 $\overline{RBI}$。集成芯片引脚排列关系和常用符号如图 3.24 所示。

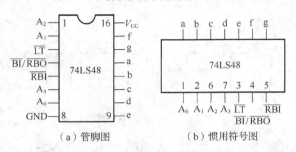

（a）管脚图　　　　　（b）惯用符号图

图3.24　74LS48的管脚排列图和惯用符号

74LS48 的逻辑功能如下。

① 灯测试端 $\overline{LT}$：当 $\overline{LT}=0$，$\overline{BI}=1$ 时，不论其他输入端为何种电平，所有的输出端全部输出"1"电平，驱动数码管显示数字 8。所以 $\overline{LT}$ 端可以用来测试数码管是否发生故障、输出端和数码管之间的连接是否接触不良。正常使用时，$\overline{LT}$ 应处于高电平或者悬空。

② 灭灯输入端 $\overline{BI}$：当 $\overline{BI}=0$ 时，不论其他输入端为何种电平，所有的输出端全部输出为低电平 0，数码管不显示。

③ 动态灭零输入端 $\overline{RBI}$：当 $\overline{LT}=\overline{BI}=1$，$\overline{RBI}=0$ 时，若 $A_3A_2A_1A_0=0000$，所有的输出端全部输出为 0，数码管不显示；A_3、A_2、A_1、A_0 输入其他代码组合时，译码器正常输出。

④ 灭零输出端 $\overline{RBO}$：$\overline{RBO}$ 和灭灯输入端 $\overline{BI}$ 连在一起。$\overline{RBI}=0$ 且 $A_3A_2A_1A_0=0000$ 时，$\overline{RBO}$ 输出为 0，表明译码器处于灭零状态。在多位显示系统中，利用 $\overline{RBO}$ 输出的信号，可以将整数前部（将高位的 $\overline{RBO}$ 连接相邻低位的 $\overline{RBI}$）和小数尾部（将低位的 $\overline{RBO}$ 连接相邻高位的 $\overline{RBI}$）多余的 0 灭掉，以便读取结果。

⑤ 在正常工作状态下，$\overline{LT}$、$\overline{BI}/\overline{RBI}$、$\overline{RBI}$ 悬空或接高电平，在 A_3、A_2、A_1、A_0 端输入一组 8421BCD 码，在输出端可得到一组 7 位的二进制代码，代码组送入数码管，数码管就可以显示与输入相对应的十进制数。

74LS48 的功能真值表如表 3.11 所示。

表 3.11　74LS48 真值表

LT	$\overline{RBI}$	$\overline{BI}/\overline{RBO}$	A_3 A_2 A_1 A_0	a b c d e f g	功能显示
0	×	1	× × × ×	1 1 1 1 1 1 1	试灯
×	×	0	× × × ×	0 0 0 0 0 0 0	熄灭
1	0	0	0 0 0 0	0 0 0 0 0 0 0	灭 0

续表

$\overline{LT}$	$\overline{RBI}$	$\overline{BI}/\overline{RBO}$	A_3 A_2 A_1 A_0	a b c d e f g	功能显示
1	1	1	0 0 0 0	1 1 1 1 1 1 0	显示 0
1	×	1	0 0 0 1	0 1 1 0 0 0 0	显示 1
1	×	1	0 0 1 0	1 1 0 1 1 0 1	显示 2
1	×	1	0 0 1 1	1 1 1 1 0 0 1	显示 3
1	×	1	0 1 0 0	0 1 1 0 0 1 1	显示 4
1	×	1	0 1 0 1	1 0 1 1 0 1 1	显示 5
1	×	1	0 1 1 0	0 0 1 1 1 1 1	显示 6
1	×	1	0 1 1 1	1 1 1 0 0 0 0	显示 7
1	×	1	1 0 0 0	1 1 1 1 1 1 1	显示 8
1	×	1	1 0 0 1	1 1 1 0 0 1 1	显示 9
1	×	1	1 0 1 0	0 0 0 1 1 0 1	显示⊏
1	×	1	1 0 1 1	0 0 1 1 0 0 1	显示⊐
1	×	1	1 1 0 0	0 1 0 0 0 1 1	显示⊔
1	×	1	1 1 0 1	1 0 0 1 0 1 1	显示⊑
1	×	1	1 1 1 0	0 0 0 1 1 1 1	显示⊢
1	×	1	1 1 1 1	0 0 0 0 0 0 0	无显示

一般时间显示电路中的小时位连接方法如图 3.25 所示。在图 3.25 中，当十位输入数码 0 时，应灭零；而个位输入数码 0 时，应显示。

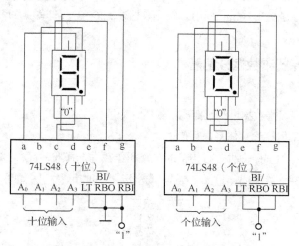

图3.25 时间显示电路中的小时位连接方法

目前集成译码器的种类较多，应用也十分广泛，厂家用于显示驱动的译码器也有各种规格和品种。例如，用来驱动七段字形显示的 BCD 七段字形译码器有 74247、7448、74LS347、74LS48、74LS248、7449、74249、74LS249 等。

（4）译码器应用举例

用译码器可以设计组合逻辑电路。设已知一个多输出的组合逻辑电路函数表达式为

$$F_1 = A\overline{C} + \overline{A}BC + ABC$$

$$F_2 = BC + \overline{A}\,\overline{B}C$$

$$F_3 = \overline{A}B + A\overline{B}C$$

$$F_4 = \overline{A}\,\overline{B}\,\overline{C} + \overline{B}\,\overline{C} + ABC \, 。$$

若把上述逻辑函数关系用集成译码器和门电路构成组合逻辑电路，须先对上式进行变换，即找出各函数包含的全部最小项如下式所示

$$F_1 = A\overline{C} + \overline{A}BC + ABC = \sum m(3,4,5,6)$$

$$F_2 = BC + \overline{A}\,\overline{B}C = \sum m(1,3,7)$$

$$F_3 = \overline{A}B + A\overline{B}C = \sum m(2,3,5)$$

$$F_4 = \overline{A}\,\overline{B}\,\overline{C} + \overline{B}\,\overline{C} + ABC = \sum m(0,2,4,7) \, 。$$

在实际应用中，往往一个组合电路中尽量使用同一类型的逻辑门，如果要求用 74LS138 和 TTL 与非门设计时，上述逻辑函数式还要变换为与非形式，即

$$F_1 = \overline{\overline{m_3} \cdot \overline{m_4} \cdot \overline{m_5} \cdot \overline{m_6}}$$

$$F_2 = \overline{\overline{m_1} \cdot \overline{m_3} \cdot \overline{m_7}}$$

$$F_3 = \overline{\overline{m_2} \cdot \overline{m_3} \cdot \overline{m_5}}$$

$$F_4 = \overline{\overline{m_0} \cdot \overline{m_2} \cdot \overline{m_4} \cdot \overline{m_7}} \, 。$$

图3.26　用译码器设计的组合逻辑电路图

根据上述逻辑表达式可画出组合逻辑电路如图 3.26 所示。

当译码器的输出为原函数形式 $m_1 \sim m_7$ 时，只需把图 3.26 中的与非门换成或门即可。

3.3.3　数据选择器和数据分配器

1. 数据选择器

在数字系统中，要将多路数据进行远距离传输时，为了减少传输的数目，往往是多个数据通道共用一条传输线对信息进行传送。

能够实现从多路数据中选择一种进行传输的电路叫作数据选择器，简称 MUX。MUX 的功能就是按要求从多路输入中选择一路输出，例如，4 选 1 数据选择器的示意框图如图 3.27 所示。

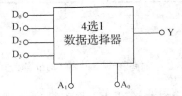

图3.27　4选1数据选择器的示意框图

数据选择器输入信号的四路数据通常用 D_0、D_1、D_2、D_3 表示；两个选择控制信号分别用 A_1、A_0

表示；输出信号用 Y 表示，Y 可以是 4 路输入数据中的任意一路，由选择控制信号 A_1、A_0 决定。

当 A_1A_0=00 时，Y=D_0；A_1A_0=01 时，Y=D_1；A_1A_0=10 时，Y=D_2；A_1A_0=11 时，Y=D_3。对应真值表如表 3.12 所示。

表 3.12　4 选 1 数据选择器真值表

输入			输出
D	A_1	A_0	Y
D_0	0	0	D_0
D_1	0	1	D_1
D_2	1	0	D_2
D_3	1	1	D_3

由真值表可得到 4 选 1 数据选择器的逻辑表达式为

$$Y = D_0\overline{A_1A_0} + D_1\overline{A_1}A_0 + D_2A_1\overline{A_0} + D_3A_1A_0 。$$

由逻辑表达式可画出对应的逻辑电路如图 3.28 所示。

2. 集成数据选择器

集成数据选择器的规格较多，常用的数据选择器型号有 74LS151、CT4138 八选一数据选择器，74LS153、CT1153 双四选一数据选择器，74LS150 十六选一数据选择器等。集成数据选择器的管脚图及真值表均可在电子手册上查找到，关键是要能够看懂真值表，理解其逻辑功能，正确选用型号。

图 3.29 为集成数据选择器 74LS153 的管脚排列图。其中，D_0～D_3 是输入的四路信号；A_0、A_1 是地址选择控制端；$\overline{S}$ 是选通控制端；Y 是输出端。输出端 Y 可以是四路输入数据中的任意一路。

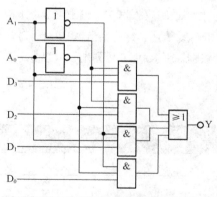

图3.28　4选1数据选择器的逻辑电路图

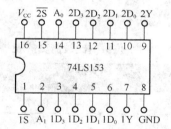

图3.29　74LS153的管脚排列图

3.3.4　数据分配器

数据分配是数据选择的逆过程。根据地址信号的要求，将一路数据分配到指定输出通道上的组合逻辑电路称为数据分配器。

数据分配器的工作原理是由地址码对输出端进行选样，将一种输入数据分配到多路接收设备中的某一路。其示意图如图 3.30 所示。

数据分配器根据输出个数的不同，可分为四路数据分配器、八路数据分配器等。数据分配器实

数据分配器

质上是地址译码器与数据 D 的组合，是译码器的特殊应用。若设数据分配器的数据输入为 D、地址码为 $A_2A_1A_0$、输出由 $Y_0Y_1Y_2\cdots Y_7$ 表示时，由 74LS138 译码器构成的数据分配器示意图如图 3.31 所示。

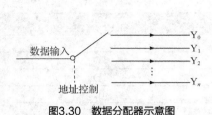

图3.30　数据分配器示意图

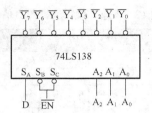

图3.31　由译码器构成的数据分配器示意图

在图 3.31 中，将译码器的使能端 S_A 作为数据分配器的数据输入端，另外两个使能端 S_BS_C 连在一起接地，以 $A_2A_1A_0$ 作为地址信号输入端时，译码器便成为一个数据分配器。

3.3.5　数值比较器

数值比较器

在数字系统中，特别是计算机和数字仪器仪表中，经常要比较数字量。比较既是一个十分重要的概念，也是一种基础操作。人们通过对事物的比较可以更清楚地识别事物，计算机通过比较则可鉴别数据和代码。我们把数字电路中实现比较操作的电路叫作比较器，数字比较器的输入是要进行比较的二进制数码，输出是比较结果。

二进制数码有一位和多位之分，本着由浅入深、由简到繁的认识原则，首先介绍一位数值比较器。

1. 一位数值比较器

一位数值比较器的输入信号是两个要进行比较的一位二进制数 A 和 B，输出信号是比较结果，根据比较结果可能出现的三种情况，分别用 $F_{A<B}$、$F_{A=B}$ 和 $F_{A>B}$ 表示，并约定当 A>B 时，$F_{A>B}=1$，A<B 时，$F_{A<B}=1$，A=B 时，$F_{A=B}=1$。根据比较器的概念和输出状态的赋值，可列出一位数值比较器的真值表如表 3.13 所示。

表 3.13　一位数值比较器真值表

A	B	$Y_{A<B}$	$Y_{A=B}$	$Y_{A>B}$
0	0	0	1	0
0	1	1	0	0
1	0	0	0	1
1	1	0	1	0

由表 3.13 可以得到一位数值比较器输出和输入之间的关系如下。

$$Y_{A<B} = \overline{A}B$$

$$Y_{A=B} = \overline{AB} + AB = \overline{\overline{A}B + A\overline{B}}$$

$$Y_{A>B} = A\overline{B}$$

由上式可画出逻辑电路图如图 3.32 所示。

2. 集成数值比较器

在比较两个多位数的大小时，必须由高至低地逐位比较，而且只有在高位相等时，才需要继续比较低位。

例如，有 A（$A_3A_2A_1A_0$）和 B（$B_3B_2B_1B_0$）两个四位二进制数，对它们进行比较时，首先应比较 A_3 和 B_3，如果比较出 $A_3>B_3$，无论其他几位数值如何，都有 A>B；如果比较出 $A_3<B_3$，无论其他几位数值如何，都有 A<B；若比较结果为 $A_3=B_3$ 时，则需比较下一位 A_2 和 B_2 来判断 A 和 B 的大小了。以此类推，直到比较出 A 和 B 的大小为止。

常用的集成多位数值比较器有 74LS85（4 位数值比较器）、74LS521（8 位数值比较器）、74LS518（8 位数值比较器、OC 输出）等。其中 74LS85 是一个 16 脚的集成数据比较器，其管脚排列如图 3.33 所示。由 74LS85 管脚排列图可看出，该集成比较器有两个四位二进制数的数据输入端 A（$A_3A_2A_1A_0$）和 B（$B_3B_2B_1B_0$），为了实现四位以上数码的比较，增加了三个级联输入端 A<B、A>B 和 A=B，不需要扩大比较位数时，可将 A<B 和 A>B 接低电平，A=B 接高电平；芯片管脚 $Y_{A>B}$、$Y_{A<B}$ 和 $Y_{A=B}$ 是三个比较结果的输出端。集成数据比较器 74LS85 的输入和输出均为高电平有效。

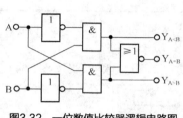

图3.32 一位数值比较器逻辑电路图

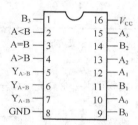

图3.33 74LS85管脚排列图

采用两个 74LS85 芯片级联可以构成八位数值比较器时，将低位的输出端和高位的比较输入端对应相连，高位芯片的输出端子作为整个八位比较器的比较结果输出端。表 3.14 为 74LS85 集成数值比较器的真值表。

表 3.14 74LS85四位数值比较器真值表

比较输入				级联输入			输出		
A_3B_3	A_2B_2	A_1B_1	A_0B_0	A>B	A<B	A=B	$Y_{A>B}$	$Y_{A<B}$	$Y_{A=B}$
$A_3>B_3$	X	X	X	X	X	X	1	0	0
$A_3<B_3$	X	X	X	X	X	X	0	1	0
$A_3=B_3$	$A_2>B_2$	X	X	X	X	X	1	0	0
$A_3=B_3$	$A_2<B_2$	X	X	X	X	X	0	1	0
$A_3=B_3$	$A_2=B_2$	$A_1>B_1$	X	X	X	X	1	0	0
$A_3=B_3$	$A_2=B_2$	$A_1<B_1$	X	X	X	X	0	1	0
$A_3=B_3$	$A_2=B_2$	$A_1=B_1$	$A_0>B_0$	X	X	X	1	0	0
$A_3=B_3$	$A_2=B_2$	$A_1=B_1$	$A_0<B_0$	X	X	X	0	1	0
$A_3=B_3$	$A_2=B_2$	$A_1=B_1$	$A_0=B_0$	1	0	0	1	0	0
$A_3=B_3$	$A_2=B_2$	$A_1=B_1$	$A_0=B_0$	0	1	0	0	1	0
$A_3=B_3$	$A_2=B_2$	$A_1=B_1$	$A_0=B_0$	0	0	1	0	0	1

3.3.6 加法器

加法器是计算机中不可缺少的组成单元，应用十分广泛。两个二进制数的任意一位进行加法运算时，只考虑本位两个加数而不考虑来自低位的进位的组合逻辑电路称为半加器。不但考虑本位进行加法运算的两个加数，还考虑来自低位的进位数的加法运算称为全加，实现全加运算的组合逻辑电路称为全加器。

加法器

1. 半加器

设 A_i 和 B_i 是两个一位二进制数，它们相加后得到的和用 S_i 表示，向高位的进位用 C_i 表示，根据半加器的概念可得真值表如表 3.15 所示。

表 3.15　半加器真值表

输入		输出	
A_i	B_i	S_i	C_i
0	0	0	0
0	1	1	0
1	0	1	0
1	1	0	1

半加器的逻辑表达式为：

$$S_i = A_i \overline{B_i} + \overline{A_i} B_i$$

$$C_i = A_i B_i$$

显然，半加器是由一个异或门和一个与门构成的，半加器的图符号和逻辑图如图 3.34 所示。

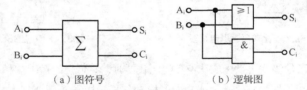

（a）图符号　　　　　（b）逻辑图

图3.34　半加器的图符号和逻辑图

2. 全加器

两个二进制数本位相加时，多数情况下还要考虑来自低位的进位，以实现全加。完成全加功能的电路称为全加器，全加器具有 3 个输入端 A_i、B_i 和 C_{i-1}，两个输出端 S_i 和 C_i。其中 C_{i-1} 是低位向本位的进位数，C_i 是本位产生的向高位的进位数。

根据全加运算规则，可列出全加器的真值表如表 3.16 所示。

表 3.16　全加器真值表

输入			输出	
A_i	B_i	C_{i-1}	S_i	C_i
0	0	0	0	0
0	0	1	1	0
0	1	0	1	0
0	1	1	0	1
1	0	0	1	0
1	0	1	0	1
1	1	0	0	1
1	1	1	1	1

根据真值表可作出卡诺图，利用卡诺图化简后可得全加器的逻辑表达式为

$$S_i = \overline{A_i}\,\overline{B_i}C_{i-1} + \overline{A_i}B_i\overline{C_{i-1}} + A_i\overline{B_i}\,\overline{C_{i-1}} + A_iB_iC_{i-1}$$
$$= A_i \oplus B_i \oplus C_{i-1}$$
$$C_i = \overline{A_i}B_iC_{i-1} + A_i\overline{B_i}C_{i-1} + A_iB_i\overline{C_{i-1}} + A_iB_iC_{i-1}$$
$$= A_iB_i + C_{i-1}(A_i \oplus B_i) = \overline{\overline{A_iB_i} + \overline{C_{i-1}(A_i \oplus B_i)}}\,。$$

全加器的图符号和逻辑图如图 3.35 所示。

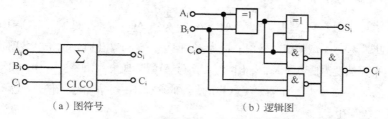

|（a）图符号 |（b）逻辑图|

图3.35　全加器的图符号和逻辑图

思考题

1. 何为编码？编码器的主要功能是什么？一般编码器的编码信号为什么相互排斥？
2. 何为译码？目前用于数字逻辑系统中的显示器件主要有哪些类型？
3. 译码器的输入量是什么？输出量又是什么？译码器和编码器的主要区别在哪里？
4. 什么叫数据选择器？它有何用途？
5. 什么叫数据分配器？举例说明如何用译码器来做数据分配器。
6. 什么叫数值比较器？二进制数值大小为什么要从高位到低位逐位进行比较？
7. 什么叫半加器？什么叫全加器？它们的特点有什么不同？

3.4　组合逻辑电路的竞争与冒险

3.4.1　竞争冒险及其产生原因

组合逻辑电路的竞争
与冒险

竞争现象是由组成组合逻辑电路的各种门存在传输延迟时间引起的。前面讨论组合逻辑电路的逻辑关系时，都是在理想条件下进行的，没有考虑信号转换瞬间电路传递信号传输延迟时间的影响，然而在工程实际应用中，有些电路由于传输延迟时间的影响，往往在瞬间变化时发生反常规逻辑的干扰输出，甚至会造成系统中某些环节产生误动作的结果。

同一组的几个输入信号，由于在传输过程中所经历的传输线长度不同或经过传输门的级数也不相同，所以造成各输入信号的传输延迟时间各不相同，即它们到达输出门的时间会有先有后，这一现象称为竞争。因竞争而导致其输出端产生不应有的尖峰干扰脉冲（毛刺）的现象称为冒险。竞争不一定

带来冒险。我们把逻辑电路产生错误输出的竞争称为竞争冒险，把不会使电路产生错误输出的竞争称为安全竞争。

3.4.2 冒险现象的判别

冒险现象会造成真值表所描述的逻辑关系受到短暂的破坏，甚至会在系统的某些环节中产生误动作。根据冒险时出现的尖脉冲极性，可分为偏 1 冒险和偏 0 冒险。

1. 偏 1 冒险（输出负脉冲）

在图 3.36 所示的组合逻辑电路中，有 $F = \overline{\overline{AB} \cdot \overline{AC}} = \overline{AB} + AC$。若输入变量 $B = C = 1$，则 $F = \overline{A} + A$，在稳态情况下，此时无论 A 取何值，输出 F 恒为 1。但是，当 A 变化时，由于各条路径的延迟时间不同，当 A 由高电平突然变为低电平时，输出将会出现竞争冒险现象，如图 3.36 中波形所示，产生一个偏 1 的负脉冲（毛刺），宽度为 t_{pd}。需要注意的是，A 的变化不一定都产生冒险，例如，A 由低电平变到高电平时就无冒险产生。

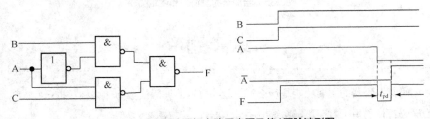

图3.36 偏1冒险逻辑电路示意图及偏1冒险波形图

2. 偏 0 冒险（输出正脉冲）

在图 3.37 所示的组合逻辑电路中，有 $F = (\overline{A} + B)(A + C)$。若输入变量 $B = C = 0$，则 $F = \overline{A}A$，此时无论 A 取何值，输出 F 恒为 0。但是，当 A 变化时，由于各条路径的延迟时间不同，当 A 由低电平突然变为高电平时，输出将会出现竞争冒险现象，如图 3.37 中的波形图所示，产生一个偏 0 的正脉冲（毛刺），宽度为 t_{pd}。

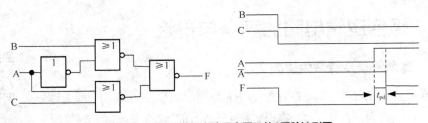

图3.37 偏0冒险逻辑电路示意图及偏0冒险波形图

可见，在组合逻辑电路中，当一个门电路输入两个同时向反方向变化的互补信号时，输出端可能产生不应有的波峰干扰脉冲，这是产生竞争冒险的主要原因。

3.4.3 消除冒险现象的方法

1. 修改逻辑设计，增加乘积项

例如，在图 3.36 所示的组合逻辑电路 $F = \overline{A}B + AC$ 中，当 A=1，C=1 时，$F = B + \overline{B}$，此时如果直

接连成逻辑电路，将产生偏 1 冒险。增加乘积项 AC，变换为 $F = A\overline{B} + BC + AC$，当输入变量 A=C=1 时，F 恒为 1，从而消除了竞争冒险。

2. 利用滤波电容电路

如图 3.38 所示，在输出端接上一个小电容可以减弱尖脉冲的影响，因为尖脉冲一般很窄，只有数毫微秒数量级，所以一个几百皮法的小电容就可以大大减弱尖脉冲的幅度，使之减小到门电路的阈值电压以下。

3. 增加选通电路

如图 3.39 所示，在组合电路输出门的一个输入端加一个选通信号，可以有效地消除任何一个冒险现象。

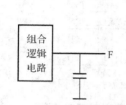

图3.38 用加小电容消除冒险

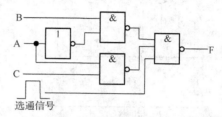

图3.39 用选通法消除冒险

当选通信号为 0 时，输出门被封锁，输出一直为 1，此时电路的冒险反映不到输出端。当电路稳定后才让选通信号为 1，使输出门有正常的输出，即输出的是稳定状态的值。

需要指出的是，有竞争未必就有冒险，有冒险也未必有危害，这主要取决于负载对于干扰脉冲的响应速度，负载对窄脉冲的响应越灵敏，危害性就越大。

思考题

1. 什么叫竞争？什么叫冒险？产生的原因是什么？
2. 消除竞争冒险主要有哪些方法和措施？

3.5 应用能力训练环节

3.5.1 编码、译码及数码显示电路的研究

1. 实验目的

（1）通过拨码开关的应用，进一步理解二进制编码输入信息与输出编码数值的关系。

（2）掌握 3 线—8 线译码器 74LS138 逻辑功能的测试方法，并掌握其各引脚功能。

（3）熟悉显示数码管的工作原理及其典型应用。

2. 实验主要仪器设备

（1）数字电子实验装置一套。

（2）集成电路 74LS138、74LS145、74LS248 各一片。

（3）数码显示管 LC5011-11。

（4）其他相关设备与导线。

3. 实验原理电路

电路如图 3.40 所示。图 3.40（a）是 3 线—8 线译码器 74LS138 的功能测试电路；图 3.40（b）是 74LS48（或 CC4511）BCD 码七段译码驱动器的功能测试电路。

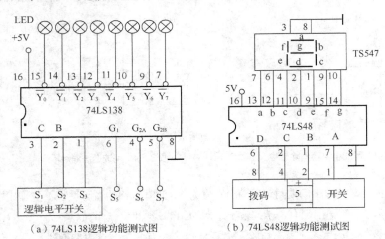

（a）74LS138逻辑功能测试图　　　（b）74LS48逻辑功能测试图

图3.40　技能训练实验原理电路图

4. 拨码开关的编码原理及应用

数字电子实验装置上通常都带有拨码开关，拨码开关中间的 4 个数码均为十进制数 0～9，单击某个十进制数码上面的"+"号和下面的"-"号时，十进制数码依序加 1 或依序减 1。

拨码开关实际上就是典型的二—十进制编码器，其 4 个十进制数码通过各自内部的编码功能，每个数码均向外引出 4 个接线端子 A、B、C、D（注意向外的引线不要张冠李戴），A、B、C、D 输出的组合表示与十进制数码相对应的二进制 BCD 码，这些 BCD 码在实训电路中作为译码器的输入二进制信息。

5. 译码器及其应用

译码器是一种多输入多输出的组合逻辑电路，其功能是将每个输入的代码"翻译"成对应的输出高、低电平信号。译码器在数字系统中有广泛的用途，不仅用于代码的转换、终端的数字显示，还用于数据分配，存储器寻址和组合控制信号等。不同的功能可选用不同种类的译码器。

（1）变量译码器

变量译码器又称二进制译码器，用来表示输入变量的状态，如 2 线—4 线、3 线—8 线和 4 线—16 线译码器。若有 n 个输入变量，则对应 2^n 个不同的组合状态，可构成 2^n 个输出端的译码器供其使用。而每一个输出代表的函数对应于 n 个输入变量的最小项。常用的变量译码器有 74LS138 等。

（2）码制变换译码器

码制变换译码器用于一个数据的不同代码之间的相互转换，如 BCD 码二—十进制译码器/驱动器 74LS145 等。

（3）显示译码器

显示译码器用来驱动各种数字、文字或符号的显示器，如共阴极 BCD—七段显示译码器/驱动器 74LS248 等。

（4）数码显示电路—译码器的应用

常见的数码显示器有半导体数码管（LED）和液晶显示器（LCD）两种。其中 LED 又分为共阴极和共阳极两种类型。半导体数码管和液晶显示器都可以用 TTL 和 CMOS 集成电路驱动。显示译码器的作用就是将 BCD 代码译成数码管所需的驱动信号。

6. 实验步骤

（1）把集成电路芯片 74LS138 插入实验装置上面的 16P 插座内，按照实训原理电路图 3.40（a）连线：输入的三位二进制代码用逻辑电平开关实现，输出显示由 LED 逻辑电平实现。注意芯片的引脚位置不能接错。

（2）接通+5V 电源后，按照其逻辑功能表输入不同的三位二进制代码，观察输出情况并记录在表 3.18 中。

（3）关闭实训装置上的电源后，小心拔掉 74LS138 芯片，换成集成电路芯片 74LS48 插入 16P 插座内，按照图 3.14（b）连线：输入的四位二进制代码用拨码开关实现，输出接于 LED 七段数码显示管的对应端子上。弄清楚实训中所用数码管是共阴极还是共阳极，二者的接法是不同的，这点一定要注意。

（4）接通+5V 电源后，用拨码开关进行编码，按照表 3.19 向 74LS48 输入不同的 BCD 代码，观察数码管的输出显示情况，填写在表 3.19 的显示栏中。

（5）实训电路中选用的 TS547 是一个共阴极 LED 七段数码显示管。管脚和发光段的关系如表 3.17 所示，其中 h 为小数点。

表 3.17 TS547 管角功能

管脚	1	2	3	4	5	6	7	8	9	10
功能	e	d	地	c	h	b	a	地	f	g

（6）分析实训结果的合理性，如与教材所述功能严重不符，应查找原因重做。

7. 补充内容

74LS138 3 线—8 线译码器功能表，见表 3.18。74LS48 实验对照表，见表 3.19。

表 3.18 74LS138 3 线—8 线译码器功能表

输入端					输出端							
S_1	$\overline{S_2}+\overline{S_3}$	A_2	A_1	A_0	Y_0	Y_1	Y_2	Y_3	Y_4	Y_5	Y_6	Y_7
×	1	×	×	×								

续表

输入端					输出端							
S_1	$\overline{S}_2 + \overline{S}_3$	A_2	A_1	A_0	Y_0	Y_1	Y_2	Y_3	Y_4	Y_5	Y_6	Y_7
0	×	×	×	×								
1	0	0	0	0								
1	0	0	0	1								
1	0	0	1	0								
1	0	0	1	1								
1	0	1	0	0								
1	0	1	0	1								
1	0	1	1	0								
1	0	1	1	1								

表 3.19 74LS48 实验对照表

$\overline{LT}$	$\overline{RBI}$	$\overline{BI}/\overline{RBO}$	$A_3\ A_2\ A_1\ A_0$	a b c d e f g	功能显示
0	×	1	× × × ×	1 1 1 1 1 1 1	试灯完好否
×	×	0	× × × ×	0 0 0 0 0 0 0	熄灭
1	0	0	0 0 0 0	0 0 0 0 0 0 0	灭 0
1	1	1	0 0 0 0	1 1 1 1 1 1 0	
1	×	1	0 0 0 1	0 1 1 0 0 0 0	
1	×	1	0 0 1 0	1 1 0 1 1 0 1	
1	×	1	0 0 1 1	1 1 1 1 0 0 1	
1	×	1	0 1 0 0	0 1 1 0 0 1 1	
1	×	1	0 1 0 1	1 0 1 1 0 1 1	
1	×	1	0 1 1 0	1 0 1 1 1 1 1	
1	×	1	0 1 1 1	1 1 1 0 0 0 0	
1	×	1	1 0 0 0	1 1 1 1 1 1 1	
1	×	1	1 0 0 1	1 1 1 1 0 1 1	

8. **思考题**

（1）显示译码器与变量译码器的根本区别在哪里？

（2）如果 LED 数码管是共阳极的，与共阴极数码管的连接形式有何不同？

3.5.2　学习Multisim 8.0电路仿真（二）

1. **学习目的**

（1）进一步熟悉和掌握 Multisim 8.0 电路仿真技能。

（2）学会虚拟仪器逻辑分析仪、逻辑转换仪的仿真方法。

（3）掌握组合逻辑电路的电路仿真。

2. Multisim 8.0 中虚拟仪器的使用

（1）逻辑分析仪的仿真

Multisim 8.0 中的逻辑分析仪的作用相当于一个 16 踪示波器，可以同时显示 16 路数字信号波形，并能进行时域分析。图 3.41 所示的是一个用十进制计数器 74LS160 构成的测试电路。

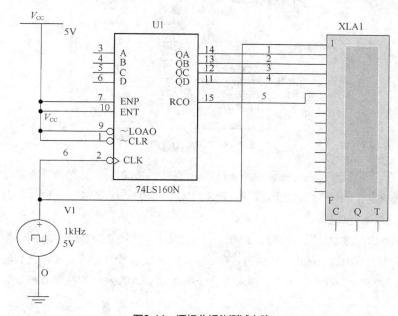

图3.41 逻辑分析仪测试电路

用逻辑分析仪可以显示 74LS160 的时钟 CLK，输出 QA～QD 和进位脉冲 RCO 共 6 路波形，如图 3.42 所示。

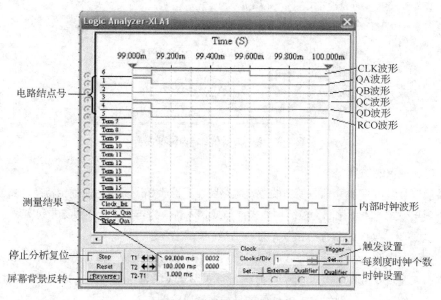

图3.42 逻辑分析仪主界面

在主界面中，在打开仿真开关前可对其进行触发设置、时钟设置及屏幕显示设置。其中单击"时钟设置"按钮出现的时钟设置对话框如图 3.43 所示。

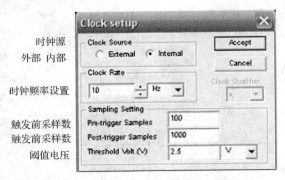

图3.43　时钟设置窗口

窗口设置可选择来自外部的时钟脉冲源或来自内部的时钟脉冲源。如果选择外部时钟源，则采样由外部时钟频率决定；如果选择内部时钟源，则采样率由内部时钟频率决定。时钟设置对话框的下面是设置数据采集量和阈值电压。

在主界面中单击"触发设置"按钮，会弹出一个对话框，如图 3.44 所示。在对话框中可选择触发时钟的有效边沿为上升沿或下降沿，或两者皆有效模式的触发 A 模式、触发 B 模式和触发 C 模式。在文本框中键入 16 位数字，在模式组合中输入 A 则选择 A 模式，输入 B 则选择 B 模式等，缺省值×为任意值。

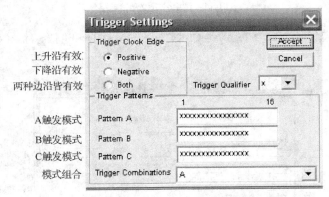

图3.44　逻辑分析仪触发设置对话框

（2）逻辑转换仪的仿真

逻辑转换仪最多可将 8 个输入变量的逻辑电路图、真值表和逻辑表达式互相转换，真值表可转换为标准最小项与或式，也可化简为最简与或式，与或式可转换为与非式，并用与非门实现。

图 3.45 为逻辑转换仪的图符号和主界面。

假设在主界面中选择输入变量为 A 和 B，则对话框中自动显示输入变量的全部最小项，根据需要在对话框中填入逻辑变量表达式，如 A 与 B 的异或关系式（注意：A'代表 $\overline{A}$），单击主界面中的"表达式—逻辑图"按钮，可得到如图 3.46 所示的异或逻辑电路图。

再单击主界面中的"表达式—与非门"按钮,可得到如图 3.47 所示的用与非门构成的组合逻辑电路图。

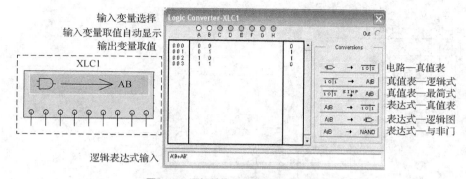

图3.45 逻辑转换仪的图符号及主界面

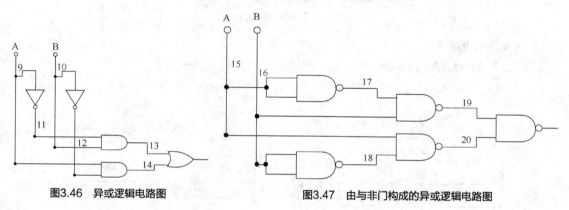

图3.46 异或逻辑电路图

图3.47 由与非门构成的异或逻辑电路图

3. 用 Multisim 8.0 进行组合逻辑电路仿真

(1) 用逻辑转换仪进行组合逻辑电路仿真

如图 3.48 所示,在主界面中选择 A、B、C 三个输入变量,根据设计在主界面输出变量栏中填写输出变量取值,单击"真值表 - 最简式"按钮,在主界面逻辑表达式输入栏中即可得到输入逻辑表达式;单击"表达式 - 与非门"按钮,得到图 3.48 中右下方所显示的由与非门构成的逻辑电路图。

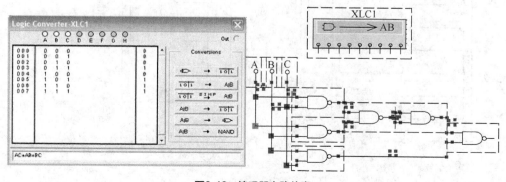

图3.48 编码器电路仿真

（2）多数表决器电路仿真

图 3.49 为多数表决器电路仿真图。

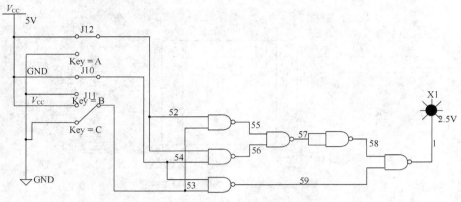

图3.49　多数表决器电路仿真

（3）编码器电路仿真

按图 3.50 接好电路，操作输入开关量，观察灯的情况并记录下来。

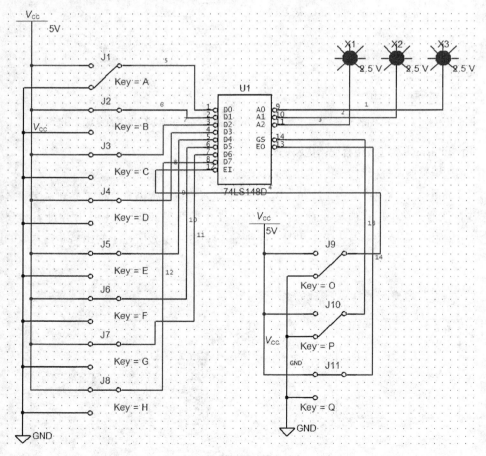

图3.50　编码器电路仿真

（4）译码显示电路仿真

按图3.51接好电路，操作输入开关量，观察灯的情况并记录下来。

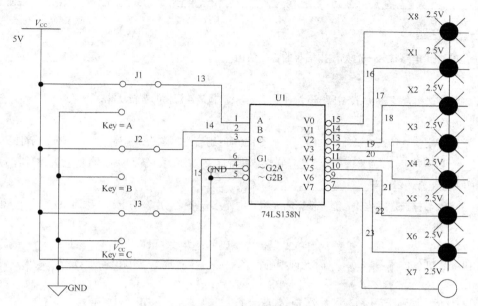

图3.51　译码显示电路仿真

（5）译码显示电路仿真

按图3.52接好电路，操作输入开关量，观察数码管的情况并记录下来。

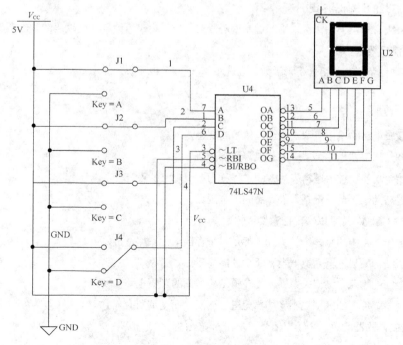

图3.52　译码显示电路仿真

习题

一、填空题

1. 组合逻辑电路在任一时刻输出信号的稳态值由＿＿＿＿＿＿＿＿＿＿＿＿决定，与＿＿＿＿＿＿＿＿＿无关。

2. 对于集成组合逻辑电路，主要通过＿＿＿＿＿＿来掌握其各管脚的逻辑功能，还应判别其＿＿＿＿＿＿权的排列以正确使用。

3. 能将特定信息转换成机器识别的＿＿＿＿＿制数码的组合逻辑电路，称为＿＿＿＿＿器；能将机器识别的＿＿＿＿制数码转换成人们熟悉的＿＿＿＿＿制或某种特定信息的组合逻辑电路，称为＿＿＿＿＿器；74LS85是常用的集成组合逻辑电路＿＿＿＿＿＿＿＿＿器。

4. 在多数数据选送过程中，能够根据需要将其中任意一路挑选出来的电路，称为＿＿＿＿＿器，也叫作＿＿＿＿＿开关。

5. 74LS147是＿＿线-＿＿线8421BCD码优先编码器；74LS148芯片是＿＿线—＿＿线的集成优先编码器，其使能端 $\overline{S}$ = ＿＿＿＿时允许编码；当 $\overline{S}$ = ＿＿＿＿时，各输出端及 $\overline{O_E}$ 、$\overline{G_S}$ 均封锁，编码被禁止。

6. 两片集成译码器74LS138芯片级联可构成一个＿＿＿＿线—＿＿＿＿线译码器。

7. 目前常用的显示器件有＿＿＿＿＿显示器件和＿＿＿＿＿显示器件。其中七段发光二极管内部的两种接法分别是：＿＿＿＿＿和＿＿＿＿＿接法。

8. 共阴极接法的LED数码管应与输出＿＿＿＿电平有效的译码器匹配，而共阳LED数码管应与输出＿＿＿＿电平有效的译码器匹配。

9. 一个班级有52位学生，现采用二进制编码器对每位学生进行编码，则编码的输出至少需＿＿＿位二进制数才能满足要求。

10. 欲实现一个三变量组合逻辑函数，应选用＿＿＿＿电路芯片。

二、判断题

1. 组合逻辑电路的输出只取决于输入信号的现态。　　　　　　　　　　　　　　（　　）

2. 3线—8线译码器电路是三—八进制译码器。　　　　　　　　　　　　　　　（　　）

3. 已知逻辑功能，求解逻辑表达式的过程称为逻辑电路的设计。　　　　　　　（　　）

4. 编码电路的输入量一定是人们熟悉的十进制数。　　　　　　　　　　　　　（　　）

5. 74LS138集成芯片可以实现任意变量的逻辑函数。　　　　　　　　　　　　（　　）

6. 组合逻辑电路中的每一个门实际上都是一个存储单元。　　　　　　　　　　（　　）

7. 共阴极结构的显示器需要低电平驱动才能显示。　　　　　　　　　　　　　（　　）

8. 只有最简的输入、输出关系，才能获得结构最简的逻辑电路。　　　　　　　（　　）

9. 半加器与全加器的区别在于半加器无进位输出，而全加器有。　　　　　　　（　　）

10. 二进制译码器的每一个输出信号就是输入变量的一个最小项。　　　　　　　（　　）

三、单项选择题

1. 下列各型号中属于优先编译码器是（   ）。

    A. 74LS85   B. 74LS138   C. 74LS148   D. 74LS48

2. 七段数码显示管TS547是（   ）。

    A. 共阳极LED管   B. 共阴极LED管   C. 共阳极LCD管   D. 共阴极LCD管

3. 八输入端的编码器按二进制数编码时，输出端的个数是（   ）。

    A. 2   B. 3   C. 4   D. 8

4. 四输入的译码器，其输出端最多为（   ）。

    A. 4   B. 8   C. 10   D. 16

5. 当74LS148的输入端 $\overline{I_0} \sim \overline{I_7}$ 按顺序输入11011101时，输出 $\overline{Y_2} \sim \overline{Y_0}$ 为（   ）。

    A. 101   B. 010   C. 001   D. 110

6. 译码器的输入量是（   ）。

    A. 二进制   B. 八进制   C. 十进制   D. 十六进制

7. 编码器的输出量是（   ）。

    A. 二进制   B. 八进制   C. 十进制   D. 十六进制

8. 一个译码器若有100个译码输出端，则译码输入端至少有（   ）。

    A. 5个   B. 6个   C. 7个   D. 8个

9. 能实现1位二进制带进位加法运算的是（   ）。

    A. 半加器   B. 全加器   C. 加法器   D. 运算器

10. 欲设计一个8位数值比较器，需要的数据输入、数据输出信号为（   ）。

    A. 8和3   B. 16和3   C. 8和8   D. 16和16

四、简述题

1. 试述组合逻辑电路的特点。

2. 何为二进制编码？编码电路的作用是什么？

3. 二进制编码和二—十进制编码有何不同？优先编码器有何特点？

4. 何为译码？译码器的作用是什么？二—十进制译码器的输入量和输出量在进制上有何不同？

5. 在功能电路中设置控制端有什么作用？

6. 若已有现成的BCD—七段译码器，选用七段显示器LED时应注意哪些？

7. 全加器和半加器有什么区别？

8. 数据分配器的基本作用是什么？

9. 数据选择电路的基本功能是什么？

10. 什么叫竞争冒险？产生的原因是什么？有哪两种险象？

五、分析题

1. 根据表3.18所示的内容，分析组合逻辑电路的功能，并画出对应最简逻辑电路图。

表 3.18　组合逻辑电路真值表

输入			输出
A	B	C	F
0	0	0	1
0	0	1	0
0	1	0	0
0	1	1	0
1	0	0	0
1	0	1	0
1	1	0	0
1	1	1	1

2. 写出图3.53所示的逻辑电路的最简逻辑函数表达式。

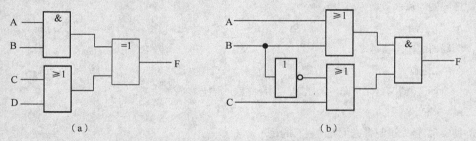

（a）　　　　　　　　　　　　　（b）

图3.53　分析题第2题逻辑电路

六、设计题

1. 画出实现逻辑函数 $F = AB + A\overline{B}C + \overline{A}C$ 的逻辑电路。

2. 设计一个三变量的判偶逻辑电路，其中0也视为偶数。

3. 用与非门设计一个三变量的多数表决器逻辑电路。

4. 用与非门设计一个组合逻辑电路，完成如下功能：只有当三个裁判（包括裁判长）或裁判长和一个裁判认为杠铃已举起并符合标准时，按下按键，使灯亮（或铃响），表示此次举重成功，否则表示举重失败。

第4章 触发器

时序逻辑电路和组合逻辑电路并驾齐驱，作为数字电路的两大分支。组合逻辑电路的基本单元是门电路，门电路任意时刻的输出，仅取决于该时刻门的输入，与门电路原来的状态无关。时序逻辑电路的基本单元是触发器，触发器任意时刻的输出不仅与它该时刻的输入有关，还与触发器原来的状态有关。即触发器具有记忆性，这一点不仅是触发器的重要特征，也是它与逻辑门的主要区别。

触发器在电子技术中的应用十分普遍，很多具有记忆功能的电路都离不开触发器，如图 4.1 所示的数字电子钟内部结构原理图。

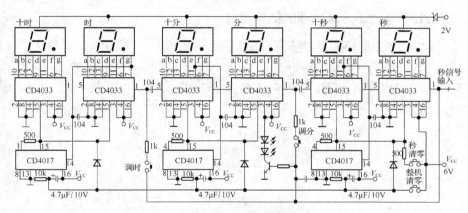

图4.1 数字电路钟内部结构原理图

数字电子钟是采用数字电路显示"时""分""秒"数字的计时装置，内部必然包含具有记忆功能的器件。例如，图 4.1 所示的 CD4033、CD4017 都是具有记忆功能的数字电路器件，这些器件的基本构成单元就是触发器。

因此，要掌握诸如数字电子钟此类产品的应用和开发技术，必须首先认识触发器。

 本章学习目的及要求

1. 了解基本 RS 触发器、钟控 RS 触发器、JK 触发器、D 触发器以及 T 和 T′触发器的结构组成。

2. 理解基本 RS 触发器、钟控 RS 触发器、JK 触发器、D 触发器以及 T 和 T′触发器的工作原理。

3．掌握各种触发器具有的动作特点，能正确区分电平触发方式的触发器和边沿触发方式触发器动作特点的不同。

4．理解触发器的记忆作用，掌握各种触发器功能的 4 种描述方法。

5．熟悉常用集成触发器的产品型号、管脚排列图及功能测试技能。

不同功能的触发器的输入方式及其状态随输入信号变化的规律有所不同。不同结构或不同功能的触发器，一般都是由各种门电路组成的，称为静态触发器。静态触发器的特点是靠电路状态的自锁实现二进制信息的存储。除此之外，触发器还有由 MOS 电路构成的动态触发器。本章介绍的均为静态触发器，而且从最简单的基本 RS 触发器开始。

4.1 基本RS触发器

构成时序逻辑电路的基本单元是触发器。触发器有两个稳定的工作状态，在没有外来信号作用时，触发器处于原来的稳定状态保持不变，直到有外部输入信号作用时，才可能翻转到另一个稳定状态，因此触发器器具有记忆功能，常用来保存二进制信息。

4.1.1 基本RS触发器的结构组成

基本 RS 触发器是任何结构复杂的触发器必须包含的一个最基本的组成单元，它既可以由两个与非门交叉连接构成，也可以由两个或非门交叉连接构成。图 4.2 所示的基本 RS 触发器是由两个与非门交叉组合构成的，是应用较多的一种基本 RS 触发器。

基本 RS 触发器的结构组成与工作原理

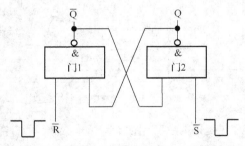

图4.2 与非门构成的基本RS触发器

基本的 RS 触发器有 $\overline{R}$ 和 $\overline{S}$ 两个输入端，Q 和 $\overline{Q}$ 是两个输出端。在正常工作条件下，输出端 Q 为高电平 1 时，另一个输出端 $\overline{Q}$ 必为低电平 0，由于正常工作时，两个输出端总是保持这种互非的逻辑关系，所以常用一个字母表示输出状态：输出 Q=1，$\overline{Q}$ =0 时，触发器的状态称为 1 态；而把 Q=0、$\overline{Q}$ =1 时的触发器状态称为 0 态。

4.1.2 基本RS触发器的工作原理

根据基本 RS 触发器两个输入端 $\overline{R}$ 和 $\overline{S}$ 状态的不同，基本 RS 触发器的输入状态具有 4 种组合。

（1）当输入端 $\overline{R}$ =0、$\overline{S}$ =1 时，与非门 1 有 0 出 1，所以 $\overline{Q}$ =1；$\overline{Q}$ =1 反馈到门 2 输入端，则门 2 的两个输入端都为 1，与非门 2 全 1 出 0，则 Q=0。

在这种输入状态下，无论触发器原来的状态如何，触发器均为置 **0** 功能。因此，常把输入端子 $\bar{R}$ 称为清零端。

（2）当输入端 $\bar{R}$ =1、$\bar{S}$=0 时，与非门 2 有 0 出 1，所以 Q=1；Q=1 的信息反馈到门 1 输入端，使与非门 1 全 1 出 0，所以 $\bar{Q}$ =0。

在这种输入状态下，无论触发器原来的状态如何，触发器均为置 **1** 功能。因此，常把 $\bar{S}$ 称为置 1 端。

（3）当输入端 $\bar{R}$ =1、$\bar{S}$ =1 时，若触发器原来的状态为 Q=0、$\bar{Q}$ =1，Q=0 通过反馈线回送到与非门 1 的输入端，使与非门 1 有 0 出 1，输出端 $\bar{Q}$ 仍为 1；$\bar{Q}$ =1 通过反馈线回送到与非门 2 的输入端，门 2 则全 1 出 0，使触发器的输出 Q 仍为 0。

在这种输入状态下，无论触发器原来的状态如何，触发器均能保持原来的状态不变，实现了**保持**功能。

（4）当输入端 $\bar{R}$ =0、$\bar{S}$=0 时，两个与非门均会因有 0 而出 1，使本该互非的两个输出端子 Q 和 $\bar{Q}$ 出现了状态一致的情况，破坏了它们本该具有的互非性；而且，当输入信号消失时，由于与非门传输延迟时间的不同又会产生竞争，使电路状态无法确定，从而极有可能造成逻辑混乱。

显然，造成逻辑混乱的情况是不允许出现的，因此，这种称为**不定**的输入状态在实际电路中禁止出现。

4.1.3 基本RS触发器的动作特点

由基本 RS 触发器的工作原理分析可知，基本 RS 触发器的输入信号是直接加在输出门上的，因此在输入信号电平的全部作用时间里，都能直接改变输出端 Q 的状态，这就是电平触发方式的基本 RS 触发器的动作特点。

由于此特点，基本 RS 触发器的两个输入端不能同时有效而使输出发生逻辑混乱。当两输入状态不同时，$\bar{R}$ =0 为有效态时，输出 Q=0，所以常把 $\bar{R}$ 称为直接复位端；当 $\bar{S}$=0 为有效态时，输出 Q=1，所以又把 $\bar{S}$ 称为直接置 1 端，而基本 RS 触发器也称为直接复位、置位触发器。

4.1.4 基本RS触发器逻辑功能的描述

各种触发器的逻辑功能均可用特征方程、真值表、状态图、波形图和激励表等方法描述。

基本 RS 触发器的
功能描述

1. 特征方程

表征触发器的次态 Q^{n+1} 和它的输入、现态 Q^n 之间关系的逻辑表达式叫作触发器的特征方程。特征方程在时序逻辑电路的分析和设计中均有应用。图 4.1 所示的由两个与非门构成的基本 RS 触发器的特征方程为：

$$\begin{cases} Q^{n+1} = \bar{\bar{S}} + \bar{R}Q^n \\ \bar{R} + \bar{S} = 1 \text{（约束条件）} \end{cases} \tag{4.1}$$

式（4.1）中的约束条件表明，基本 RS 触发器不允许两个输入端子同时为有效态低电平。

2. 功能真值表

基本 RS 触发器的功能真值表如表 4.1 所示。

表 4.1　基本 RS 触发器的功能真值表

$\bar{S}$	$\bar{R}$	Q^n	Q^{n+1}	功能
1	0	0 或 1	0	置 0
0	1	0 或 1	1	置 1
1	1	0 或 1	0 或 1	保持
0	0	0 或 1	不定	禁止

功能真值表以表格的形式反映了触发器从现态 Q^n 向次态 Q^{n+1} 转移的规律。这种方法很适合在时序逻辑电路的分析中使用。

3. 状态图

描述触发器的状态转换关系及转换条件的图形称为状态图，如图 4.3 所示。状态图是一种有向图，两个圆圈中的 0 和 1 分别表示触发器的两种状态，带箭头线段表示触发器状态转换的方向，箭头旁边的标注是触发器状态转换的条件。在时序逻辑电路的分析和设计中，状态图是重要的工具之一。

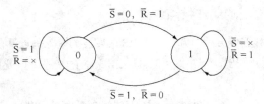

图4.3　基本RS触发器的状态图

4. 时序波形图

反映触发器输入信号取值和状态之间对应关系的图形称为时序图。时序图是以波形图的形式直观地表示触发器特性和工作状态的一种描述方法，在时序逻辑电路的分析中应用非常普遍。

基本 RS 触发器的时序波形图如图 4.4 所示。

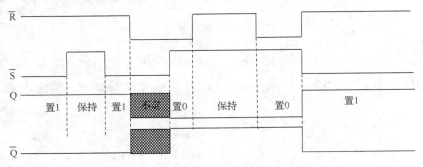

图4.4　基本RS触发器的时序波形图示例

5. 激励表

激励表就是以触发器的现态和次态作为输入逻辑变量，以输入信号作为逻辑函数所得到的一种真值表，也叫作控制表。基本 RS 触发器的激励表如表 4.2 所示。

表 4.2 基本 RS 触发器的激励表

Q^n	Q^{n+1}	$\overline{S}$	$\overline{R}$
0	0	×	0
0	1	0	1
1	0	1	0
1	1	0	×

显然，激励表能够反映触发器从任一现态转换到任一次态时对输入条件的要求，激励表可以从特征方程推得。

在数字电路中，凡根据输入信号 R、S 情况的不同，具有置 0、置 1 和保持功能的电路，都称为 RS 触发器。常用的集成 RS 触发器芯片有 74LS279 和 CC4044，管脚排列图如图 4.5 所示。

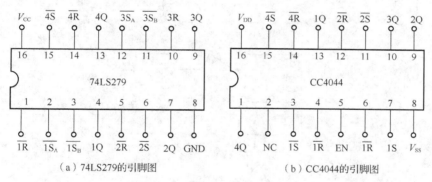

（a）74LS279的引脚图　　　　　（b）CC4044的引脚图

图4.5 集成RS触发器管脚排列图

由于基本 RS 触发器是直接由输入端数据信号控制输出的触发器，因此具有线路简单、操作方便等优点，被广泛应用于键盘输入电路、开关消噪声电路及运控部件中或某些特定的场合。

思考题

1. 触发器和门电路有何联系和区别？在输出形式上有何不同？
2. 基本RS触发器通常有几种构成方式？最常用的构成方式是哪一种？
3. 由两个与非门构成的基本RS触发器，有几种功能？约束条件是什么？
4. 由两个或非门构成的基本RS触发器的逻辑功能及约束条件是什么？

4.2 钟控RS触发器

在实际应用中,许多场合都要求触发器能够受节拍一定的脉冲信号控制来改变状态,而不是由直接输入端的输入变化来控制电路状态。为此,必须引入同步信号,使要求同一时刻动作的触发器只有在同步信号到达时,才能按输入信号改变状态。通常把这个同步信号称为时钟脉冲,用 CP(clock pulse)表示。

受时钟脉冲控制的触发器统称为时钟触发器或钟控触发器,以区别直接清零和复位的基本 RS 触发器。

4.2.1 钟控RS触发器的结构组成

钟控 RS 触发器的电路结构如图 4.6 所示。它由门 1 和门 2 构成一个基本 RS 触发器,由门 3 和门 4 构成一对导引门。显然,基本 RS 触发器的输入端子 $\overline{R}_D$ 是直接置零端,$\overline{S}_D$ 是直接置 1 端。触发器开始工作前,可以根据需要把它们置 1 或者置 0,但在触发器正常工作时,必须将它们接高电平 1。

钟控 RS 触发器的结构组成和动作特点

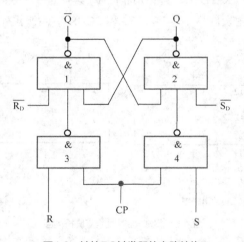

图4.6 钟控RS触发器的电路结构

钟控 RS 触发器的两个导引门受时钟脉冲 CP 的控制,其动作特点是:当 CP=0 时,无论两个输入端 R 和 S 状态如何,触发器的状态均不随它们发生改变;只有当作为同步信号的时钟脉冲到达即 CP=1 期间,触发器才能按输入信号改变状态。这一动作特点使得钟控 RS 触发器又被称作同步 RS 触发器。

同步 RS 触发器的状态变化不仅取决于输入信号的变化,还受时钟脉冲 CP 的控制。因此,多个触发器在统一的时钟脉冲 CP 控制下可协调工作。

4.2.2 钟控RS触发器的工作原理

钟控 RS 触发器与基本 RS 触发器的最大不同点就是电路输出状态的变化只能在 CP=1 期间发生。因此,只要 CP=0,不论 R、S 为何电平,电路均保持原来的状态不变。

钟控 RS 触发器的工作原理

当时钟脉冲 CP=1 时,钟控 RS 触发器的输出状态取决于输入端 *R* 和 *S* 的状态。

（1）当 R=0，S=0 时，引导触发门 3 和门 4 均有 0 出 1，基本 RS 触发器无论原来的状态如何，均保持原来的状态不变，即触发器为**保持**功能。

（2）当 R=1，S=0 时，引导触发门 3 全 1 出 0，门 4 有 0 出 1，基本 RS 触发器门 1 有 0 出 1，门 2 全 1 出 0，即钟控 RS 触发器输出状态 Q^{n+1}=0。无论触发器原来的状态如何，只要在 CP=1 期间，输入 R=1，S=0，触发器的输出状态均为 0，呈**置 0** 功能。因此，输入端 R 也被称为清零端，与基本 RS 触发器不同的是，钟控 RS 触发器的输入端为高电平有效。

（3）当 R=0，S=1 时，引导触发门 3 有 0 出 1，门 4 全 1 出 0，基本 RS 触发器门 1 全 1 出 0，门 2 有 0 出 1，即钟控 RS 触发器输出状态 Q^{n+1}=1。无论触发器原来的状态如何，只要在 CP=1 期间，输入 R=0，S=1，触发器的输出状态均为 1 态，呈**置 1** 功能。因此，把输入端 S 称为置 1 端，显然也是高电平有效。

（4）当 R=1，S=1 时，引导触发门 3 和门 4 都将全 1 出 0，门 3 和门 4 都会有 0 出 1，由此将造成输出状态的不定现象。在实际应用中，输出的不定状态不允许发生，称为**禁止**态。

4.2.3 钟控RS触发器的功能描述

钟控 RS 触发器的
功能描述

1. 特征方程

$$\begin{cases} Q^{n+1} = S + \bar{R}Q^n \\ SR = 0 \ （约束条件） \end{cases} \tag{4.2}$$

式（4.2）中的约束条件表明，钟控的 RS 触发器不允许两个输入端子同时为有效态高电平 1。

2. 功能真值表

钟控 RS 触发器的功能真值表如表 4.3 所示。

表 4.3 钟控 RS 触发器的功能真值表

S	R	Q^n	Q^{n+1}	功能
0	1	0 或 1	0	置 0
1	0	0 或 1	1	置 1
0	0	0 或 1	0 或 1	保持
1	1	0 或 1	不定	禁止

3. 状态图

钟控 RS 触发器的状态图如图 4.7 所示。状态图中两个圆圈中的 0 和 1 分别表示触发器的两种状态，带箭头线段表示触发器状态转换的方向，箭头旁边的标注是触发器状态转换的条件。注意区分它与基本 RS 触发器状态图的不同之处。

4. 时序图

钟控 RS 触发器是受时钟脉冲 CP 控制的触发器。只要时钟脉冲 CP ≠ 1，无论输入为何种状态，触发器的输出均不发生变化，即保持原来的状态不变；在时钟脉冲 CP=1 期间，输出将随着输入的变化而改变，其时序波形图如图 4.8 所示。

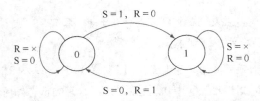

图4.7　钟控RS触发器的状态图

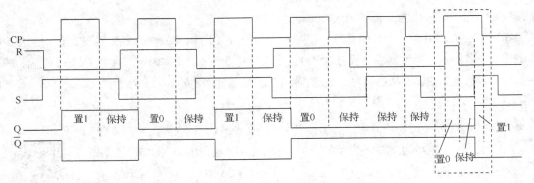

图4.8　钟控RS触发器的时序波形图示例

由图 4.8 可以看出，由于钟控 RS 触发器采用的是电位触发方式，因此在时钟脉冲 CP=1 期间，输出随输入的变化而变化。当输入端 R 或 S 在一个 CP=1 期间发生多次改变时（如图 4.8 中第 6 个时钟脉冲期间），输出将随着输入而相应发生多次变化，在这种情况下，触发器的状态反映出不稳定性。我们把一个 CP 脉冲为 1 期间触发器发生多次翻转的情况称为空翻。

空翻现象

在实际应用中，要求触发器的工作规律是每来一个 CP 脉冲只置于一种状态，即使数据输入端发生了多次改变，触发器的状态也不能跟着改变。从这个角度上看，钟控 RS 触发器的抗干扰能力相对较差。

产生"空翻"现象的根本原因是钟控 RS 触发器的导引门是简单的组合逻辑门，没有记忆功能，在 CP=1 期间，相当于导引门打开，这里同步触发器实质上成了异步触发器，输出与输入之间没有隔离作用，只要输入改变，输出就会跟着改变，输入改变多少次，输出也随之变化多少次，从而失去了抗输入变化的能力。

为确保数字系统可靠工作，要求触发器在一个 CP 脉冲期间至多翻转一次，即不允许出现空翻现象。为此，人们在同步 RS 触发器的基础上又研制出了主从型 JK 触发器和维持阻塞型的 D 触发器等。

思考题

1. 钟控RS触发器中的 $\overline{R}_D$ 和 $\overline{S}_D$ 在电路中起何作用？触发器正常工作时，这两个端子应该如何处理？

2. 钟控RS触发器两个输入端的有效态和由两个与非门构成的基本RS触发器的有效态相同吗？区别在哪里？

3. 何为"空翻"？造成"空翻"的原因是什么？"空翻"和"不定"状态有何区别？

4. 根据电路图说出在CP=0期间，触发器为何状态不变？

4.3 主从型JK触发器

由于钟控 RS 触发器采用的是电位触发方式,因此存在"空翻"问题,空翻造成触发器工作不稳定。主从型 JK 触发器可以有效地抵制"空翻"现象,是目前功能最完善、使用灵活和通用性较强的一种触发器。

JK 触发器的结构组成

4.3.1 JK触发器的结构组成

边沿触发方式的主从型 JK 触发器是目前功能最完善、使用灵活和通用性较强的一种能够抑制"空翻"现象的触发器。图 4.9 是主从式 JK 触发器的结构原理图。图 4.9 中门 1～门 4 构成了从触发器,其输入通过一个非门和 CP 脉冲相连。门 5～门 8 构成了主触发器,主触发器直接与 CP 脉冲相连。从触发器的 Q 端与门 7 的一个输入相连,$\overline{Q}$ 端与门 8 的一个输入端相连,构成两条反馈线。$\overline{R}_D$ 和 $\overline{S}_D$ 是直接清 0 端和直接置 1 端,触发器正常工作时,它们悬空为 1。

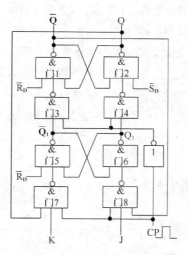

图4.9 主从式JK触发器结构原理图

4.3.2 JK触发器的工作原理

在 CP=1 期间,从触发器由于 $\overline{CP}=0$ 被封锁,输出端不能发生变化;而主触发器在 CP=1 期间,其输出状态随着 JK 输入端的变化而改变。

JK 触发器的工作原理

当时钟脉冲 CP 的下降沿到来时,主触发器由于 CP=0 被封锁,在 CP=1 期间的最后,输出状态被记忆下来,并作为输入被从触发器接受(CP 下降沿到来时,$\overline{CP}$ 由 0 跳变到 1,从而从触发器被触发工作),此时,$\overline{Q}_1^{n+1}$ 端作为从触发器的 J 输入端,$\overline{Q}_1^{n+1}$ 作为从触发器的 K 输入端,Q^{n+1} 的状态根据它们的情况而发生相应变化。

下降沿之后的 $\overline{CP}=1$ 期间,由于主触发器被封锁而从触发器的输入状态不再发生变化,因此触发器保持下降沿时的状态不变。因此,这种主从型 JK 触发器只在 CP 脉冲下降沿到来时触发工作,从而有效地抑制了"空翻"现象，保证了触发器工作的可靠性。

这种边沿触发的主从型 JK 触发器，在时钟触发脉冲 CP 下降沿到来时，其输出、输入端子之间的对应关系为：

（1）当 J=0，K=0 时，触发器无论原态如何，次态 $Q^{n+1}=Q^n$，**保持**功能；

（2）当 J=1，K=0 时，触发器无论原态如何，次态 $Q^{n+1}=1$，**置 1** 功能；

（3）当 J=0，K=1 时，触发器无论原态如何，次态 $Q^{n+1}=0$；**置 0** 功能；

（4）当 J=1，K=1 时，触发器无论原态如何，次态 $Q^{n+1}=\overline{Q^n}$，**翻转**功能。

显然，JK 触发器的逻辑功能有置 0、置 1、保持和翻转 4 种，而且当 JK 状态不同时，触发器的输出状态总是随着 J 的状态发生变化。

4.3.3　JK触发器的动作特点

（1）主从型 JK 触发器的状态变化分两步动作。第 1 步是在 CP 为 1 期间，主触发器接收输入信号且被记忆下来，而从触发器被封锁不能动作。第 2 步是当 CP 下降沿到来时，从触发器被解除封锁，接收主触发器在 CP 为 1 期间记忆下来的状态作为控制信号，使从触发器的输出状态按照主触发器的状态发生变化；之后，由于主触发器在 CP=0 期间被封锁，状态不再发生变化，因此，从触发器也就保持了 CP 下降沿到来时的状态不再发生变化。即主从型 JK 触发器的输出状态变化发生在 CP 脉冲的下降沿到来时。

JK 触发器的动作特点

（2）主触发器本身是一个钟控的 RS 触发器，因此在 CP=1 的全部期间都受输入信号的控制，即存在"空翻"现象。但是，只有 CP 下降沿到来前的主触发器状态，才是改变从触发器状态的控制信号，而 CP 下降沿到达时刻的主触发器状态不一定是从触发器的控制信号。

JK 触发器的功能描述

4.3.4　JK触发器的功能描述

1. JK 触发器的特征方程

$$Q^{n+1} = J\overline{Q^n} + \overline{K}Q^n \tag{4.3}$$

2. JK 触发器状态转换图

JK 触发器的状态图如图 4.10 所示。

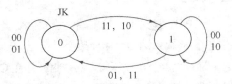

图4.10　JK触发器的状态图

3. 时序波形图

JK 触发器同样可以用时序图表示其功能。只是注意：输出状态的变化总是发生在时钟脉冲下降沿处。

图 4.11 为 JK 触发器的时序波形图示例。

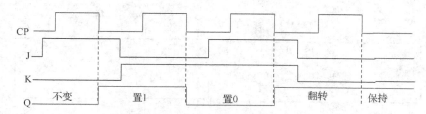

图4.11　JK触发器的时序波形图示例

由图 4.11 可以看出，在时钟脉冲作用期间，J、K 的变化可能引起主触发器状态的改变，但只能改变一次。当输出 Q=0 时，只有 J 的变化可能使输出次态由 0 变为 1，且只改变一次；当输出 Q=1 时，只有 K 的变化可能使输出次态由 1 变为 0，且只改变一次，这种现象为主从型 JK 触发器的一次变化现象。

4. JK 触发器的功能真值表

JK 触发器的功能真值表，如表 4.4 所示。

表 4.4　JK 触发器真值表

CP	J	K	Q^n	Q^{n+1}	功能
↓	0	0	0 或 1	0 或 1	保持
↓	0	1	0 或 1	0	置0
↓	1	0	0 或 1	1	置1
↓	1	1	0 或 1	1 或 0	翻转

JK 触发器的逻辑符号如图 4.12 所示。

图 4.12 中 CP 引线上端的"∧"符号表示边沿触发，无此"∧"符号表示电平触发；当 CP 脉冲引线端既有"∧"符号，又有小圆圈时，表示触发器状态变化发生在时钟脉冲下降沿到来时刻，只有"∧"符号没有小圆圈时，才表示触发器状态变化发生在时钟脉冲上升沿时刻；$\overline{S}_D$ 和 $\overline{R}_D$ 引线端处的小圆圈仍然表示低电平有效。

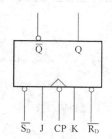

图4.12　JK触发器逻辑符号

4.3.5　集成JK触发器

在实际应用中，大多采用集成 JK 触发器。常用的集成芯片型号有 74LS112（下降边沿触发的双 JK 触发器）、CC4027（上升沿触发的双 JK 触发器）和 74LS276 四 JK 触发器（共用置 1、清 0 端）等。74LS112 双 JK 触发器每片芯片包含两个具有复位、置位端的下降沿触发的 JK 触发器，通常用于缓冲触发器、计数器和移位寄存器电路中。

集成 JK 触发器

74LS112 双 JK 触发器的管脚排列图如图 4.13 所示。

74LS112 是 TTL 型集成电路芯片；CC4027 是 CMOS 型集成电路芯片。引脚功能图中字符前的数字相同时，表示为同一个 JK 触发器的端子。

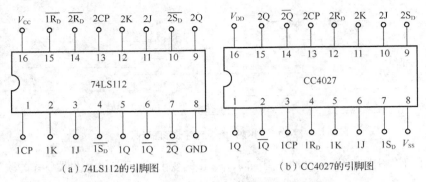

（a）74LS112的引脚图　　　　　　　（b）CC4027的引脚图

图4.13　两种集成JK触发器的管脚排列图

表4.5为74LS112双JK触发器的功能真值表。

表4.5　74LS112双JK触发器的功能真值表

控制端			输入端		原态	次态	功能
$\overline{S_D}$	$\overline{R_D}$	CP	J	K	Q^n	Q^{n+1}	触发器
0	1	×	×	×	×	1	置1
1	0	×	×	×	×	0	置0
0	0	×	×	×	×	不定	禁止
1	1	↓	0	0	0或1	0或1	保持
1	1	↓	0	1	0或1	0	置0
1	1	↓	1	0	0或1	1	置1
1	1	↓	1	1	0或1	1或0	翻转

思考题

1. 主从型JK触发器的主触发器包括几个逻辑门？在什么情况下触发工作？何种情况下被封锁？属于哪种触发方式？

2. 默写出JK触发器的特征方程和功能真值表。

3. JK触发器具有哪些逻辑功能？

4. 主从型JK触发器能够抑制"空翻"现象的具体表现是什么？

4.4　维持阻塞型D触发器

维持阻塞型D触发器和主从型JK触发器一样，也是一种边沿触发方式的、能够有效抑制"空翻"现象的集成触发器。就目前应用上来看，D触发器与JK触发器都是功能最完善、使用灵活和通用性较强的触发器。

D触发器的动作特点和集成D触发器

4.4.1　D触发器的结构组成

维持阻塞型 D 触发器只有一个输入端，图 4.14 是维持阻塞 D 触发器的结构原理图。

由图 4.14 可知维持阻塞 D 触发器由 6 个与非门组成，其中门 1～门 4 构成钟控 RS 触发器，门 5 和门 6 构成输入信号的导引门，输入控制端 D 与门 5 相连，直接置 0 端 $\overline{R}_D$ 和直接置 1 端 $\overline{S}_D$ 作为门 1 和门 2 的两个输入端，在触发器工作之前可以根据需要直接置 0 或置 1，触发器正常工作时要保持高电平 1。

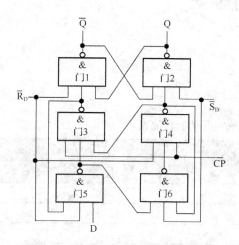

图4.14　维持阻塞型D触发器结构原理图

4.4.2　D触发器的工作原理

维持阻塞型 D 触发器的输出状态只取决于时钟脉冲触发边沿到来前，控制信号 D 端的状态，利用电路内部的反馈实现边沿触发。

当 CP=0 时，门 3 和门 4 均"有 0 出 1"被封锁，因此触发器将保持现态不变。此时，无论触发器现态如何，只要触发器输入端 D=1，门 5 就"全 1 出 0"，输出状态为 $\overline{D}$ =0；$\overline{D}$ 通过反馈线加在门 6 输入端，致使门 6"有 0 出 1"，这个 1 作为门 4 的一个输入端，为门 4 的开启创造了条件。因此，CP=0 为触发器的数据准备阶段。

当 CP 上升沿到来时刻，钟控 RS 触发器触发开启，门 5、门 6 在 CP=0 时的输出数据被门 3 和门 4 接受，触发器动作。下面分两种情况讨论。

（1）D=1 时，由于门 6 输出与 D 保持一致，门 4"全 1 出 0"，门 3 则"有 0 出 1"；门 4 输出的 0 又使门 2"有 0 出 1"，即 Q^{n+1}=D=1；门 3 输出的 1 使门 1"全 1 出 0"，由此，D 触发器的两个输出端子保持互非。为置 1 功能；

（2）D=0 时，门 6 输出也为 0，门 4"有 0 出 1"，门 3"全 1 出 0"；门 4 的输出使门 2"全 1 出 0"，即 Q^{n+1}=D=0；门 1 则"有 0 出 1"，D 触发器的两个输出端子仍保持互非，置 0 功能。

上述分析表明，无论触发器原来的状态如何，维持阻塞型 D 触发器的输出随着输入 D 的变化而变化，且在时钟脉冲上升沿到来时触发。由图 4.14 也不难看出，触发器的状态在 CP 上升沿到来时总是维持原来的输入信号 D 作用的结果，而输入信号的变化在此时被有效地阻塞掉了，这也是维持阻塞型

D 触发器名称的由来。

4.4.3 D触发器的动作特点

维持阻塞型 D 触发器的次态仅取决于 CP 信号上升沿到达前一瞬间（这一时刻与上升沿到达时的间隔趋近于零）输入的逻辑状态，而在这一瞬间之前和之后，输入的状态变化对输出不会产生影响。这一特点显然有效地抑制了"空翻"，增强了触发器的抗干扰能力，提高了电路工作的可靠性。

4.4.4 D触发器的功能描述

1. 特征方程

$$Q^{n+1} = D^n \tag{4.4}$$

2. 功能真值表

D 触发器的功能真值表如表 4.6 所示。

表 4.6 上升沿触发的 D 触发器功能真值表

控制端			输入端	原态	次态	触发器功能
$\overline{S_D}$	$\overline{R_D}$	CP	D	Q^n	Q^{n+1}	
0	1	×	×	×	1	置1
1	0	×	×	×	0	置0
0	0	×	×	×	不定	禁止
1	1	↑	0	0 或 1	0	置0
1	1	↑	1	0 或 1	1	置1

3. 状态转换图

由真值表可看出，D 触发器具有**置 0** 和**置 1** 两种功能。D 触发器的应用非常广泛，常用作数字信号的寄存、移位寄存、分频、波形发生等。D 触发器的状态图如图 4.15 所示。

4.4.5 集成D触发器

目前国内生产的集成 D 触发器主要是维持阻塞型，这种 D 触发器都是在时钟脉冲的上升沿触发翻转。常用的集成电路有 74LS74 双 D 触发器、74LS75 四 D 触发器和 74LS176 六 D 触发器等。

图 4.16 为常用的 74LS74 的管脚排列及逻辑符号。观看逻辑符号，CP 输入端处的三角形标记下面不带小圆圈，说明它是在上升沿到来时触发。

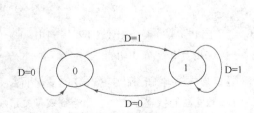

图4.15 D触发器的状态图

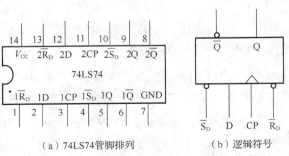

（a）74LS74管脚排列　　　（b）逻辑符号

图4.16 74LS74的引脚排列及逻辑符号

思考题

1. D触发器的基本结构组成分为哪两大部分？为什么说D触发器可以有效地抑制"空翻"现象？

2. 如何解释维持阻塞D触发器的"维持"和"阻塞"？

3. 默写出D触发器的特征方程式和功能真值表。

4. 在逻辑图符号中，如何区别出某触发器是"电平"触发还是"边沿"触发？又如何判断某触发器输入端是高电平有效，还是低电平有效？

4.5 T触发器和T′触发器

4.5.1 T触发器

触发器和 T′触发器

在数字电路中，凡在 CP 时钟脉冲控制下，根据输入信号取值的不同，只具有"保持"和"翻转"功能的电路，均被称为 T 触发器。如果把一个 JK 触发器的输入控制端 J 和 K 连接在一起作为一个输入端 T 时，就可构成一个 T 触发器：当 T 输入低电平 0 时，相当于 J=K=0，触发器为保持功能；当 T 输入高电平 1 时，相当于 J=K=1，触发器为翻转功能。这时，由 JK 触发器构成的 T 触发器的功能真值表如表 4.7 所示。

表 4.7　T 触发器功能真值表

控制端			输入端	原态	次态	触发器的功能
$\overline{S_D}$	$\overline{R_D}$	CP	T	Q^n	Q^{n+1}	
0	1	×	×	×	1	置1
1	0	×	×	×	0	置0
1	1	↓	0	0 或 1	0 或 1	保持
1	1	↓	1	0 或 1	1 或 0	翻转

显然，T 触发器只具有保持和翻转两种功能。

4.5.2 T′触发器

如果让 JK 触发器的 J 和 K 两个输入端子连在一起，且恒输入 1 时，就构成一个 T′触发器。T′触发器在每来一个时钟脉冲时，电路状态都会随之翻转一次，相当于 J=K=1，触发器为翻转功能。由 JK 触发器构成的 T′触发器的功能真值表如表 4.8 所示。

表 4.8　T′触发器的功能真值表

控制端			输入端	原态	次态	功能
$\overline{S}_D$	$\overline{R}_D$	CP	T′	Q^n	Q^{n+1}	触发器
0	1	×	×	×	1	置 1
1	0	×	×	×	0	置 0
1	1	↓	1	0 或 1	1 或 0	翻转

由真值表可看出，T′触发器具有的逻辑功能仅有一种翻转功能。

T 触发器和 T′触发器只在 CP 脉冲的边沿处对输入进行瞬时采样，而在 CP 脉冲其他期间能够有效地隔离输出与输入，它们都是具有较强抗干扰能力的触发器，在工程中应用非常普遍。

根据以上介绍的各类触发器，可以归纳如下几点。

（1）触发器是数字电路中极其重要的基本单元。触发器有两个稳定状态，在外界信号作用下，可以从一个稳态转变为另一个稳态；无外界信号作用时，状态保持不变。因此，触发器可以作为二进制存储单元使用。

（2）触发器的逻辑功能可以用特性方程、真值表、状态图和时序波形图等多种方式描述。触发器的特征方程是表示其逻辑功能的重要逻辑函数，在分析和设计时序电路时，常用来作为判断电路状态转换的依据。

（3）同一种功能的触发器，可以用不同的电路结构形式来实现；反过来，同一种电路结构形式，也可以构成具有不同功能的各种类型的触发器。

（4）触发器有电平触发和边沿触发两种方式，其中电平触发的钟控 RS 触发器存在"空翻"现象，为克服"空翻"给数字电路带来的不稳定因素，人们设计出了边沿触发方式的主从型 JK 触发器和维持阻塞 D 触发器等。

（5）本章介绍的触发器结构均为 TTL 电路结构，均由 TTL 与非门构成。因此，TTL 电路触发器的输入、输出特性和 TTL 与非门相同；而在 CMOS 电路触发器中，通常每个输入、输出端均在器件内部设置了缓冲器，因此其输入特性和输出特性和 CMOS 反相器类似。

思考题

1. T 触发器的逻辑功能有哪几种？
2. 试述 T′触发器的逻辑功能，哪些触发器可以构成 T′触发器使用？

4.6　应用能力训练环节

4.6.1　集成触发器的功能测试

1. 实验目的

（1）通过实验了解和熟悉各种集成触发器的管脚功能及其连线。

（2）进一步理解和掌握各种集成触发器的逻辑功能及其应用。

2. 实验主要仪器设备

（1）+5V 直流电源。

（2）单次时钟脉冲源。

（3）逻辑电平开关和逻辑电平显示器。

（4）74LS74（或 CC4013）双 D 集成触发器电路、74LS112（或 CC4027）双 JK 集成触发器电路、74LS00（或 CC4011）与非门集成电路各 1 只。

（5）相关实验设备及连接导线若干。

3. 实验原理及相关知识要点

（1）触发器是存放二进制信息的最基本单元，是构成时序电路的主要元件。触发器具有两个稳态：即 0 态（$Q=0,\overline{Q}=1$）和 1 态（$Q=0,\overline{Q}=1$）。在时钟脉冲的作用下，根据输入信号的不同，触发器可能具有置 0、置 1、保持和翻转 4 种功能。

按逻辑功能分类，有 RS 触发器、D 触发器、JK 触发器、T 触发器等。目前，市场上出售的产品主要是 D 触发器和 JK 触发器。按时钟脉冲触发方式分类，有电平触发器（锁存器）、主从触发器和边沿触发器 3 种。按制造材料分类，常用的有 TTL 和 CMOS 两种，它们在电路结构上有较大的差别，但在逻辑功能上基本相同。

触发器的应用除作为时序逻辑电路的主要单元外，一般还用来作为消振颤电路、同步单脉冲发生器、分频器及倍频器等。

（2）RS 触发器。用两个与非门交叉连接即可构成基本的 RS 触发器，如图 4.17 所示。

基本 RS 触发器常用来构成消机械抖动开关，如图 4.18 所示。

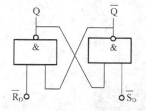

图4.17 基本RS触发器

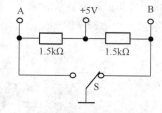

图4.18 消振颤电路

（3）D 触发器。实用 D 触发器的型号很多，TTL 型有 74LS74（双 D）、74LS174（六 D）、74LS175（四 D）、74LS377（八 D）等；CMOS 型有 CD4013（双 D）、CD4042（四 D）。本实验选用 74LS74（上升沿触发）。触发器的状态仅取决于时钟信号 CP 上升沿到来前 D 端的状态，其特性方程为：$Q^{n+1}=D$。D 触发器的应用很广，可用于数字信号的寄存、移位寄存、分频和波形发生等。

（4）JK 触发器。实用 JK 触发器 TTL 型有 74LS107、74LS112（双 JK 下降沿触发，带清零）、74LS109（双 JK 上升沿触发，带清零）、74LS111（双 JK，带数据锁定）等；CMOS 型有 CD4027（双 JK 上升沿触发）等。

4. 实验步骤

（1）按照图 4.17 连线，测试基本 RS 触发器的逻辑功能。

（2）在逻辑测试仪或数字电子实验台上测试 74LS74（或 CC4013）双 D 集成触发器的逻辑功能。

① 测试 D 触发器的复位、置位功能。

② 测试 D 触发器的逻辑功能时，观察触发器状态更新是否发生在 CP 脉冲的上升沿，并记录。

③ 将 D 触发器的输出 $\overline{Q}$ 非端与输入端相连接，观察电路输出 Q 的状态变化，记录之，并指出此时 D 触发器的功能。

（3）测试 74LS112（或 CC4027）双 JK 集成触发器的逻辑功能，画出相应功能表。

① 改变 J、K、CP 端状态，观察输出状态变化，观察触发器状态更新是否发生在 CP 脉冲的下降沿，并记录。

② 将 JK 触发器的 J、K 端连在一起，构成 T 触发器。CP 端接入 1Hz 连续脉冲，用电平指示器观察输出 Q 端变化情况，并记录。

5. 实验报告

（1）列表整理各类型触发器的逻辑功能。

（2）总结 JK 触发器 74LS112 和 D 触发器 74LS74 的特点。

（3）画出 JK 触发器作为 T'触发器时，其电路的时序波形图。

4.6.2 学习Multisim 8.0电路仿真（三）

1. 学习目的

（1）进一步熟悉和掌握 Multisim 8.0 电路仿真技能。

（2）学会虚拟仪器频率计的仿真方法。

（3）掌握触发器的电路仿真。

2. Multisim 8.0 中频率计的使用

频率计主要用来测量数字信号的频率、周期、脉冲宽度、上升/下降时间。Multisim 8.0 中的虚拟频率计如图 4.19 所示，左边对话框为频率计的设置主界面。

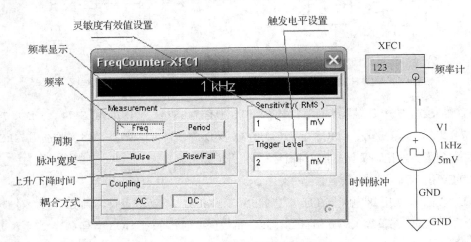

图4.19 虚拟频率计的仿真

在设置频率计时，应注意触发脉冲的设置数必须大于灵敏度设置数的 $\sqrt{2}$ 倍。

3. Multisim 8.0 中触发器的电路仿真

（1）用两个与非门构成 RS 触发器

用两个两输入的与非门构成一个基本 RS 触发器，连接电路如图 4.20 所示，测试其逻辑功能。

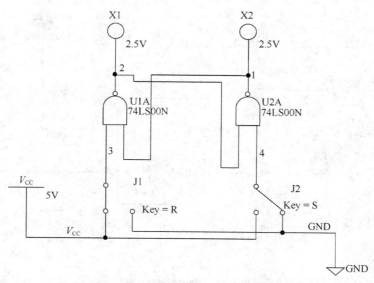

图4.20　由与非门构成的基本RS触发器

（2）用两个或非门构成基本 RS 触发器

用两个两输入的或非门构成一个基本 RS 触发器，连接电路如图 4.21 所示，测试其逻辑功能，并比较其逻辑功能与由两个与非门构成的基本 RS 触发器有何不同。

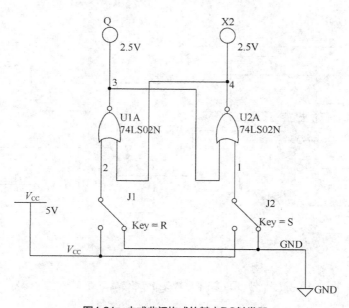

图4.21　由或非门构成的基本RS触发器

（3）D 触发器

用虚拟集成电路 74LS74 仿真。仿真电路连接如图 4.22 所示。

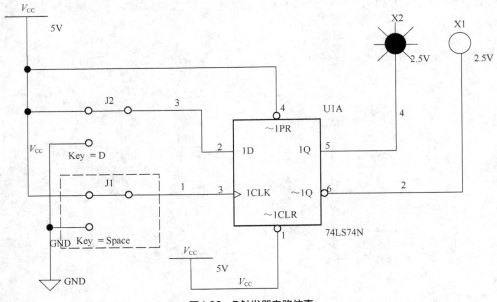

图4.22　D触发器电路仿真

按照图 4.22 连接好电路，测试其功能。时钟脉冲用手控制，观察触发器的状态变化发生在哪一时刻。

（4）JK 触发器

用虚拟集成电路 74LS112 仿真。仿真电路连接如图 4.23 所示。

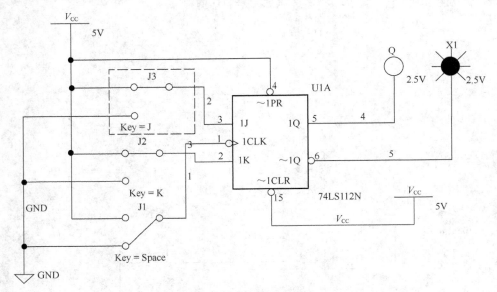

图4.23　JK触发器电路仿真

按照图 4.23 连接好电路，测试其功能。手动控制时钟脉冲，观察是在什么时候状态发生改变。

习题

一、填空题

1. 由两个与非门构成的基本RS触发器的功能有_____、_____和_____。电路中不允许两个输入端同时为_____，否则将出现逻辑混乱。

2. 通常把一个CP脉冲引起触发器多次翻转的现象称为_____，有这种现象的触发器是_____触发器，此类触发器的工作属于_____触发方式。

3. 为有效抑制"空翻"，人们研制出了_____触发方式的_____触发器和_____触发器。

4. JK触发器具有_____、_____、_____和_____4种功能。欲使JK触发器实现 $Q^{n+1} = \overline{Q}^n$ 的功能，则输入端J接_____，K应接_____。

5. D触发器的输入端子有_____个，具有_____和_____的功能。

6. 触发器的逻辑功能通常可用_____、_____、_____和_____等多种方法描述。

7. 组合逻辑电路的基本单元是_____，时序逻辑电路的基本单元是_____。

8. JK触发器的次态方程为_____，D触发器的次态方程为_____。

9. 触发器有两个互非的输出端Q和 $\overline{Q}$，通常规定Q=1，$\overline{Q}$=0时为触发器的_____状态；Q=0，$\overline{Q}$=1时为触发器的_____状态。

10. 由两个与非门组成的基本RS触发器，正常工作时，不允许 $\overline{R} = \overline{S} =$ _____，其特征方程为_____，约束条件为_____。

11. 钟控的RS触发器，在正常工作时，不允许输入端R=S=_____，其特征方程为_____，约束条件为_____。

12. 把JK触发器_____就构成了T触发器，T触发器具有的逻辑功能是_____和_____。

13. 让_____触发器恒输入1就构成了T'触发器，这种触发器仅具有_____功能。

14. 触发器有两种_____状态，在适当_____的作用下，触发器可从一种稳定状态转变为另一种稳定状态。

二、判断题

1. 仅具有保持和翻转功能的触发器是RS触发器。 ( )
2. 基本的RS触发器具有"空翻"现象。 ( )
3. 钟控的RS触发器的约束条件是：R+S=0。 ( )
4. JK触发器的特征方程是：$Q^{n+1} = J\overline{Q}^n + KQ^n$。 ( )
5. D触发器的输出总是跟随其输入的变化而变化。 ( )
6. CP=0时，由于JK触发器的导引门被封锁而使触发器状态不变。 ( )
7. 主从型JK触发器的从触发器开启时刻在CP下降沿到来时。 ( )
8. 触发器和逻辑门一样，输出取决于输入现态。 ( )
9. 维持阻塞D触发器的状态在CP下降沿到来时变化。 ( )
10. 凡采用电位触发方式的触发器，都存在"空翻"现象。 ( )

三、单项选择题

1. 仅具有置0和置1功能的触发器是（ ）。

    A. 基本RS触发器　　　B. 钟控RS触发器　　　C. D触发器　　　D. JK触发器

2. 由与非门组成的基本RS触发器不允许输入的变量组合 $\overline{S} \cdot \overline{R}$ 为（　　）。

  A. 00   B. 01   C. 10   D. 11

3. 钟控RS触发器的特征方程是（　　）。

  A. $Q^{n+1} = \overline{R} + Q^n$ B. $Q^{n+1} = S + Q^n$ C. $Q^{n+1} = R + \overline{S}Q^n$ D. $Q^{n+1} = S + \overline{R}Q^n$

4. 仅具有保持和翻转功能的触发器是（　　）。

  A. JK触发器   B. T触发器   C. D触发器   D. T触发器

5. 触发器由门电路构成，但它不同于门电路功能，主要特点是具有（　　）。

  A. 翻转功能   B. 保持功能   C. 记忆功能   D. 置0置1功能

6. TTL集成触发器直接置0端 $\overline{R}_D$ 和直接置1端 $\overline{S}_D$ 在触发器正常工作时应（　　）。

  A. $\overline{R}_D = 1$，$\overline{S}_D = 0$ B. $\overline{R}_D = 0$，$\overline{S}_D = 1$

  C. 保持高电平1   D. 保持低电平0

7. 按触发器触发方式的不同，双稳态触发器可分为（　　）。

  A. 高电平触发和低电平触发   B. 上升沿触发和下降沿触发

  C. 电平触发或边沿触发   D. 输入触发或时钟触发

8. 按逻辑功能的不同，双稳态触发器可分为（　　）。

  A. RS、JK、D、T等   B. 主从型和维持阻塞型

  C. TTL型和MOS型   D. 上述均包括

9. 为避免"空翻"现象，应采用（　　）方式的触发器。

  A. 主从触发   B. 边沿触发   C. 电平触发   D. 直接触发

10. 为防止"空翻"，应采用（　　）结构的触发器。

  A. TTL   B. MOS   C. 主从或维持阻塞   D. RS触发器

四、简述题

1. 时序逻辑电路的基本单元是什么？组合逻辑电路的基本单元又是什么？

2. 何为"空翻"现象？抑制"空翻"可采取什么措施？

3. 触发器如何分类？触发器有哪些常见的电路结构形式？为避免由于干扰引起的误触发，应选用哪种类型的触发器？

4. 什么是触发器的不定状态？如何避免不定状态的出现？

五、分析题

1. 已知TTL主从型JK触发器的输入控制端J、K及CP脉冲波形如图4.24所示，试根据它们的波形画出相应输出端Q的波形。

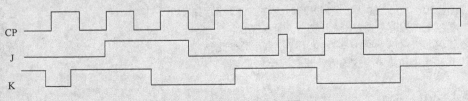

图4.24 分析题第1题波形图

2. 写出图4.25所示的各逻辑电路的次态方程。

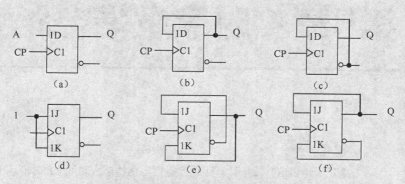

图4.25 分析题第2题逻辑图

3. 图4.26为由维持阻塞D触发器构成的电路，试画出在CP脉冲下，Q_0和Q_1的波形。

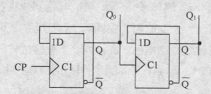

图4.26 分析题第3题逻辑图

4. 电路如图4.27所示。

（1）图4.27所示电路中采用什么触发方式?

（2）分析图4.27所示的时序逻辑电路，并指出其逻辑功能。

（3）设触发器初态为0，画出在CP脉冲下，Q_0和Q_1的波形。

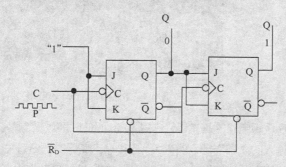

图4.27 分析题第4题逻辑图

5. 在不增加电路的条件下，将JK触发器、D触发器和T触发器适当连接，构成二分频电路，并画出它们的电路图。

第5章 时序逻辑电路

时序逻辑电路的"时序"，实际上是指电路状态在时间上的顺序。仍以数字电子钟电路为例说明。

图 5.1 为数字电子钟的逻辑电路安装图。由图 5.1 可以看出，数字电子钟内部采用了数字电路显示"时""分""秒"数字。图 5.1 中右边两个数码管用于显示"秒"，只有"秒"显示计数 59 以后，中间两个数码管的"分"显示状态才能发生变化；只有"分"显示计数至 59 以后，左边两个数码管的"时"显示状态才能发生变化增加1 个计数……显然，数字电子钟的逻辑显示系统在时间上遵循一定的顺序。

图5.1 数字电路钟的逻辑电路

时序逻辑电路的基本单元是触发器，因此时序逻辑电路在任意时刻的输出不仅和该时刻输入的逻辑变量取值有关，还和输出变量的历史有关，即时序逻辑电路的突出特点不仅具有"记忆"性，还具有"时序"性，是数字电子技术中的时间相关系统。

在实际应用中，现代电子系统的集成度越来越高，功能越来越强，数字电路的时间相关系统在数字电子技术中的应用也越来越广泛。无论是中、小规模集成器件的设计，还是后面要学习的大规模集成电路可编程逻辑器件，时序逻辑电路的分析方法和同步时序逻辑电路的设计方法都是掌握这些技术中必备的基础知识。分析各种电路是数字电子技术学习的重要内容之一，能够设计出符合要求的电路则是数字电子技术学习的主要目标之一。尽快掌握简单时序逻辑电路的分析和设计，对每一位从事电子工程的技术人员来讲都是刻不容缓的事情。

本章学习目的及要求

1. 了解时序逻辑电路的特点和一般分析方法。

2. 时序逻辑电路的设计。

3. 常用中规模集成计数器的管脚排列图、电路功能、实际应用及芯片扩展应用。

4. 常用中规模集成移位寄存器的电路功能与应用。

5. 应用 Multisim 8.0 电路仿真软件设计同步时序逻辑电路。

要求读者了解时序逻辑电路的特点和一般分析方法；熟悉同步、异步时序逻辑电路的特点；掌握计数器、移位寄存器这些常用标准中规模集成时序逻辑电路的功能及使用方法。

5.1 时序逻辑电路的分析和设计思路

5.1.1 时序逻辑电路概述

1. 时序逻辑电路的特点

时序逻辑电路在逻辑功能上的特点是：任意时刻的输出不仅取决于当时的输入信号，还取决于电路原来的状态。

时序逻辑电路的结构组成可以用图 5.2 所示的方框图来表示。其中 X 代表输入信号，Y 代表输出信号，Z 代表存储电路的输入信号，Q 代表存储电路的输出信号，同时也是组合逻辑电路的部分输入。

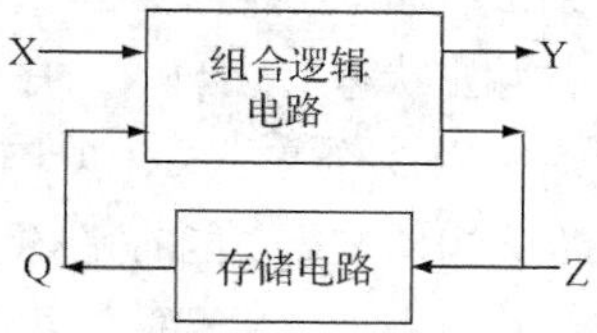

时序逻辑电路在结构上的两个显著特点如下。

（1）时序逻辑电路通常包含组合电路和存储电路两个组成部分，而存储电路是必不可少的。

图5.2 时序逻辑电路框图

（2）存储电路的输出状态必须反馈到组合电路的输入端，与输入信号一起决定组合逻辑电路的输出。

事实上，时序逻辑电路的状态就是依靠触发器记忆和表示的。因此，时序逻辑电路可以没有组合逻辑电路，但不能没有触发器。

2. 时序逻辑电路的分类

触发器是最简单的时序逻辑电路，常用来作为较为复杂的时序逻辑电路的基本单元。

（1）按功能的不同，时序逻辑电路可分为计数器、寄存器、移位寄存器、读/写存储器、顺序脉冲发生器等。

（2）按触发器状态变化是否同步，可分为同步时序逻辑电路和异步时序逻辑电路。

（3）按输出信号的特性，可分为米莱型时序逻辑电路和莫尔型时序逻辑电路。

（4）按能否编程又有可编程和不可编程的时序逻辑电路之分。

（5）按集成度的不同，可分为小规模（SSI）、中规模（MSI）、大规模（LSI）和超大规模（VLSI）时序逻辑电路。

（6）按使用开关元件类型的不同，可分为 TTL 型和 CMOS 型时序逻辑电路。

5.1.2 时序逻辑电路的功能描述

由 5.2 所示的时序逻辑电路的结构框图可知，电路中的各输入、输出信号之间存在一定的关系，这些关系可以用以下方程式描述。

（1）输出方程

$$Y(t_n) = F[X(t_n), Q(t_n)]$$

输出方程是指组合逻辑电路的输出 Y 与其输入 X 以及存储电路的反馈量 Q^n 之间的关系式。

（2）驱动方程

$$Z(t_n) = G[X(t_n), Q(t_n)]$$

驱动方程有时也称作激励方程。驱动方程主要是指存储电路的输入量 Z 和存储电路的输出量 Q^n 之间的关系式。

（3）次态方程

$$Q(t_{n+1}) = H[Z(t_n), Q(t_n)]$$

次态方程又称为存储电路的状态方程。次态方程表示时序逻辑电路的输出 Q^{n+1} 和存储电路的输出 Z、时序逻辑电路的输出 Q^n 三者之间的关系。

时序逻辑电路的功能描述

从上述三个方程式来看，都要用到 t_n 和 t_{n+1} 两个相邻的离散时间，在这两个相邻的离散时间中，t_n 对应存储电路中的现态（存储电路触发前的输出状态）；t_{n+1} 对应存储电路中的次态（存储电路触发后的输出状态）。显然，时序逻辑电路的描述方法比组合逻辑电路复杂。

用 3 个方程式可以比较清楚地描述一个时序逻辑电路的逻辑功能，但仅从这一组方程式中还不能获得电路逻辑功能的完整印象。为了能把在一系列时钟脉冲操作下电路状态转换的全过程形象、直观地描述出来，常用的方法仍是状态转换真值表、状态转换图、时序图和激励表等。这些方法在分析时序逻辑电路的过程中，更加具体地阐明。

5.1.3 时序逻辑电路的基本分析方法

【例 5.1】图 5.3 所示的时序逻辑电路的输出信号由各触发器的 Q 端取出。设三个触发器的输出现态均为 0 态，试分析该电路的逻辑功能。

时序逻辑电路的基本分析方法

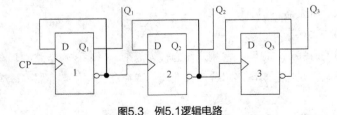

图5.3 例5.1逻辑电路

【解】（1）判断电路类型

该时序逻辑电路除存储电路的输出信号外，并无组合逻辑电路的输出信号，因此判断该电路为莫尔型时序逻辑电路（如果电路中除了存储电路之外，还包括组合逻辑电路，电路类型就是米莱型）；电路中各触发器的时钟脉冲不是受同一时钟信号的控制，因此判断该电路属于异步时序逻辑电路（如果各触发器受同一时钟脉冲信号的控制，就是同步时序逻辑电路）。因此，该电路是莫尔型异步时序逻辑电路。

（2）写出该时序逻辑电路所需的相应方程式

该时序逻辑电路中由于没有组合逻辑电路，因此输出方程不存在，只需写出其驱动方程和次态方程即可。

图 5.3 中各位触发器均为 CP 上升沿到来时发生状态翻转的 D 触发器，因此电路的驱动方程为

$$D_3=\bar{Q}_3{}^n, \qquad D_2=\bar{Q}_2{}^n, \qquad D_1=\bar{Q}_1{}^n。$$

将驱动方程代入各位触发器的特征方程，可得到各位触发器的次态方程为

$$Q_3{}^{n+1}=D_3=\bar{Q}_3{}^n, \qquad Q_2{}^{n+1}=D_2=\bar{Q}_2{}^n, \qquad Q_1{}^{n+1}=D_1=\bar{Q}_1{}^n。$$

由于电路中各位触发器不是由同一时钟脉冲控制，因此需写出各位触发器的时钟方程。

$$CP_3=\bar{Q}_2{}^n, \qquad CP_2=\bar{Q}_1{}^n, \qquad CP_1=CP。$$

（3）根据上述方程分析电路

电路初始状态为 000，因此第一个 CP 脉冲上升沿到来时，根据第一位触发器的次态方程可得 $Q_1{}^{n+1}=D_1=\bar{Q}_1{}^n=1$，其状态由 0 翻转为 1，此变化使 CP_2 出现下降沿，因此第二位触发器的状态不变，触发器 3 的状态因 CP_3 不变也不发生变化。$Q_3Q_2Q_1$ 由初始状态 000 变为 001。

第 2 个 CP 脉冲上升沿到来时，触发器 1 的状态再次翻转，$Q_1{}^{n+1}=0$；触发器 2 由于得到一个上升沿的 CP_2 而发生状态翻转，有 $Q_2{}^{n+1}=D_2{}^n=\bar{Q}_2{}^n=1$，此变化使 CP_3 出现下降沿，因此触发器 3 状态不变，$Q_3Q_2Q_1$ 由 001 变为 010。

第 3 个 CP 脉冲上升沿到来时，触发器 1 状态又发生翻转，$Q_1{}^{n+1}=1$；CP_2 出现下降沿，触发器 2 状态不变；因 Q_2 不变，CP_3 也不变化，$Q_3Q_2Q_1$ 由 010 变化为 011。

第 4 个 CP 脉冲上升沿来到时，触发器 1 的状态又翻转到 $Q_1{}^{n+1}=0$；$\bar{Q}_1$ 的变化使 CP_2 出现上升沿，触发器 2 状态也发生翻转，$Q_2{}^{n+1}=0$，$\bar{Q}_2$ 的变化使 CP_3 出现上升沿，触发器 3 的状态翻转为 $Q_3{}^{n+1}=1$，$Q_3Q_2Q_1$ 由 011 变为 100。

直到第 8 个 CP 脉冲上升沿到来时，$Q_3Q_2Q_1$ 由 111 又重新转换为 000 状态。以后电路将周而复始地重复上述循环。

把以上分析结果填写在状态转换真值表中，如表 5.1 所示。

表 5.1 例 5.1 逻辑电路状态转换真值表

CP	$Q_3{}^n\ Q_2{}^n\ Q_1{}^n$			$Q_3{}^{n+1}\ Q_2{}^{n+1}\ Q_1{}^{n+1}$		
1↑	0	0	0	0	0	1
2↑	0	0	1	0	1	0
3↑	0	1	0	0	1	1
4↑	0	1	1	1	0	0
5↑	1	0	0	1	0	1
6↑	1	0	1	1	1	0
7↑	1	1	0	1	1	1
8↑	1	1	1	0	0	0

观察表 5.1 可知，电路中各位触发器状态变化的规律是：每来一个 CP 脉冲上升沿，触发器 1 的状态就会翻转一次；每当 Q_1 出现下降沿时，$\overline{Q}_1''$ 就会出现上升沿，触发器 2 的状态就会翻转一次；每当 Q_2 出现下降沿时，$\overline{Q}_2''$ 就会出现上升沿，触发器 3 的状态将翻转一次。

另外，该时序逻辑电路在运行时所经历的状态是周期性的，即在有限个状态中循环，通常将一次循环包含的状态总数称为时序逻辑电路的"模"。所以，该时序逻辑电路是一个异步三位二进制模 8 加计数器电路。

异步三位二进制模 8 计数器的状态转换还可用图 5.4 所示的状态转换图表示，图中箭头指向的循环部分的闭环称为有效循环体。

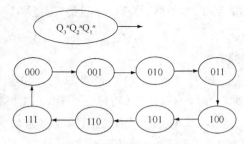

图5.4　例5.1电路状态转换图

分析例 5.1 的异步时序逻辑电路时，首先要看触发器的触发脉冲有无有效的触发边沿或有效触发电平，只有出现有效触发信号时，才能根据这一时刻的触发器输入信号依据电路的次态方程得出变化后的新状态。

通过此例可以归纳出分析时序逻辑电路的一般步骤如下。

（1）确定时序逻辑电路的类型。根据电路中各位触发器是否共用一个时钟脉冲 CP 触发电路，判断电路是同步时序逻辑电路还是异步时序逻辑电路。若电路中各位触发器共用一个时钟脉冲 CP 触发，为同步时序逻辑电路。若各位触发器的 CP 脉冲端子不同，如例 5.1 所示电路，就为异步时序逻辑电路。根据时序逻辑电路除 CP 端子外是否还有其他输入信号判断电路是米莱型还是莫尔型，有其他输入信号端子时，为米莱型时序逻辑电路，如果像例 5.1 所示的电路没有其他输入端子，就是莫尔型时序逻辑电路。

（2）根据已知时序逻辑电路，分别写出相应的输出方程（注：莫尔型时序逻辑电路没有输出方程）、驱动方程和次态方程，当所分析的电路属于异步时序逻辑电路时，还必须写出各位触发器的时钟方程。

（3）根据次态方程、时钟方程、输出方程和时钟方程，填写相应状态转换真值表或画出其状态转换图。

（4）根据分析结果和状态转换真值表（或状态转换图），得出时序逻辑电路的逻辑功能。

【例5.2】分析图 5.5 所示时序逻辑电路的功能，说明其用途，设电路的初始状态为 111。

【解】（1）电路中各位触发器的时钟脉冲为同一个 CP 输入端，具有同时翻转的条件，而且电路中除了三位触发器的输出外，还有两个与门的输出，因此判断该电路为米莱型同步时序逻辑电路。

（2）电路的驱动方程如下。

$$J_1 = K_1 = 1 \qquad J_2 = K_2 = \overline{Q}_1'' \qquad J_3 = K_3 = \overline{Q}_1'' \cdot \overline{Q}_2''$$

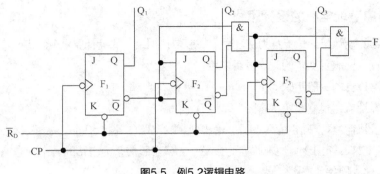

图5.5 例5.2逻辑电路

电路的输出方程如下。

$$F = \overline{Q_1^n} \cdot \overline{Q_2^n} \cdot \overline{Q_3^n}$$

电路的次态方程如下。

$$Q_1^{n+1} = \overline{Q_1^n}$$

$$Q_2^{n+1} = \overline{Q_1^n} \cdot \overline{Q_2^n} + Q_1^n \cdot Q_2^n = \overline{Q_1^n \oplus Q_2^n}$$

$$Q_3^{n+1} = \overline{(Q_1^n + Q_2^n)}\,\overline{Q_3^n} + (Q_1^n + Q_2^n)Q_3^n$$

$$= \overline{(Q_1^n + Q_2^n) \oplus Q_3^n}$$

（3）根据上述方程，填写相应的状态转换真值表，如表 5.2 所示。

表 5.2 例 5.2 逻辑电路状态转换真值表

CP	$Q_3^n\,Q_2^n\,Q_1^n$	F	$Q_3^{n+1}\,Q_2^{n+1}\,Q_1^{n+1}$
1↓	1 1 1	0	1 1 0
2↓	1 1 0	0	1 0 1
3↓	1 0 1	0	1 0 0
4↓	1 0 0	0	0 1 1
5↓	0 1 1	0	0 1 0
6↓	0 1 0	0	0 0 1
7↓	0 0 1	0	0 0 0
8↓	0 0 0	1	1 1 1

（4）由真值表可以看出，此电路为同步二进制模 8 减计数器，电路每完成一个循环，输出 F 为 1。

比较两例，该同步时序逻辑电路与例 5.1 的异步时序逻辑电路虽然都是由 n 位处于计数工作状态的触发器组成，但是同步时序逻辑电路中往往含有门电路，因此电路结构比异步时序逻辑电路复杂得多。异步时序逻辑电路通常采用的是串行计数，工作速度较低；同步时序逻辑电路由于各位触发器受同一时钟脉冲 CP 控制，决定各触发器状态（J、K 状态）的条件并行产生，因此输出也是并行的，状态翻转速度比相应异步时序逻辑电路快得多。本章分析的重点是使用较多的同步时序逻辑电路。

5.1.4 时序逻辑电路的设计思路

时序逻辑电路的设计与其分析互为逆过程，一般要根据给定的设计要求或给定的状态转换图，设计出满足要求的时序逻辑电路。

时序逻辑电路的设计
思路

时序逻辑电路设计的一般步骤如下。

（1）进行逻辑抽象，建立原始状态图

① 分析给定设计要求，确定输入变量、输出变量、电路内部状态间的关系及状态数。

② 定义输入变量、输出变量逻辑状态的含义，为状态赋值，为电路的各个状态编号。

③ 按照题意建立原始状态图。

（2）化简状态，求出最简状态图

① 确定等价状态：在原始状态图中，凡是在输入相同时，输出相同、要转换到的次态也相同的状态，都是等价状态。

② 合并等价状态，画最简状态图：对电路外特性来说，等价状态是可以合并的，多个等价状态合并成一个状态，多余的都去掉，即可画出最简状态图。

（3）分配状态，画出用二进制数编码后的状态图

① 确定二进制代码的位数：如果用 M 表示电路的状态数，用 N 表示待使用的二进制代码的位数，就要根据编码的概念，依据下列不等式来确定二进制代码的位数。

$$2^{n-1} \leqslant M \leqslant 2^{n}$$

② 对电路状态编码：N 位二进制代码有 2^n 种取值，用来对 M 个状态进行编码，则方案很多。如果选择恰当，则可得到比较简单的设计结果；反之，若方案选择不好，设计出来的电路就会复杂化。好的设计方案通常要仔细研究、反复比较才会得出，这里既有技巧问题，也与经验有关。

③ 画出编码后的状态图：状态编码方案确定之后，便可画出用二进制代码表示电路状态的状态图。此状态图的电路次态、输出与现态及输入间的函数关系都应准确无误地规定好。

（4）选择触发器，求时钟方程、输出方程、驱动方程和次态方程

① 选择触发器：一般选择边沿触发方式的 JK 触发器或 D 触发器，触发器的个数应等于对电路状态进行编码的二进制代码的位数。

② 求时钟方程：若采用同步方案，就不需求时钟方程；如果采用异步方案，则要根据状态图先画出时序图，然后从翻转要求出发，才能为各个触发器选择出合适的时钟信号。

③ 求输出方程：如果设计的电路是米莱型电路，则由状态图规定的输出与现态和输入的逻辑关系可写出输出信号的标准与或表达式，用公式法或卡诺图求出最简表达式。注意处理无效状态应按约束项进行。

④ 求次态方程：采用同步方案时，可以直接写出次态的标准与或表达式，再进行化简即可；采用异步方案时，要注意一些特殊约束项的确认和处理，充分利用约束项进行化简，才能得到最简单的次态方程。

（5）求驱动方程

① 变换次态方程，使其具有和触发器特征方程一致的表达式形式。

② 与特征方程比较，按变量相同、系数相等、两个方程必等的原则，求出驱动方程。换句话说，

所谓的驱动方程，就是各位触发器同步输入端信号的逻辑表达式。

（6）画逻辑电路图

① 先画触发器，并进行必要的编号，标出有关的输入端和输出端。

② 按照时钟方程、驱动方程和输出方程连线。

（7）检查设计的电路能否自启动

① 将电路无效状态依次代入状态方程计算，观察在输入时钟信号操作下能否回到有效状态，如果无效状态形成了循环，则设计的电路不能自启动，反之则可以自启动。注意计算时应该使用与特征方程做比较的次态方程，该方程就自身来说不一定是最简形式的。

② 若电路不能自启动，则应采取措施予以解决。

从上述时序逻辑电路的设计步骤来看，时序逻辑电路的设计显然要比组合逻辑电路的设计复杂，因此，我们对这部分内容不作过高的要求，只在后面的集成时序逻辑电路学习中，要求能运用集成时序逻辑电路设计出不太复杂的时序逻辑电路即可。

思考题

1. 如何区分同步时序逻辑电路和异步时序逻辑电路？
2. 如何判断米莱型时序逻辑电路和莫尔型时序逻辑电路？
3. 时序逻辑电路的分析步骤是什么？
4. 分析图5.6所示的时序逻辑电路，写出其功能真值表。

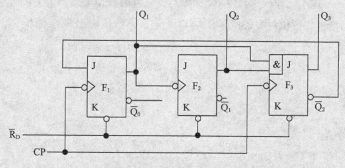

图5.6 思考题第4题逻辑电路

5.2 集成计数器

集成计数器是时序逻辑电路的具体应用，用来累计并寄存输入脉冲个数，计数器的基本组成单元是各类触发器。计数器按其工作方式的不同可分为同步计数器和异步计数器；按进位制可分为二进制计数器、十进制计数器和任意进制的计数器；按功能又可分为加法计数器、减法计数器和加/减可逆计数器等。计数器中的"数"是用触发器的状态组合来表示的。在计数脉冲（一般采用时钟脉冲 CP）作用下，一组触发器的状态逐个转换成不同的状态组合，以此表示数的增加或减少，以达计数目的。

5.2.1　二进制计数器

当时序逻辑电路的触发器位数为 n，电路状态按二进制数的自然态序循环，经历的独立状态为 2^n 个时，称此类电路为二进制计数器。

二进制计数器除按同步、异步分类外，还可按计数的增减规律分为加计数器、减计数器和可逆计数器。

1.　异步二进制计数器

二进制计数器中各位触发器所用的计数脉冲不同，通常时钟脉冲加到最低位触发器的 CP 端，其他触发器的 CP 端分别由低位触发器的 Q 端或 $\overline{Q}$ 端控制。图 5.7 所示的时序逻辑电路就是一个由主从型 JK 触发器构成的异步二进制计数器。

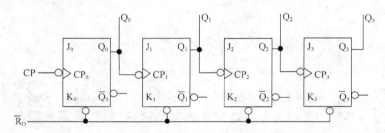

图5.7　由主从JK触发器构成的异步二进制计数器

在电路中，每一个 JK 触发器都接成一位计数器，只有最低位触发器的 CP 端与时钟脉冲相连，其余触发器的 CP 端均与相邻低位触发器的输出端 Q 相连，即低位输出端 Q 为相邻高位触发器的时钟脉冲信号。该电路不存在组合逻辑电路，因此是莫尔型异步时序逻辑电路。其时钟方程分别为：

$$CP_3=Q_2 \qquad CP_2=Q_1 \qquad CP_1=Q_0 \qquad CP_0=CP。$$

因各 JK 触发器的 J 和 K 都处于悬空为 1 的状态，所以驱动方程为：

$$J_0=K_0=1 \qquad J_1=K_1=1 \qquad J_2=K_2=1 \qquad J_3=K_3=1。$$

对应各位触发器的次态方程为：

$$Q_3^{n+1} = J_3\overline{Q}_3^n + \overline{K}_3 Q_3^n = \overline{Q}_3^n \qquad Q_2^{n+1} = J_2\overline{Q}_2^n + \overline{K}_2 Q_2^n = \overline{Q}_2^n$$

$$Q_1^{n+1} = J_1\overline{Q}_1^n + \overline{K}_1 Q_1^n = \overline{Q}_1^n \qquad Q_0^{n+1} = J_0\overline{Q}_0^n + \overline{K}_0 Q_0^n = \overline{Q}_0^n。$$

计数前各位触发器清零，使图示二进制计数器初始状态为 0000。当第 1 个 CP 时钟脉冲下降沿到来时，计数器开始工作，根据上述方程式可写出其逻辑状态转换真值表如表 5.3 所示。

表 5.3　由 JK 触发器构成的异步二进制计数器状态转换真值表

$CP_0=CP$	$CP_1=Q_0$	$CP_2=Q_1$	$CP_3=Q_2$	$Q_3^n\ Q_2^n\ Q_1^n\ Q_0^n$	$Q_3^{n+1}\ Q_2^{n+1}\ Q_1^{n+1}\ Q_0^{n+1}$
1↓	0→1 ↑	0→0	0→0	0　0　0　0	0　0　0　1
2↓	1→0 ↓	↑	0→0	0　0　0　1	0　0　1　0
3↓	0→1 ↑	1→1	0→0	0　0　1　0	0　0　1　1

续表

CP₀=CP	CP₁=Q₀	CP₂=Q₁	CP₃=Q₂	$Q_3^n\ Q_2^n\ Q_1^n\ Q_0^n$	$Q_3^{n+1}\ Q_2^{n+1}\ Q_1^{n+1}\ Q_0^{n+1}$
4 ↓	1→0 ↓	↓	↑	0　0　1　1	0　1　0　0
5 ↓	0→1 ↑	0→0	1→1	0　1　0　0	0　1　0　1
6 ↓	1→0 ↓	↑	1→1	0　1　0　1	0　1　1　0
7 ↓	0→1 ↑	1→1	1→1	0　1　1　0	0　1　1　1
8 ↓	1→0 ↓	↓	↓	0　1　1　1	1　0　0　0
9 ↓	0→1 ↑	0→0	0→0	1　0　0　0	1　0　0　1
10 ↓	1→0 ↓	↑	0→0	1　0　0　1	1　0　1　0
11 ↓	0→1 ↑	1→1	0→0	1　0　1　0	1　0　1　1
12 ↓	1→0 ↓	↓	↑	1　0　1　1	1　1　0　0
13 ↓	0→1 ↑	0→0	1→1	1　1　0　0	1　1　0　1
14 ↓	1→0 ↓	↑	1→1	1　1　0　1	1　1　1　0
15 ↓	0→1 ↑	1→1	1→1	1　1　1　0	1　1　1　1
16 ↓	1→0 ↓	↓	↓	1　1　1　1	0　0　0　0

由表 5.3 可看出，该异步二进制计数器是一个模 16 的四位二进制加计数器。

如果把电路做一改动：图 5.7 中除最低位外，其余各位触发器的 CP 端由原来与相邻低位的 Q 端相连改为与相邻低位的 $\overline{Q}$ 端相连，把直接置 0 端改为直接置 1 端，就构成了如图 5.8 所示的异步二进制减法计数器。

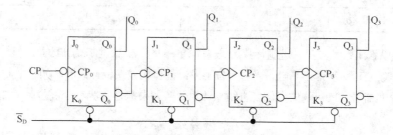

图5.8 由主从JK触发器构成的异步二进制减法计数器

图 5.8 所示电路的时钟方程分别为：

$$CP_3=\overline{Q}_2 \qquad CP_2=\overline{Q}_1 \qquad CP_1=\overline{Q}_0 \qquad CP_0=CP。$$

相应的驱动方程为：

$$J_0=K_0=1 \qquad J_1=K_1=1 \qquad J_2=K_2=1 \qquad J_3=K_3=1。$$

各位触发器的次态方程为：

$$Q_3^{n+1} = J_3\overline{Q}_3^n + \overline{K}_3Q_3^n = \overline{Q}_3^n \qquad Q_2^{n+1} = J_2\overline{Q}_2^n + \overline{K}_2Q_2^n = \overline{Q}_2^n$$

$$Q_1^{n+1} = J_1\overline{Q}_1^n + \overline{K}_1Q_1^n = \overline{Q}_1^n \qquad Q_0^{n+1} = J_0\overline{Q}_0^n + \overline{K}_0Q_0^n = \overline{Q}_0^n。$$

计数前各位触发器置 1，使图 5.8 所示的二进制计数器初始状态为 1111。当第 1 个 CP 时钟脉冲下降沿到来时，计数器开始工作，根据上述方程式可写出其逻辑状态转换真值表如表 5.4 所示。

表 5.4 由 JK 触发器构成的异步二进制减计数器状态转换真值表

$CP_0 = CP$	$CP_1 = \overline{Q}_0$	$CP_2 = \overline{Q}_1$	$CP_3 = \overline{Q}_2$	$Q_3^n\ Q_2^n\ Q_1^n\ Q_0^n$	$Q_3^{n+1}\ Q_2^{n+1}\ Q_1^{n+1}\ Q_0^{n+1}$
1↓	0→1 ↑	0→0	0→0	1 1 1 1	1 1 1 0
2↓	1→0 ↓	↑	0→0	1 1 1 0	1 1 0 1
3↓	0→1 ↑	1→1	0→0	1 1 0 1	1 1 0 0
4↓	1→0 ↓	↑	↑	1 1 0 0	1 0 1 1
5↓	0→1 ↑	0→0	1→1	1 0 1 1	1 0 1 0
6↓	1→0 ↓	↑	0→0	1 0 1 0	1 0 0 1
7↓	0→1 ↑	1→1	1→1	1 0 0 1	1 0 0 0
8↓	1→0 ↓	↓	↓	1 0 0 0	0 1 1 1
9↓	0→1 ↑	0→0	0→0	0 1 1 1	0 1 1 0
10↓	1→0 ↓	↑	0→0	0 1 1 0	0 1 0 1
11↓	0→1 ↑	1→1	0→0	0 1 0 1	0 1 0 0
12↓	1→0 ↓	↑	0 1 0 0	0 0 1 1
13↓	0→1 ↑	0→0	1→1	0 0 1 1	0 0 1 0
14↓	1→0 ↓	↑	1→1	0 0 1 0	0 0 0 1
15↓	0→1 ↑	1→1	1→1	0 0 0 1	0 0 0 0
16↓	1→0 ↓	↓	↓	0 0 0 0	1 1 1 1

由表 5.4 可以看出，该异步二进制计数器是一个模 16 的四位二进制减计数器。显然，只要把主从型 JK 触发器的输入 J 和 K 都接高电平，每一位触发器都可构成一位计数器。如果把 Q 作为相邻高位触发器的时钟脉冲信号，就可构成多位二进制加计数器，如果把 $\overline{Q}$ 作为相邻高位触发器的时钟脉冲信号，则可构成多位二进制减计数器。

同理，如果把 D 触发器的输出 Q 端作为相邻高位触发器的时钟信号，即可构成减计数器；若把 $\overline{Q}$ 端作为相邻高位触发器的时钟信号，又可构成加计数器。读者可自行分析。

2. 同步二进制计数器

同步二进制计数器是把计数脉冲同时加到所有触发器的时钟脉冲 CP 端，通过控制电路控制各触发器的状态变换，如例 5.2 所示的时序逻辑电路就是一个典型的同步二进制减计数器。同步计数器通常都包含组合逻辑电路，因此分析起来比异步时序逻辑电路复杂。但是，同步计数器的速度要比异步计数器快得多。

5.2.2 十进制计数器

1. 十进制计数器概述

在日常生活中，人们习惯于十进制的计数规则，当利用计数器进行十进制计

十进制计数器

数时，就必须构成满足十进制计数规则的电路。十进制计数器是在二进制计数器的基础上得到的，因此也称为二—十进制计数器。

用 4 位二进制代码代表十进制的每一位数时，至少要用 4 位触发器才能实现。最常用的二进制代码是 8421BCD 码。8421BCD 码取其 0000～1001 来表示十进制的 0～9 十个数码，后面的 1010～1111 六个二进制数在 8421BCD 码中称为无效码（或冗余码）。因此，采用 8421BCD 码计数至第 10 个时钟脉冲时，十进制计数器的输出要从 1001 跳变到 0000，完成一次一位十进制计数循环。下面以十进制同步加计数器为例，介绍这类逻辑电路的工作原理。

图 5.9 为十进制同步加计数器的电路。电路中含有"清零"端 $\overline{R}_D$，因为只有 CP 输入端子，所以为莫尔型时序逻辑电路。

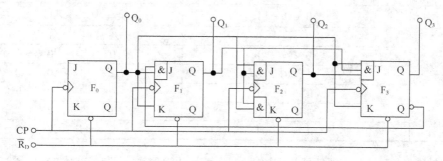

图5.9 同步十进制加计数器的逻辑电路图

2. 十进制计数器工作原理

图 5.9 中各位触发器的驱动方程如下。

$$J_0 = K_0 = 1$$
$$J_1 = Q_0^n \overline{Q}_3^n \qquad K_1 = Q_0^n$$
$$J_2 = K_2 = Q_0^n Q_1^n$$
$$J_3 = Q_0^n Q_1^n Q_2^n \qquad K_3 = Q_0^n$$

电路中各位触发器的次态方程如下。

$$Q_0^{n+1} = \overline{Q}_0^n$$
$$Q_1^{n+1} = Q_0^n \overline{Q}_3^n \overline{Q}_1^n + \overline{Q}_0^n Q_1^n$$
$$Q_2^{n+1} = Q_0^n Q_1^n \overline{Q}_2^n + \overline{Q_0^n Q_1^n} Q_2^n$$
$$Q_3^{n+1} = Q_0^n Q_1^n Q_2^n \overline{Q}_3^n + \overline{Q_0^n} Q_3^n$$

将各位触发器触发前的状态代入次态方程，可得到该逻辑电路的次态值。这种逻辑关系可用状态转换真值表 5.5 和状态转换图 5.9 表述。

表 5.5 十进制逻辑电路状态转换真值表

CP	Q_3^n Q_2^n Q_1^n Q_0^n	Q_3^{n+1} Q_2^{n+1} Q_1^{n+1} Q_0^{n+1}
1↓	0 0 0 0	0 0 0 1
2↓	0 0 0 1	0 0 1 0

续表

CP	$Q_3{}^n$ $Q_2{}^n$ $Q_1{}^n$ $Q_0{}^n$	$Q_3{}^{n+1}$ $Q_2{}^{n+1}$ $Q_1{}^{n+1}$ $Q_0{}^{n+1}$
3↓	0　0　1　0	0　0　1　1
4↓	0　0　1　1	0　1　0　0
5↓	0　1　0　0	0　1　0　1
6↓	0　1　0　1	0　1　1　0
7↓	0　1　1　0	0　1　1　1
8↓	0　1　1　1	1　0　0　0
9↓	1　0　0　0	1　0　0　1
10↓	1　0　0　1	回零进位
无效码	1　0　1　0	1　0　1　1
	1　0　1　1	0　1　0　0
	1　1　0　0	1　1　0　1
	1　1　0　1	0　1　0　0
	1　1　1　0	1　1　1　1
	1　1　1　1	0　1　0　0

从状态转换真值表和状态图都可以看出，该电路每来 10 个时钟脉冲，状态从 0000 开始，经 0001、0010、0011…1001，又返回 0000 形成模 10 循环计数器。而不在循环内的 1010、1011、1100 等 6 个无效状态只可能在电源刚接通时出现，只要电路一开始工作，由状态转换图可知，电路很快就会进入有效循环体中的某一状态，此后这些无效的非循环状态就不可能再出现。因此，图 5.10 所示的莫尔型模 10 计数器电路是一个具有自启动能力的十进制同步加计数器。

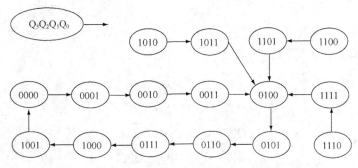

图5.10　十进制加计数器状态图

自启动能力是指时序逻辑电路中某计数器中的无效状态码，若在开机时出现，不用人工或其他设备干预，计数器能够很快自行进入有效循环体，使无效状态码不再出现的能力。

5.2.3　集成计数器及其应用

计数器在控制、分频、测量等电路中应用非常广泛，因此具有计数功能的集成

集成计数器

电路型号也较多。常用的集成芯片有 74LS161、74LS90、74LS197、74LS160、74LS92 等。下面以 74LS161、74LS90 为例，介绍集成计数器电路的功能及使用方法。

1. 集成芯片 74LS90 的引脚功能及正确使用

74LS90 是一个 14 脚的集成电路芯片，其内部是一个二进制计数器和一个五进制计数器，下降沿触发。其引脚排列如图 5.11 所示。

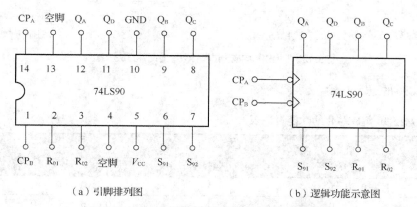

（a）引脚排列图   （b）逻辑功能示意图

图5.11　74LS90芯片的引脚排列图及逻辑功能示意图

（1）引脚功能

脚 1：五进制计数器的时钟脉冲输入端。

脚 2 和 3：直接复位（清零）端。

脚 4、13：空脚。

脚 5：电源（+5V）。

脚 6 和 7：直接置 9 端。

脚 10：接地端。

脚 9、8、11：五进制计数器的输出端。

脚 12：二进制计数器的输出端。

脚 14：二进制计数器的时钟脉冲输入端。

（2）计数电路的构成

① 74LS90 在使用时，若时钟脉冲端由管脚 14CP_A 输入，由管脚 12Q_A 输出时，就构成一个二进制计数器。

② 当 74LS90 的时钟脉冲端由管脚 1CP_B 输入，由管脚 9Q_B、8Q_C、11Q_D（由低位→高位排列）输出时，可构成一个五进制计数器。

③ 74LS90 还可构成十进制计数器。当计数脉冲由管脚 14CP_A 输入，管脚 12Q_A 直接和管脚 1CP_B 相连，输出端就构成 8421BCD 计数器。输出由高到低的排列顺序为 11、8、9、12。当计数脉冲由管脚 14CP_B 输入，管脚 11Q_D 和管脚 14 CP_A 直接相连，又可构成一个 5421BCD 计数器。输出由高到低的排列顺序为 12、11、8、9。构成以上两种二—十进制计数器的连接方法如图 5.12 所示。

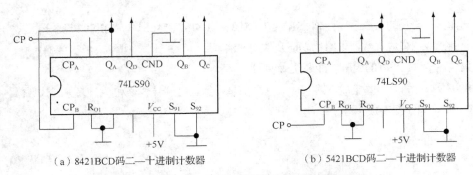

（a）8421BCD码二—十进制计数器　　　　　（b）5421BCD码二—十进制计数器

图5.12　74LS90构成十进制计数器的两种方法示意图

（3）74LS90的逻辑功能真值表如表5.6所示。

表5.6　74LS90集成芯片的功能真值表

输入						输出			
R_{O1}	R_{O2}	S_{91}	S_{92}	CP_A	CP_B	Q_D	Q_C	Q_B	Q_A
1	1	0	×	×	×	0	0	0	0
1	1	×	0	×	×	0	0	0	0
×	×	1	1	×	×	1	0	0	1
×	0	×	0	↓	0	二进制计数			
×	0	×	0	0	↓	五进制计数			
0	×	×	0	↓	Q_0	8421BCD 码十进制计数			
0	×	0	×	Q_1	↓	5421BCD 码十进制计数			

由表5.6可以看出，74LS90的两个复位端 R_{O1} 和 R_{O1} 同时为1时，计数器清零；两个置9端 S_{91} 和 S_{92} 在8421BCD码情况下同时为1时，管脚11 Q_D 和管脚12 Q_A 输出为1，管脚8 Q_C 和管脚9 Q_B 输出为0，即电路直接置9。当计数器下正常计数时，两个清零端和两个置9端中都必须至少有一个为低电平0。

2．集成芯片74LS161的引脚功能及使用

集成计数器74LS161是一个16脚的芯片，上升沿触发，具有异步清零、同步预置数、进位输出等功能，引脚排列见图5.13所示。

（1）引脚功能

脚1：直接清零端 $\overline{C}_r$。

脚2：时钟脉冲输入端 CP。

脚3、4、5、6：预置数据信号输入端 A、B、C、D。

脚7、10：输入使能端 P 和 T。

脚8："地"端 GND。

脚9：同步预置数控制端 $\overline{L}_D$。

脚11、12、13、14：数据输出端 Q_D、Q_C、Q_B、Q_A，由高位→低位。

脚15：进位输出端 CO。

脚16：电源端+U_{CC}。

图5.13　74LS161引脚排列图

（2）功能真值表

表 5.7　74LS161 功能真值表

清零	预置	使能	时钟	预置数据输入		输出	工作模式
$\overline{C_r}$	$\overline{L_D}$	P　T	CP	D　C　B　A		Q_D Q_C Q_B Q_A	
0	×	×　×	×	×　×　×　×		0　0　0　0	异步清零
1	0	×　×	↑	d_3　d_2　d_1　d_0		d_3　d_2　d_1　d_0	同步置数
1	1	0　×	×	×　×　×　×		保　持	数据保持
1	1	×　0	×	×　×　×　×		保　持	数据保持
1	1	1　1	↑	×　×　×　×		计　数	加法计数

由功能真值表 5.7 可以看出，74LS161 集成芯片的控制输入端与电路功能之间的关系如下。

① 只要 $\overline{C_r}$ 输入低电平 0，无论其他输入端如何，数据输出端 $Q_D Q_C Q_B Q_A$=0000，电路工作状态为"异步清零"。

② 当 $\overline{C_r}$=1、$\overline{L_D}$=0 时，在时钟脉冲 CP 上升沿到来时，数据输出端 $Q_D Q_C Q_B Q_A$=DCBA，其中 DBCA 为预置输入数值，这时电路功能为"同步预置数"。

③ 当 $\overline{C_r}$=$\overline{L_D}$=1 时，若使能端 P 和 T 中至少有一个为低电平 0，无论其他输入端为何电平，数据输出端 $Q_D Q_C Q_B Q_A$ 的状态保持不变。此时的电路为"保持"功能。

④ 当 $\overline{C_r}$=$\overline{L_D}$=P=T=1 时，在时钟脉冲作用下，电路处于"计数"工作状态。在计数状态下，$Q_D Q_C Q_B Q_A$=1111 时，进位输出 CO=1。

（3）构成任意进制的计数器

用集成 74LS161 芯片可构成任意进制的计数器。图 5.12 为构成任意进制时的两种连接方法。

① 反馈清零法

图 5.14（a）是反馈清零法构成十进制计数器的电路连接图。所谓反馈清零法，就是利用芯片的复位端和门电路，跳越 M−N 个状态，从而获得 N 进制计数器。从图 5.14（a）可看出，当计数至 1001 时，通过与非门引出一个 0 信号直接进入清零端 $\overline{C_r}$，使计数器归零。

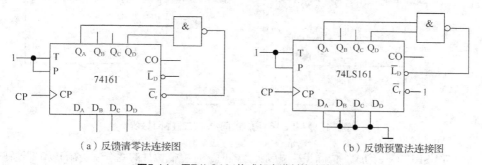

（a）反馈清零法连接图　　　　（b）反馈预置法连接图

图5.14　用74LS161构成任意进制的计数器

② 反馈预置数法

用反馈预置法构成其他进制计数器时，要根据预置数和计数器的进制大小来选择反馈信号。要构成 N 进制计数器，则应将（预置数+N-1）对应二进制代码中的 1 取出送入与非门的输入端，与非门的输出接 74LS161 的 $\overline{L}_D$ 端。而预置数接至 DCBA 端。图 5.14（b）是用反馈预置法构成的十进制计数器。其中预置数为 0000，反馈信号为 1001。利用反馈预置数法构成的同步预置数计数器不存在无效态。

3. 集成芯片的扩展使用

需要构成多位十进制计数器电路时，要将两个（或多个）集成计数器芯片级联。例如，将两个 74LS90 芯片级联后，扩展使用构成 24 进制计数器的方法如图 5.15 所示。

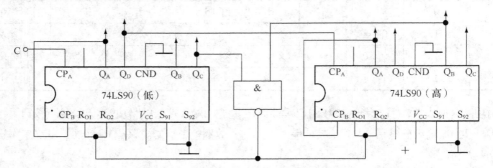

图5.15 74LS90构成8421BCD码24进制计数器

将高位芯片的时钟脉冲输入端 CP_A 接至低位芯片的最高位信号输出端 Q_D，低位芯片的 CP_A 端作为电路时钟脉冲的输入端，两芯片的 Q_A 端子均直接和各自的 CP_B 相连，使其形成三位二进制输出的十进制数进位关系；把两个芯片中的置 9 端直接与"地"相连，让低位片的输出 Q_C 和高位片的 Q_B 分别连接在与非门的输入端子上，而两芯片的清零端并在一起连接在与非门的输出端上，当高位片 Q_B 和低位片 Q_C 均为高电平 1 时，对应二进制数 24，使与非门全 1 出 0，驱使清零端工作，电路归零。显然，这是利用反馈清零法达到 24 进制计数器的实例。

集成 74LS161 芯片的功能扩展实例如图 5.16 所示。

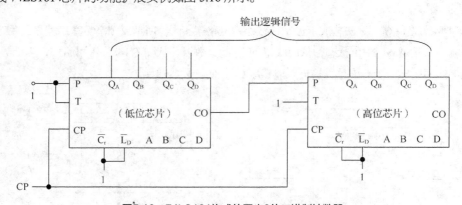

图5.16 74LS161构成的同步8位二进制计数器

当两个 74LS161 芯片构成 8 位同步二进制计数器时，可将低位片的两个使能端 P 和 T 连在一起恒接 1，CO 端直接与高位片的使能端 P 相连；高位片的使能端 T 恒接高电平 1；两个芯片的清零端和预置数端分别连在一起接高电平 1，端子 CP 连一起与时钟输入信号相连，从而构成同步二进制计数器。

用反馈清零法或反馈预置数法将 74LS161 芯片构成任意进制的计数器时，采用的方法和 74LS90

采用的方法相同，在此不再赘述。

思考题

1. 何为计数器的"自启动"能力？
2. 试用74LS90集成计数器构成一个十二进制计数器，要求用反馈预置数法实现。
3. 试用74LS161集成计数器构成一个六十进制计数器，要求用反馈清零法实现。

5.3　寄存器

寄存器是可用来存放数码、运算结果和指令的电路。寄存器是计算机的重要部件，通常由具有存储功能的多位触发器组合起来构成。一位触发器可以存储 1 个二进制代码，存放 n 个二进制代码的寄存器，需用 n 位触发器来构成。

按照功能的不同，寄存器可分为数码寄存器和移位寄存器两大类。数码寄存器只能并行送入数据，需要时也只能并行输出。移位寄存器中的数据可以在移位脉冲作用下依次右移或左移，数据既可以并行输入、并行输出，也可以串行输入、串行输出，还可以并行输入、串行输出，串行输入、并行输出，使用十分灵活，用途也很广。

5.3.1　数码寄存器

数码寄存器

数码寄存器又称数据缓冲储存器或数据锁存器，其功能是接受、存储和输出数据，主要由触发器和控制门组成。n 个触发器可以储存 n 位二进制数据。

图 5.17 是由 D 触发器组成的数码寄存器。其工作原理如下。

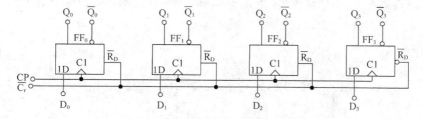

图5.17　D触发器组成的数码寄存器

当异步复位端 $\overline{C_r}$ 为低电平时，数码寄存器清零，输出 $Q_3Q_2Q_1Q_0=0000$。当 $\overline{C_r}$ 为高电平时，当送数脉冲控制信号 CP 的上升沿没有时，数码寄存器保持原来的状态不变；当送数脉冲控制信号 CP 的上升沿到来时，数码寄存器将需要寄存的数据 D_3、D_2、D_1、D_0 并行送入寄存器中寄存，此时对应的输出 $Q_3Q_2Q_1Q_0=D_3D_2D_1D_0$。

构成数码寄存器的常用芯片有四位双稳锁存器 74LS77、八位双稳锁存器 74LS100、六位寄存器 74LS174 等。其中锁存器属于电平触发，在送数状态下，输入端送入的数据电位不能变化，否则将发生"空翻"。图 5.18 是 74LS174 的管脚排列图，芯片内 6 个触发器共用一个上升沿时刻触发的时钟脉冲 CP 和一个低电平有效的异步清零脉冲 $\overline{C_r}$。

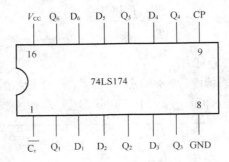

图5.18　74LS174的管脚功能图

5.3.2　移位寄存器

移位寄存器

移位寄存器是计算机和各种数字系统中的重要部件，应用十分广泛。移位寄存器除寄存数据外，还能将数据在寄存器内移位，因此钟控的 RS 触发器不能用作这类寄存器，因为它具有"空翻"问题，若用于移位寄存器中，很可能造成一个 CP 脉冲下多次移位现象。用作移位寄存器的触发器只能是克服了"空翻"现象的边沿触发器。

例如，在串行运算器中，需要用移位寄存器把 N 位二进制数依次送入全加器中进行运算，运算结果又需一位一位地依次存入移位寄存器中。在有些数字系统中，还经常需要进行串行数据和并行数据之间的相互转换、传送，这些都必须用移位寄存器来实现。

常用的移位寄存器有左移移位寄存器、右移移位寄存器和双向移位寄存器。

图 5.19 为四位单向右移移位寄存器的逻辑电路图。由图 5.19 可以看出，后一位触发器的输入总是和前一位触发器的输出相连，四位触发器时钟脉冲为同一个，构成同步时序逻辑电路，当输入信号从第一位触发器 FF_0 输入一个高电平 1 时，其输出 Q_0 在时钟脉冲上升沿到来时移入这个 1，其他三位触发器同时移入前一位的输出，好比它们的输出同时向右移动一位。

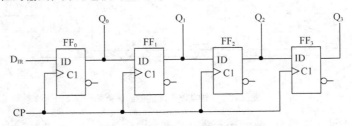

图5.19　四位单向右移移位寄存器

例如，设右移移位移位寄存器的现态是 $Q_0^n Q_1^n Q_2^n Q_3^n = 0101$，输入端 $D_{IR}=1$。当第 1 个 CP 脉冲上升沿到达后，$Q_0^{n+1} = D_{IR} = 1$，相应于输入数据 D_{IR} 被移入触发器 FF_0 中；FF_1 的次态则相当于 FF_0 的现态 0 被移入，即 $Q_1^{n+1} = Q_0^n = 0$；类似地，FF_2 的现态移入 FF_3 中；FF_3 内原来的 1 被移出（或称溢出），如图 5.20 所示。

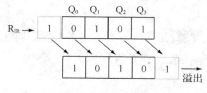

图5.20　右移示意图

上例中的 D_{IR} 称为串行输入数据端，经历 4 个移位脉冲后，寄存器中原来储存的数据被全部移出，变为 D_{IR} 在 4 次时钟脉冲下送入的输入数据。Q_0、Q_1、Q_2、Q_3 在每一个时钟脉冲信号输入下都可以同时观察到被移入的新数据，称为并行输出端；从 FF_3 的 Q_3 端观察或取出依次被移出的数据则称为串行输出。

5.3.3　集成双向移位寄存器

在实际应用中，若需要将寄存器中的二进制信息向左或向右移动，常选用集成的双向移位寄存器。74LS194 芯片就是典型的四位 TTL 型集成双向移位寄存器，具有左移、右移、并行输入、保持数据和清除数据等功能。其引脚排列图和逻辑功能示意图如图 5.21 所示。

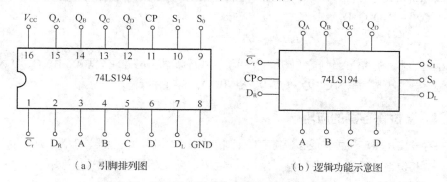

（a）引脚排列图　　　　　　　（b）逻辑功能示意图

图5.21　74LS194引脚排列图及逻辑功能示意图

其中 $\overline{C}_r$ 端为异步清零端，优先级别最高；S_1、S_0 为控制端；D_L 为左移数据输入端；D_R 为右移数据输入端；A、B、C、D 为并行数据输入端；$Q_A \sim Q_D$ 为并行数据输出端；S_1、S_0 为控制方式选择；$\overline{C}_r$ 为异步清零端；CP 为移位时钟脉冲。

74LS194 集成芯片的功能可用表 5.8 表示的功能真值表表述。

表 5.8　74LS194 集成芯片的功能真值表

$\overline{C}_r$	S_1	S_0	CP	功能
0	×	×	×	清零
1	0	0	×	静态保持
1	0	0	↑	动态保持
1	0	1	↑	右移移位
1	1	0	↑	左移移位
1	1	1	↑	并行输入

（1）异步清零

当 $\overline{C}_r$ 为 0 时，不论其他输入端输入何种电平信号，各触发器均复位，各位触发器输出 Q 均为 0，具有清零功能。要工作在其他工作状态，$\overline{C}_r$ 必须为 1。

（2）保持功能

只要移位时钟脉冲 CP 无上升沿出现，触发器的状态就始终不变，具有静态保持功能；当 $S_1S_0=00$ 时，在移位时钟脉冲上升沿作用下，各触发器将各自的输出信号重新送入触发器，各触发器的次态输出为 $Q_A^{n+1}Q_B^{n+1}Q_C^{n+1}Q_D^{n+1} = Q_A^nQ_B^nQ_C^nQ_D^n$，具有动态保持功能。

（3）右移移位

当 $S_1S_0=01$ 时，在移位时钟脉冲 CP 上升沿作用下，电路完成右移移位过程，各触发器的次态输出为 $Q_A^{n+1}Q_B^{n+1}Q_C^{n+1}Q_D^{n+1} = D_rQ_A^nQ_B^nQ_C^n$，具有右移移位功能。

（4）左移移位

当 $S_1S_0=10$ 时，在移位时钟脉冲上跳沿作用下，电路完成左移移位过程，各触发器的次态输出为 $Q_A^{n+1}Q_B^{n+1}Q_C^{n+1}Q_D^{n+1} = Q_B^nQ_C^nQ_D^nD_L$，具有左移移位功能。

（5）并行输入

当 $S_1S_0=11$ 时，在移位时钟脉冲上升沿作用下，并行数据输入端的数据 A、B、C、D 被送入 4 个触发器，触发器的次态输出为 $Q_A^{n+1}Q_B^{n+1}Q_C^{n+1}Q_D^{n+1} =ABCD$，具有并行输入功能。

5.3.4　移位寄存器的应用

移位寄存器应用很广，可构成移位寄存器型计数器、顺序脉冲发生器、串行累加器以及数据转换器等。此外，移位寄存器也应用于分频、序列信号发生、数据检测、模数转换等领域。

1. 构成环行计数器

将移位寄存器的串行输出端和串行输入端连接在一起，就构成了环行计数器。图 5.22（a）是由 74LS194 构成的具有自启动能力的四位环行计数器，图 5.22（b）是环形计数器的时序波形图。

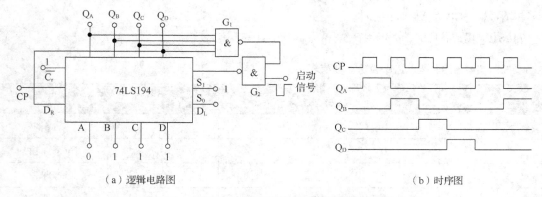

（a）逻辑电路图　　　　　　　　　　　（b）时序图

图5.22　由74LS194构成的环行计数器逻辑图及波形图

移位寄存器构成环形计数器时，正常工作过程中清零端状态始终要保持高电平 1，并将单向移位寄存器的串行输入端 D_R 和串行输出端 Q_D 相连，构成一个闭合的环。实现环形计数器时，必须设置适当的初态，且输出 $Q_3Q_2Q_1Q_0$ 端初始状态不能完全一致（即不能全为 1 或 0），这样电路才能实现计数，环形计数器的进制数 N 与移位寄存器内的触发器个数 n 相等，即 $N=n$。

工作原理分析如下。

根据起始状态设置的不同，在输入计数脉冲 CP 的作用下，环形计数器的有效状态可以循环移位一个 1，也可以循环移位一个 0，即当连续输入 CP 脉冲时，环形计数器中各个触发器的 Q 端（或 $\overline{Q}$）端，将轮流地出现矩形脉冲。

四位移位寄存器的循环状态一般有 16 个，但构成环形计数器后，只能从这些循环时序中选出一个来工作，这就是环形计数器的工作时序，也称为正常时序或有效时序。其他未被选中的循环时序称为异常时序或无效时序。例如上述分析的环形计数器只循环一个 1，因此不用经过译码就可以从各位触发器的 Q 端得到顺序脉冲输出。

当由于某种原因使电路的工作状态进入 12 个无效状态中的一个时，由 74LS194 构成的四位环形计数器将实现自启动。实现自启动的方法是利用与非门作为反馈电路。

当输出信号由任何一个 Q 端取出时，可以实现对时钟信号的四分频。图 5.23 为四位环行计数器的状态转换图。

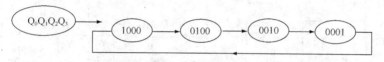

图5.23 四位环行计数器状态转换图

2. 构成扭环形计数器

用移位寄存器构成的扭环形计数器的结构特点是：将输出触发器的反向输出端 $\overline{Q}$ 与数据输入端相连接，如图 5.24 所示。

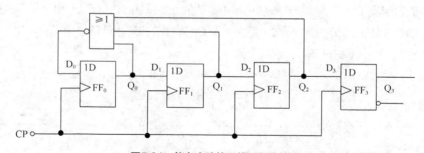

图5.24 能自启动的四位环行计数器

实现扭环形计数器时，不必设置初态。扭环形计数器的进制数 N 与移位寄存器内的触发器个数 n 满足 $N=2n$ 的关系。环形计数器是从 Q_D 端反馈到 D 端，而扭环形计数器则是从 $\overline{Q_D}$ 端反馈到 D 端。从 Q_D 端扭向 $\overline{Q_D}$ 端，故得名扭环。扭环形计数器也称约翰逊计数器。

当扭环形计数器的初始状态为 0000 时，在移位脉冲的作用下，按图 5.25 形成状态循环，一般称为有效循环；初始状态为 0100 时，将形成另一状态循环，称为无效循环。因此，该计数器不能自启动。

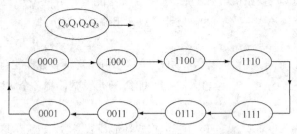

图5.25　四位扭环形计数器状态转换图

为了实现电路的自启动，根据无效循环的状态特征 0101 和 1101，首先保证当 $Q_3=0$ 时，$D_0=1$；然后当 $Q_2Q_1=01$ 时，不论 Q_3 为何逻辑值，$D_0=1$。据此添加反馈逻辑电路，$D_0=\overline{Q}_3+\overline{Q}_2Q_1=\overline{\overline{Q}_3\overline{\overline{Q}_2Q_1}}$，得到能实现自启动的扭环形计数器，如图 5.26 所示。

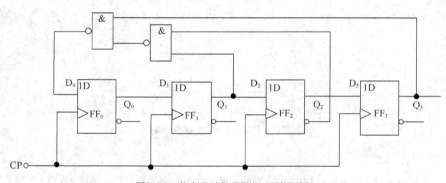

图5.26　能自启动的四位扭环形计数器

扭环形计数器解决了环形计数器计数利用率不高的问题，从图 5.25 可以看出，由四位触发器构成的扭环形计数器的有效循环状态个数是 8。每来一个 CP 脉冲，扭环形计数器中只有一个触发器翻转，并且在 CP 作用下，这个 1 在扭环形计数器中循环。

思考题

1. 如何用JK触发器构成一个单向移位寄存器？
2. 环形计数器初态的设置可以有哪几种？
3. 相同位数的触发器下，由移位寄存器构成的环形计数器和扭环形计数器的有效循环数相同吗？各为多少？
4. 数码寄存器和移位寄存器有什么区别？
5. 什么是寄存器的并行输入、串行输入、并行输出和串行输出？

5.4 应用能力训练环节

5.4.1 计数器及其应用

1. 实验目的

（1）熟悉和掌握用集成触发器构成计数器的方法。

（2）了解和初步掌握中规模集成计数器的使用方法及功能测试。

（3）掌握用中规模集成计数器构成任意进制计数器的方法。

2. 实验主要仪器设备

（1）+5V 直流电源。

（2）单次时钟脉冲源和连续时钟脉冲源。

（3）逻辑电平开关和逻辑电平显示器。

（4）译码显示电路。

（5）74LS74（或 CC4013）双 D 集成触发器芯片 2 只、74LS192（或 CC40192）集成计数器芯片 3 只、74LS00（或 CC4011）四 2 输入与非门集成电路 1 只、74LS20（或 CC4012）双四输入与非门 1 只。

（6）相关实验设备及连接导线若干。

3. 实验原理及相关知识要点

（1）计数器是用于实现计数功能的时序逻辑部件，计数器不仅可用来脉冲计数，还可用作数字系统的定时、分频和执行数字运算以及其他特定的逻辑功能。

（2）计数器的种类很多，按材料可分为 TTL 型和 CMOS 型；按工作方式可分为同步计数器和异步计数器；根据计数制的不同可分为二进制计数器、十进制计数器和 N 进制计数器；根据计数的增减趋势可分为加计数器和减计数器等。

目前，无论是 TTL 集成计数器，还是 CMOS 集成计数器，品种都比较齐全。用户只要借助于电子手册提供的功能表、工作波形图以及管脚排列图，即可正确运用这些中规模集成计数器器件。

（3）用四位 D 触发器构成的异步二进制加/减计数器。

由四位 D 触发器构成的异步二进制加计数器的电路如图 5.27 所示。

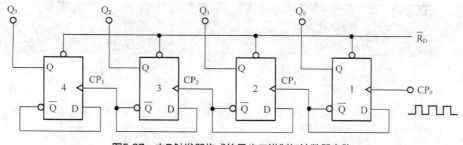

图5.27 由D触发器构成的异步二进制加计数器电路

163

连接特点是：把 4 只 D 触发器都接成 T'触发器，使每只触发器的 D 输入端均与输出的 $\overline{Q}$ 端相连，接于相邻高位触发器的 CP 端作为其时钟脉冲输入。

把图 5.27 稍加改动，就可得到由四位 D 触发器构成的二进制减法计数器。改动中只需把高位的 CP 端从与低位触发器 $\overline{Q}$ 端相连改为与低位触发器的 Q 端相连即可。

（4）中规模的十进制计数器功能测试。

74LS192（或 CC40192）是 16 脚的同步集成计数器电路芯片，具有双时钟输入、清除和置数等功能，其管脚排列图及逻辑图符号如图 5.28 所示。

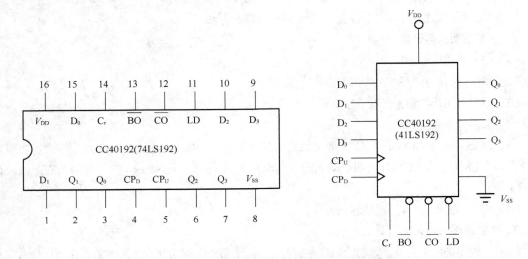

图5.28 CC40192（74LS192）管脚排列图及逻辑图符号

管脚 11 是置数端 $\overline{LD}$，管脚 5 是加计数时钟脉冲输入端 CP_U，管脚 4 是减计数端时钟脉冲输入端 CP_D，管脚 12 是非同步进位输出端 $\overline{CO}$，管脚 13 是非同步借位输出端 $\overline{BO}$，管脚 15、1、10、9 分别为计数器输入端 D_0、D_1、D_2、D_3，管脚 3、2、6、7 分别是数据输出端 Q_0、Q_1、Q_2、Q_3，管脚 14 是清零端 CR，管脚 8 为"地"端（或负电源端），管脚 16 为正电源端，与+5V 电源相连。

CC40192 与 74LS192 的功能及管脚排列相同，二者可互换使用。测试方法按照附表 5.1 进行，把测试结果与表 5.8 对照。

表 5.8

输入								输出				功能
CR	$\overline{LD}$	CP_U	CP_D	D_3	D_2	D_1	D_0	Q_3	Q_2	Q_1	Q_0	
1	×	×	×	×	×	×	×	0	0	0	0	异步清零
0	0	×	×	d	c	b	a	d	c	b	a	同步置数
0	1	↑	1	×	×	×	×	8421BCD 码递增				加计数
0	1	1	↑	×	×	×	×	8421BCD 码递减				减计数

（5）实现任意进制的计数器。

① 用反馈清零法获得任意进制的计数器。

要获得某个 N 进制计数器时，可采用 M 进制计数器（必须满足 $M>N$）利用反馈清零法实现。例如，用一片 CC40192 获得一个六进制计数器，可按图 5.29 连接。

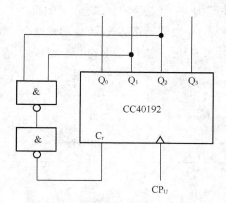

图5.29 CC40192构成六进制计数器

原理：当计数器计数至 4 位二进制数 0110 时，其两个为 1 的端子连接于与非门，具有"全 1 出 0"功能，再经过一个与非门"有 0 出 1"直接进入清零端 C_r，计数器清零，重新从 0 开始循环，实现了六进制计数。

② 用反馈预置法获得任意进制的计数器。

由三个 CC40192 可获得 421 进制计数器，其连接如图 5.30 所示。

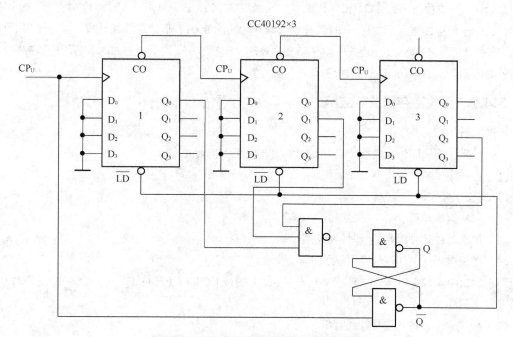

图5.30 由集成计数器构成的421进制计数器

原理：只要高位片出现 0100，次高位片出现 0010、低位片出现 0001 时，三个 1 被送入与非门"全 1 出 0"，这个 0 被送入由两个与非门构成的 RS 触发器的置 1 端，使 $\overline{Q}$ 端输出的 0 送入三个芯片的置数端 $\overline{LD}$，由于三个芯片的数据端均与"地"相连，因此各计数器输出被"反馈置零"。计数器重新从 0000 0000 0000 计数，直到再来一个 0100 0010 0001 回零重新循环计数。

③ 用两片 CC40192 集成电路构成一个特殊的十二进制计数器。

在数字钟里，时针的计数是以 1～12 进行循环计数的。显然这个计数中没有 0，那么就无法用一片集成电路实现，用两片 CC40192 构成十二进制计数器的电路如图 5.31 所示。

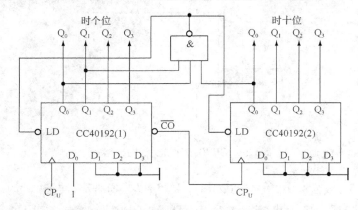

图5.31　由集成计数器构成的十二进制计数器

原理：芯片 1 为低位片，芯片 2 为高位片，两个芯片级联，即让芯片 1 的进位输出端 $\overline{CO}$ 作为高位芯片的时钟脉冲输入，接于高位片的加计数时钟脉冲端 CP_U 上。低位片的预置数为 0001，因此计数初始数为 1，低位片输出为 8421BCD 码的有效码最高数 1001 后，再来一个时钟脉冲就产生一个进位脉冲，这个进位脉冲进入高位片，使其输出从 0000 翻转为 0001，低位片继续计数，当又计数至 0011 时，与高位片的 0001 同时送入与非门，使与非门输出"全 1 出 0"，这个 0 进入两个芯片的置数端 $\overline{LD}$，于是计数器重新从 0000 0001 开始循环……

5.4.2　移位寄存器及其应用

1. 实验目的

（1）熟悉中规模四位双向移位寄存器的使用方法及功能测试。

（2）进一步了解移位寄存器的应用。

2. 实验主要仪器设备

（1）+5V 直流电源。

（2）单次时钟脉冲源和连续时钟脉冲源。

（3）逻辑电平开关和逻辑电平显示器。

（4）74LS194（或 CC40194）芯片 2 只、74LS30（或 CC4068）芯片 1 只、74LS00（或 CC4011）集成芯片 1 只。

（5）相关实验设备及连接导线若干。

3. 实验原理及相关知识要点

（1）移位寄存器的移位功能是指寄存器中所存的代码能够在移位脉冲的作用下依次左移或右移。既能左移又能右移的称为双向移位寄存器，只需要改变左、右移位的控制信号，便可实现双向移位要求。根据移位寄存器存取信息的方式不同，可分为串入串出、串入并出、并入串出、并入并出 4 种形式。

（2）实验选用 CC40194 或 74LS194 位双向通用移位寄存器（两者功能相同，可互换使用），其逻辑符号及管脚排列如图 5.32 所示。

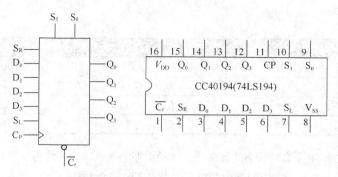

图5.32 集成移位寄存器的逻辑符号及管脚排列

管脚 1 为直接无条件清零端 $\overline{C_r}$，管脚 2 为右移串行输入端 S_R，管脚 6、5、4、3 分别为并行输入端 D_3、D_2、D_1、D_0，管脚 7 为左移串行输入端 S_L，管脚 8 为"负电源端"或"地"端。管脚 9 和 10 为操作模式控制端 S_0 和 S_1，管脚 11 为时钟脉冲控制端 CP，管脚 12～15 为并行输出端 Q_3、Q_2、Q_1、Q_0，管脚 16 为正电源端，接+5V 直流电压。

（3）CC40194 有 5 种操作模式：并行送数寄存、右移（方向由 $Q_0{\rightarrow}Q_3$）、左移（方向由 $Q_3{\rightarrow}Q_0$）、保持及清零。

CC40194 中的 S_1、S_0 和 $\overline{C_r}$ 端的控制作用如表 5.9 所示。

表 5.9

功能	输入										输出			
	CP	$\overline{C_r}$	S_1	S_0	S_R	S_L	D_O	D_1	D_2	D_3	Q_0	Q_1	Q_2	Q_3
清除	×	0	×	×	×	×	×	×	×	×	0	0	0	0
送数	↑	1	1	1	×	×	a	b	c	d	a	b	c	d
右移	↑	1	0	1	D_{SR}	×	×	×	×	×	D_{SR}	Q_0	Q_1	Q_2
左移	↑	1	1	0	×	D_{SL}	×	×	×	×	Q_1	Q_2	Q_3	D_{SL}
保持	↑	1	0	0	×	×	×	×	×	×	Q_0^n	Q_1^n	Q_2^n	Q_3^n
保持	↓	1	×	×	×	×	×	×	×	×	Q_0^n	Q_1^n	Q_2^n	Q_3^n

（4）移位寄存器应用很广，可构成移位寄存器型计数器、顺序脉冲发生器、串行累加器；可用作

数据转换，即把串行数据转换为并行数据，或把并行数据转换为串行数据等。本实验研究移位寄存器用作环形计数器和数据的串、并行转换。

① 环形计数器。

把移位寄存器的输出反馈到它的串行输入端，就可以进行循环移位。

把输出端 Q_3 和右移串行输入端 S_R 相连接，设初始状态 $Q_0Q_1Q_2Q_3=1\,000$，则在时钟脉冲作用下，$Q_0Q_1Q_2Q_3$ 将依次变为 0100→0010→0001→1000→……，如表 5.10 所示。

表 5.10

CP	Q_0	Q_1	Q_2	Q_3
0	1	0	0	0
1	0	1	0	0
2	0	0	1	0
3	0	0	0	1

可见这是一个具有 4 个有效状态的计数器，这种类型的计数器通常称为环形计数器。环形计数器可以作为输出在时间上有先后顺序的脉冲，也可作为顺序脉冲发生器。

将输出 Q_0 与左移串行输入端 S_L 相连接，即可实现左移循环移位。

② 实现数据串、并行转换。

a. 串行/并行转换器。

串行/并行转换是指串行输入的数码，经转换电路之后变换成并行输出。用二片 CC40194（74LS194）四位双向移位寄存器组成的七位串/并行数据转换电路如图 5.33 所示。

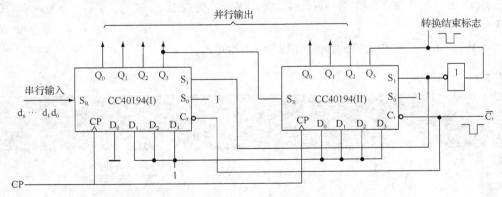

图5.33　集成移位寄存器构成的七位串/并行数据转换电路

电路中 S_0 端接高电平 1，S_1 受 Q_7 控制，二片寄存器连接成串行输入右移工作模式。Q_7 是转换结束标志。当 $Q_7=1$ 时，S_1 为 0，使之成为 $S_1S_0=01$ 的串入右移工作方式，当 $Q_7=0$ 时，$S_1=1$，有 $S_1S_0=10$，则串行送数结束，标志着串行输入的数据已转换成并行输出了。

串行/并行转换的具体过程如下。

转换前，$\overline{C_r}$ 端加低电平，使 1、2 两片寄存器的内容清 0，此时 $S_1S_0=11$，寄存器执行并行输入工作方式。当第一个 CP 脉冲到来后，寄存器的输出状态 $Q_0 \sim Q_7$ 为 01111111，与此同时，S_1S_0 变为 01，转换电路变为执行串入右移工作方式，串行输入数据由一片的 S_R 端加入。随着 CP 脉冲的依次加入，输出状态的变化如表 5.11 所示。

表 5.11

CP	Q_0	Q_1	Q_2	Q_3	Q_4	Q_5	Q_6	Q_7	说明
0	0	0	0	0	0	0	0	0	清零
1	0	1	1	1	1	1	1	1	送数
2	d_0	0	1	1	1	1	1	1	右移操作七次
3	d_1	d_0	0	1	1	1	1	1	
4	d_2	d_1	d_0	0	1	1	1	1	
5	d_3	d_2	d_1	d_0	0	1	1	1	
6	d_4	d_3	d_2	d_1	d_0	0	1	1	
7	d_5	d_4	d_3	d_2	d_1	d_0	0	1	
8	d_6	d_5	d_4	d_3	d_2	d_1	d_0	0	
9	0	1	1	1	1	1	1	1	送数

由附表 5.4 可见，右移操作 7 次之后，Q_7 变为 0，S_1S_0 又变为 11，说明串行输入结束。这时，串行输入的数码已经转换成并行输出了。

当再来一个 CP 脉冲时，电路又重新执行一次并行输入，为第二组串行数码转换作好准备。

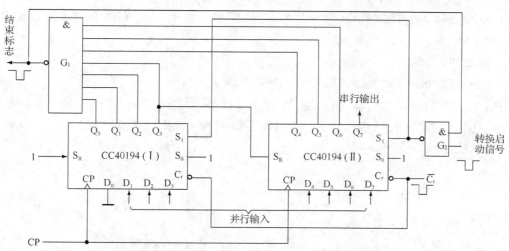

图5.34　由集成移位寄存器构成的7位并/串行数据转换电路

b. 并行/串行转换器。

用两片 CC40194（74LS194）组成的七位并行/串行转换电路如图 5.34 所示。图中有两只与非门 G_1 和 G_2，电路工作方式同样为右移。

寄存器清零后，加一个转换起动信号（负脉冲或低电平）。此时，由于方式控制 S_1S_0 为 11，转换电路执行并行输入操作。当第一个 CP 脉冲到来后，$Q_0 \sim Q_7$ 的状态为 $D_0 \sim D_7$，并行输入数码存入寄存器，使得 G_1 输出为 1，G_2 输出为 0，结果，S_1S_0 变为 01，转换电路随着 CP 脉冲的加入，开始执行右移串行输出，随着 CP 脉冲的依次加入，输出状态依次右移，待右移操作 7 次后，$Q_0 \sim Q_6$ 的状态都为高电平 1，与非门 G_1 输出为低电平，G_2 门输出为高电平，S_1S_0 又变为 11，表示并/串行转换结束，且为第二次并行输入创造了条件。转换过程如表 5.12 所示。

表 5.12

CP	Q_0	Q_1	Q_2	Q_3	Q_4	Q_5	Q_6	Q_7	串行输出						
0	0	0	0	0	0	0	0	0							
1	0	D_1	D_2	D_3	D_4	D_5	D_6	D_7							
2	1	0	D_1	D_2	D_3	D_4	D_5	D_6	D_7						
3	1	1	0	D_1	D_2	D_3	D_4	D_5	D_6	D_7					
4	1	1	1	0	D_1	D_2	D_3	D_4	D_5	D_6	D_7				
5	1	1	1	1	0	D_1	D_2	D_3	D_4	D_5	D_6	D_7			
6	1	1	1	1	1	0	D_1	D_2	D_3	D_4	D_5	D_6	D_7		
7	1	1	1	1	1	1	0	D_1	D_2	D_3	D_4	D_5	D_6	D_7	
8	1	1	1	1	1	1	1	0	D_1	D_2	D_3	D_4	D_5	D_6	D_7
9	0	D_1	D_2	D_3	D_4	D_5	D_6	D_7							

中规模集成移位寄存器的往往以 4 位居多，当需要的位数多于 4 时，可把几片移位寄存器用级连的方法来扩展位数。

4. 实验内容及步骤

（1）测试 CC40194（或 74LS194）四位双向寄存器的逻辑功能

按图 5.35 连线，$\overline{C}_r$、S_1、S_0、S_L、S_R、D_0、D_1、D_2、D_3 分别接至逻辑电平开关的输出插口；Q_0、Q_1、Q_2、Q_3 接至逻辑电平显示输入插口。CP 端接单次脉冲源。按附表 5.6 规定的输入状态，逐项进行测试，并测试结果填入表 5.13 中。

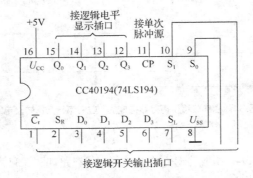

图5.35　移位寄存器功能测试连线示意图

表 5.13

清除	模式		时钟	串行		输入	输出	功能总结
—	S_1	S_0	CP	S_I	S_R	$D_0\ D_1\ D_2\ D_3$	$Q_0\ Q_1\ Q_2\ Q_3$	
0	×	×	×	×	×	× × × ×		
1	1	1	↑	×	×	a b c d		
1	0	1	↑	×	0	× × × ×		
1	0	1	↑	×	1	× × × ×		
1	0	1	↑	×	0	× × × ×		
1	0	1	↑	×	0	× × × ×		
1	1	0	↑	1	×	× × × ×		
1	1	0	↑	1	×	× × × ×		
1	1	0	↑	1	×	× × × ×		
1	1	0	↑	1	×	× × × ×		
1	0	0	↑	×	×	× × × ×		

（2）构成环形计数器

自拟实验线路用并行送数法予置寄存器为某二进制数码（如0100），然后进行右移循环，观察寄存器输出端状态的变化，填入表 5.14 中。

表 5.14

CP	Q_0	Q_1	Q_2	Q_3
0	0	1	0	0
1				
2				
3				
4				

（3）实现数据的串、并行转换

① 串行输入、并行输出

按图 5.33 接线，进行右移串入、并出实验，串入数码自定；改接线路用左移方式实现并行输出。自拟表格，并记录之。

② 并行输入、串行输出

按图 5.34 接线，进行右移并入、串出实验，并入数码自定。改接线路用左移方式实现串行输出。自拟表格，并记录之。

5. 思考题

（1）在对 CC40194 进行送数后，若要使输出端改成另外的数码，是否一定要使寄存器清零？

（2）使寄存器清零，除采用 $\overline{C_r}$ 输入低电平外，可否采用右移或左移的方法？可否使用并行送数法？

若可行，如何进行操作?

5.4.3 学习Multisim 8.0电路仿真（四）

1. 学习目的

（1）进一步熟悉和掌握 Multisim 8.0 电路仿真技能。

（2）学会使用 Multisim 8.0 设计计数器电路。

（3）学会使用 Multisim 8.0 设计寄存器电路。

2. 用 Multisim 8.0 设计仿真电路

（1）设计由集成计数器构成十二进制、二十四进制计数器仿真电路。

（2）设计由集成电路构成的移位寄存器仿真电路。

习题

一、填空题

1. 输出不仅取决于当前的输入，而且与_____有关的电路一定是时序逻辑电路。从电路结构上看，时序逻辑电路必须含有_____电路。

2. 时序逻辑电路由_____电路和_____电路两部分组成。时序逻辑电路按触发器时钟脉冲控制端连接方式的不同可分为_____步时序逻辑电路和_____步时序逻辑电路两大类。

3. 在时序逻辑电路中，若输出仅与存储电路的输出状态Q有关，则一定是_____型时序逻辑电路；如果时序逻辑电路中不仅有存储记忆电路，而且有逻辑门电路时，构成的电路通常称为_____型时序逻辑电路。

4. 计数器的基本功能是_____和_____。计数器电路中的_____在开机时出现，不用人工或其他设备的干预，能够很快自行进入_____，使_____码不再出现的能力称为_____能力。

5. 寄存器是用来存放_____、运算结果或_____的电路，通常由具有_____功能的多位触发器组合起来构成。某寄存器由D触发器构成，有4位代码要存储，此寄存器必须有_____个触发器。

6. 当时序逻辑电路的触发器位数为n，电路状态按_____数的自然态序循环，经历的独立状态为2^n个，这时，称此类电路为_____计数器。

7. 二进制计数器按计数的加减规律可分为_____计数器、_____计数器和_____计数器。一般，模值相同的同步计数器比异步计数器的结构_____、工作速度_____。

8. 在_____计数器中，最常采用的是_____BCD代码来表示一位十进制数，它表示一位十进制数时，至少要用_____位触发器才能实现。

9. 分析时序逻辑电路时，首先要根据已知的逻辑电路图分别写出相应的_____方程、_____方程和_____方程，若所分析的电路属于_____步时序逻辑电路，则还要写出各位触发器的_____方程。

10. 在分频、控制和测量等电路中，计数器应用非常广泛。构成一个六进制计数器最少要采用_____位触发器，这时构成的电路有_____个有效状态，_____个无效状态。

11. 寄存器可分为_____寄存器和_____寄存器，集成74LS194属于_____移位寄存器。移位寄存器除了具有_____功能外，还具有_____功能。

12. 用四位移位寄存器构成环形计数器时，有效状态共有____个；构成扭环形计数器时，其有效状态有____个。

13. 在设计时序逻辑电路时，对原始状态表中的状态进行化简的目的是_____。

14. 集成计数器模值是固定的，但可以用_____法和_____法来改变它们的模值。

二、判断题

1. 集成计数器通常都具有自启动能力。　　　　　　　　　　　　　　　　　（　　　）

2. 由3个触发器构成的计数器最多有8个有效状态。　　　　　　　　　　　（　　　）

3. 同步时序逻辑电路中各触发器的时钟脉冲控制端不一定相同。　　　　　（　　　）

4. 把并行数据转换成串行数据，可用脉冲发生器。　　　　　　　　　　　（　　　）

5. 用移位寄存器可以构成8421BCD码计数器。　　　　　　　　　　　　　（　　　）

6. 分析莫尔型时序逻辑电路时，通常不用写输出方程。　　　　　　　　　（　　　）

7. 十进制计数器是用十进制数码0～9进行计数的。　　　　　　　　　　　（　　　）

8. 利用集成计数器芯片的预置数功能可获得任意进制的计数器。　　　　　（　　　）

9. 计数器的作用只有一个，就是对输入脉冲个数进行累计计数。　　　　　（　　　）

10. 异步计数器的工作速度较低，其结构比同步计数器复杂得多。　　　　　（　　　）

三、单项选择题

1. 描述时序逻辑电路功能的两个必不可少的重要方程式是（　　　　）。

　　A. 次态方程和输出方程　　　　　　　　B. 次态方程和驱动方程

　　C. 驱动方程和时钟方程　　　　　　　　D. 驱动方程和输出方程

2. 用8421BCD码作为代码的十进制计数器，至少需要（　　　）个触发器。

　　A. 2　　　　　　　　B. 3　　　　　　　　C. 4　　　　　　　D. 5

3. 按各触发器的状态转换与时钟脉冲控制端的关系分类，计数器可分（　　　　）计数器。

　　A. 同步和异步　　　　　　　　　　　　B. 加计数和减计数

　　C. 二进制和十进制　　　　　　　　　　D. 八进制和六进制

4. 在下列器件中，不属于时序逻辑电路的是（　　　　）。

　　A. 计数器　　　　　B. 移位寄存器　　　C. 全加器　　　　　D. 序列信号检测器

5. 由四位移位寄存器构成的扭环形计数器是（　　　）计数器。

　　A. 模4　　　　　　　B. 模8　　　　　　C. 模16　　　　　　D. 模24

6. 利用中规模集成计数器构成任意进制计数器的方法是（　　　）。

　　A. 复位法　　　　　B. 预置数法　　　　C. 级联复位法　　　D. 分频法

7. 数码可以并行输入、并行输出的寄存器有（　　　）。

　　A. 移位寄存器　　　B. 数码寄存器　　　C. 锁存器　　　　　D. 上述三种

8. n位环形移位寄存器的有效状态数是（   ）。

    A. n个   B. $2n$个   C. $4n$个   D. 2^n个

9. 不产生多余状态的计数器是（   ）。

    A. 同步预置数计数器   B. 异步预置数计数器

    C. 复位法构成的计数器   D. 不存在

10. 每经历10个CP脉冲循环一次的计数电路,知其有效状态的最大数为1 100,则欠妥的描述是(   )。

    A. 模10计数器   B. 计数容量为10   C. 十进制计数器   D. 十二进制计数器

四、简述题

1. 同步时序逻辑电路和异步时序逻辑电路有何不同?

2. 时钟控制的RS触发器能用作移位寄存器吗? 为什么?

3. 何为计数器的自启动能力?

4. 什么是计数器? 它有哪些主要作用?

5. 简单说明时序逻辑电路的分析步骤。

五、分析题

1. 电路及时钟脉冲、输入端D的波形如图5.36所示,设起始状态为000。试画出各触发器的输出时序图,并说明电路的功能。

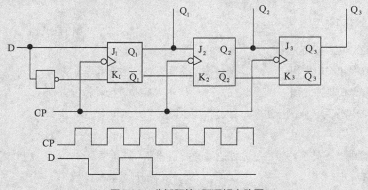

图5.36　分析题第1题逻辑电路图

2. 已知计数器的输出端Q_2、Q_1、Q_0的输出波形如图5.37所示,试画出对应的状态转换图,并分析该计数器为几进制计数器。

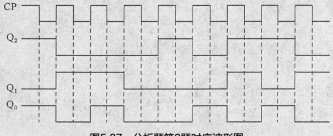

图5.37　分析题第2题时序波形图

3. 试用74LS161集成芯片构成十二进制计数器。要求采用反馈预置法实现。

4. 分析图5.38所示的时序逻辑电路的逻辑功能，写出电路的驱动方程、状态方程和输出方程，画出电路的状态转换图，说明电路能否自选启动。

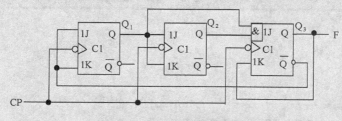

图5.38 分析题第3题逻辑电路图

第6章 脉冲信号的产生与波形变换

数字系统中广泛采用了各种形式的脉冲信号，如矩形波、锯齿波等。脉冲信号是指一种持续时间极短的电压或电流波形。

数字电路中的信号大多是矩形脉冲信号，矩形脉冲信号用作时钟信号或控制信号时，可协调整个系统的工作。因此，波形的好坏将直接影响到系统能否正常工作。

获得矩形脉冲波通常采取两种途径：一是利用多谐振荡器直接产生符合要求的矩形脉冲波；二是通过整形电路直接变换不理想的波形，使之成为符合系统要求的矩形脉冲波。这实质上也是本章所要介绍的两个方面的内容——脉冲信号的产生与波形变换。

555 定时电路是一种应用非常广泛的中规模集成电路，只要在外部配上适当的阻容元件，就可以方便地构成脉冲产生、整形和变换电路，如多谐振荡器、单稳态触发器和施密特触发器等。由于 555 定时电路性能优良，使用灵活方便，因而广泛应用于波形的产生与变换、测量与控制、定时、仿声、电子乐器及防盗报警等方面。

 本章学习目的及要求

1. 正确理解 555 定时电路的特点和封装，熟练掌握其工作原理，正确理解和区分双极型 555 和 CMOS 型 555 的性能。

2. 了解集成施密特触发器；理解和掌握由 555 定时电路组成的施密特触发器及其应用。

3. 了解集成单稳态触发器；理解和掌握由 555 定时电路组成的单稳态触发器及其应用

4. 理解用 555 定时电路组成的多谐振荡器的组成和工作原理，了解石英晶体多谐振荡器和用施密特触发器构成的多谐振荡器。

本章的重点是 555 定时电路及其各种应用。难点是理解单稳态、多谐振荡器和施密特触发器的工作原理和参数计算。

6.1 555定时电路及其应用

555 定时电路常见的数字或模拟集成电路型号的阿拉伯数字仅表示编号，而 555 定时电路的 3 个 5 却有具体的内涵：该集成芯片上分压精度很高的基准电压是由 3 个误差极小的 $5k\Omega$ 电阻组成的。故各生产厂家无一例外地在型号中引用了 555。

6.1.1 集成555定时电路的组成

集成 555 定时器不但经常用来构成矩形波发生器与整形电路，还大量应用于电子控制、电子检测、测量仪表、家用电器、音响报警、电子玩具等诸多领域。

集成 555 定时电路有 TTL 双极型和 CMOS 单极型两类，这两类电路的结构和工作原理相似，逻辑功能和外部引脚排列完全相同。它们的不同之处在于 TTL 集成 555 定时电路的驱动力比 CMOS 集成 555 定时电路的驱动力大。

集成 555 定时电路的组成 1

图 6.1 为 TTL 双极型集成 555 定时电路的原理电路和管脚排列图。

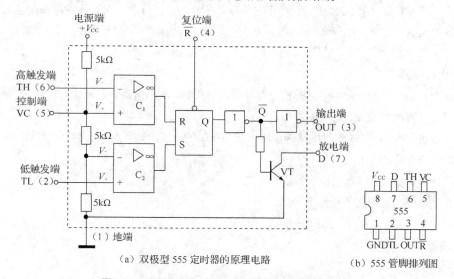

(a) 双极型 555 定时器的原理电路 　　(b) 555 管脚排列图

图6.1 双极型555定时器的内部结构框图及管脚排列图

由图 6.1（a）可知，555 定时电路由电阻分压器、比较器、基本 RS 触发器、双极型开关管和输出缓冲器等部分组成。

电路各部分的作用如下。

1. 电阻分压器

由 3 个 $5k\Omega$ 的电阻串联起来构成分压器，555 定时器也因此而得名。分压器为电压比较器 C_1 和 C_2 提供两个基准电压：C_1 同相端与分压器构成的基准电压为 $2V_{CC}/3$，C_2 反相端与分压器构成基准电压为 $V_{CC}/3$。如果在控制端 5 另加控制电压，则可改变两个电压比较器的基准电压值。工作中不使用控制端（5）时，可通过一个 $0.01\mu F$ 的电容接地，以旁路高频干扰。电阻分压器的上端（8）接正电源 V_{CC}，下端（1）与"地"相接。

2. 电压比较器

电压比较器 C_1 和 C_2 是两个结构完全相同的高精度电压比较器，分别由两个开环的集成运放构成。比较器 C_1 的反相输入端与 555 定时电路的高触发端 TH 相接；比较器 C_2 的同相输入端与 555 定时电路的低触发端 TL 相连。当 C_1 的高触发端 TH 的电压大于其同相端基准电压 $2V_{CC}/3$ 时，比较器 C_1 输出为低电平，C_2 输出为高电平；当 C_2 低触发端 TL 的电压小于其反相端基准电压 $V_{CC}/3$ 时，比较器 C_2 输出为低电平，C_1 输出为高电平。

3. 基本 RS 触发器

基本 RS 触发器由两个与非门交叉组成，R 和 S 两个输入端子均为低电平有效。电压比较器的输出控制触发器输出端的状态：C_1 输出低电平时，RS 触发器的复位端子 $\overline{R}$ 低电平有效，输出为 0，经过两级反相运算，555 定时电路的输出等于 RS 触发器的输出；C_2 输出低电平时，RS 触发器的置位端子 $\overline{S}$ 低电平有效，输出为 1，555 定时电路的输出也为 1。引脚 4 $\overline{R}$ 是专门设置的可从外部直接清零的复位端，定时器正常工作时，应将此管引脚 4 悬空置 1。

4. 放电开关管

放电开关管 VT 是一个 NPN 硅管，其状态受 $\overline{Q}$ 端的控制，当 $\overline{Q}$ 为 0 时，开关管基极电流为 0，VT 截止；当 $\overline{Q}$ 为高电平 1 时，VT 基极电流很大而饱和导通。与放电管 VT 相接的电阻 R 起的作用是分压限流，以保护开关管。

5. 输出缓冲器

两级反相器构成了 555 定时电路的输出缓冲器，用来提高输出电流，以增强定时器的带负载能力。输出缓冲器还可隔离负载对定时器的影响。

由上述组成可看出，555 定时电路内部既有模拟电路的电压比较器，又有数字电路的 RS 触发器，是一个模数混合电路。

图 6.1（b）为集成 555 定时器的管脚排列图。

其中 8 个管脚的名称和作用如下。

GND：电源地端。

TL：低触发输入端。

OUT：输出端。

$\overline{R}$：直接清零端。

VC：电压控制端，通过其输入不同的电压值来改变比较器的基准电压。不用时，要经 $0.01\mu F$ 的电容器接"地"。

TH：高触发输入端。

D：放电端，外接电容器，当 VT 导通时，电容器由 D 经 VT 放电。

V_{CC}：正电源端。

6.1.2　555定时器的原理与功能

555 定时电路内部的电压比较器 C_1 和 C_2 的输出直接控制由两个与非门组成的基本 RS 触发器输出 Q 的状态，而 Q 的输出状态又直接影响到 555 定时电路的输出状态以及开关管 VT 的状态。

555 定时器的原理
与功能

C_1 和 C_2 两个电压比较器的输入与输出的关系取决于它们的同相端电位和反相端电位的比较，即 $V_+>V_-$ 时，比较器输出为高电平；$V_+<V_-$ 时，比较器输出应为低电平。对于 RS 触发器，其输出 Q 的状态则取决于 C_1 和 C_2 的比较结果：当 C_1 输出为低电平，C_2 输出为高电平时，清零端 R 低电平有效，Q=0；C_2 输出为低电平、C_1 输出为高电平时，置位端 S 低电平有效，Q=1。对于放电开关管 VT，其工作状态取决于 $\overline{Q}$：当 $\overline{Q}$=1 时，开关管 VT 处于导通状态；当 $\overline{Q}$=0 时，放电管 VT 为截止状态。

根据以上分析原理，可归纳出如表 6.1 所示的 555 定时电路功能真值表。

表 6.1 555 定时器功能真值表

序号	输入			比较器输出		输出	
	直接复位端 $\overline{R}$	高触发端 TH	低触发端 TL	u_{c1}	u_{c2}	OUT	VT
1	0	X	X	X	X	0	导通
2	1	$>2V_{CC}/3$	$>V_{CC}/3$	0	1	0	导通
3	1	$<2V_{CC}/3$	$<V_{CC}/3$	1	0	1	截止
4	1	$<2V_{CC}/3$	$>V_{CC}/3$	1	1	不变	不变

表 6.1 中的 "X" 表示任意；"不变" 表示保持原来的状态；0 表示低电平；1 表示高电平。

序号 1：表示只要直接复位端 $\overline{R}$ 置 0，无论各输入状态如何，无论比较器输出为何状态，555 定时电路的输出均为低电平 0，而放电开关管 VT 处于导通状态——555 定时器为直接复位功能。

序号 2：表示直接复位端 $\overline{R}$ 无效时，555 定时电路可以正常工作。当高触发输入端 TH 的输入值大于基准电压 $2V_{CC}/3$ 时，必有低触发端 TL 的输入值也大于 $2V_{CC}/3$，则比较器 C_1 输出为低电平，触发器清零端 R 低电平有效输出 Q=0，555 定时器输出 u_o=0，$\overline{Q}$=1，开关管 VT 导通经 D 端放电——555 定时器为复位功能。

序号 3：表示直接复位端 $\overline{R}$ 无效态时，555 定时电路正常工作。当低触发端 TL 的输入值小于基准电压 $V_{CC}/3$ 时，必有高触发输入端 TH 的输入值也小于 $V_{CC}/3$ 时，则比较器 C_2 输出为低电平，触发器置位端 S 低电平有效输出 Q=1，555 定时器输出 u_o=1，$\overline{Q}$=0，开关管 VT 截止——555 定时器为置位功能。

序号 4：表示直接复位端 $\overline{R}$ 无效 555 定时，电路正常工作时，当高触发输入端 TH 的输入值小于基准电压 $2V_{CC}/3$，而低触发端 TL 的输入值大于 $V_{CC}/3$ 时，两个比较器输出均为高电平，触发器输入端均为无效态高电平，因此 555 定时器输出 u_o 保持不变，开关管 VT 状态保持不变——555 定时器为维持功能。

6.1.3 CMOS型555定时器简介

CMOS 型 555 定时电路具有输入阻抗高、功耗极小、电源适应范围大等一系列优点，特点适用于低功耗、长延时等场合。但由于 CMOS 型 555 定时器的输出驱动能力较差，不能直接驱动要求较大电流的感性负载。

CMOS 型 555 定时电路的内部结构框图如图 6.2 所示。

CMOS555 定时器
简介

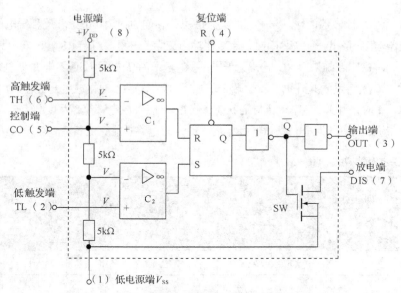

图6.2　单极型555定时器的内部结构框图

由图 6.2 可以看出，单极型 555 定时电路也是由上、下两个电压比较器，3 个 5kΩ 电阻，一个 RS 触发器，一个放电三极管 SW 和功率输出级组成。

所不同的是，CMOS 型 555 定时电路的基本 RS 比较是由两个或非门交叉组合而成，因此是高电平有效。另外放电管 SW 是增强型 N 沟道的 MOS 管比较器 C_1 的同相输入端（5）接到由 3 个 5kΩ 电阻组成的分压网络的 $2V_{DD}/3$ 处；反相输入端（6）为高触发端 TH 的输入端；比较器 C_2 的反相输入端接到分压电阻网络的 $V_{DD}/3$ 处，同相输入端（2）为触发电压输入端的低触发端；两个比较器的输出端控制由两个或非门组成的基本 RS 触发器的输出状态。RS 触发器设置有直接复位端 $\overline{MR}$（4），当直接复位端处于低电平时，555 定时电路的输出 OUT（3）为低电平；而放电开关管 SW 因 $\overline{Q}=1$ 饱和导通。

单极型 555 定时电路的管脚排列图如图 6.3 所示。由于双极型 555 定时器和 CMOS 型 555 定时器的制作工艺和流程不同，生产出的性能指标存在差异是必然的。但二者的功能大体相同，外形和管脚排列相同，因此在大多数场合下可直接替换使用。无论是双极型 555 定时器还是单极型 555 定时电路，因输出均为全电源电平，因此可与 TTL、HTL、CMOS 型数字逻辑电路等共用电源或者直接接口。

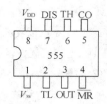

图6.3　单极型555定时器管脚排列图

CMOS 型 555 定时电路相对 TTL 型 555 定时电路优点很多，如功耗仅为双极型的几十分之一，为微功耗电路，其电源电压可低至 2～3V，各输入功能端电流均为 pA 量级，上升沿和下降沿陡，转换时间短，且在传输过程中产生的尖峰电流仅为 2～3mA，而双极型 555 定时电路的尖峰电流可高达 300～400mA。不足之处是 CMOS 型 555 定时电路的负载驱动能力较差，输出电流仅为 1～3mA，而双极型 555 定时电路的输出驱动电流可达 200mA，可直接驱动低阻负载，如继电器、小电动机或扬声器等，而 CMOS 型 555 定时电路只可直接驱动高阻抗负载。

通过两种 555 定时电路的比较，在设计和应用电路时，应视具体情况选择类型和型号。在要求定时长、功耗小、负载轻的场合，通常可选用 CMOS 型 555 定时电路。而在负载重、要求驱动电流大、电压高的场合，则选用 TTL 型 555 定时电路为好。

思考题

1. 集成555定时电路由哪些部分组成？TTL型和CMOS型两类555定时电路的结构组成有什么不同？555定时器是一个完全的数字电路吗？

2. 555定时电路中的两个电压比较器工作在开环还是闭环情况下？

3. TTL型和CMOS型两类555定时电路的负载驱动能力有差别吗？哪一类负载驱动能力强些？

6.2　单稳态触发器

555 定时器构成的
单稳态触发器

6.2.1　单稳态触发器的特点

前面讲到的 RS 触发器、JK 触发器和 D 触发器，都存在两个稳定的、互非的工作状态，因此也称作双稳态触发电路。如果触发器只有一种稳定的工作状态，则称为单稳态触发器。

单稳态触发器的工作特性具有如下显著特点。

（1）电路在无外加触发信号作用时，处于一种稳态的工作状态，称之为**稳态**。

（2）当输入端有外加触发脉冲信号的上升沿或下降沿作用时，输出状态立即发生跳变，此后电路进入暂时的稳定状态，称为**暂稳态**。

（3）暂稳态维持一段时间后会自动返回稳态，而自动维持的稳态时间的长短取决于电路本身的参数，与触发脉冲的宽度和幅度无关。

由于单稳态触发器的上述特点，被广泛应用于脉冲整形、延时以及定时电路中。

6.2.2　用555定时器组成的单稳态触发器

单稳态触发器的暂稳态通常都是靠 RC 电路的充、放电过程来维持的，因此根据 RC 电路和门电路的不同接法，可以构成微分型单稳态触发器和积分型单稳态触发器。微分型单稳态触发器的缺点是抗干扰能力较差，积分型单稳态触发器的缺点是输出波形的边沿比较差。集成 555 定时电路是一种性能优良、应用灵活的模拟和数字混合集成电路，在它的外部加接几个阻容元件，即可方便地构成单稳态触发器，它形成的单脉冲持续宽度可从几微秒到几小时，精密度可达 0.1%。

1. 电路的组成

图 6.4 是 CA555 定时器的内部结构框图。有 8 个功能引出端，各管脚功能为：管脚 1 为"地"端；管脚 2 为比较器 C_2 反相输入的低触发端；管脚 3 是 555 定时电路的输出端 u_o；管脚 4 是 555 定时电路的强制复位端；管脚 5 是电压控制端；管脚 6 是比较器 C_1 的高触发端；管脚 7 是放电端 DIS；管脚 8 是正电源 V_{DD} 端。

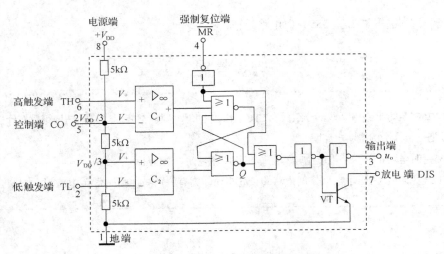

图6.4　CA555定时器的内部结构框图

由 CA555 定时电路外部加接几个阻容元件，即可构成单稳态触发器。以图 6.5（a）所示的由 CA555 定时电路组成的单稳态触发器电路图为例进行说明，其各功能端与 CA555 正时电路相对应。

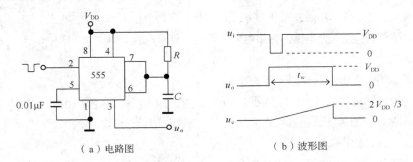

（a）电路图　　　　　　　　　　　（b）波形图

图6.5　单稳态触发器

从组成电路的结构来看，由 CA555 定时电路组成单稳态触发电路，仅外接了一个由电阻 R 和电容 C 组成的定时网络。在图 6.5 中，强制复位端管脚 4 直接与电源端管脚 8 的 V_{DD} 相接后成无效态高电平 1；高触发端 TH 管脚 6 和放电端 DIS 管脚 7 并接后接在 RC 定时网络的中点；电压控制端管脚 5 通过一个 0.01μF 的电容与"地"端管脚 1 相接；555 定时电路中，比较器 C_2 的反相输入的低触发端管脚 2 在单稳态触发电路作为信号输入端 u_i；CA555 定时电路的输出管脚 3 直接作为单稳态触发器的输出端 u_o。

2. 工作原理

为分析方便起见，设输出 u_o 为低电平 0 时的状态为单稳态触发器的**稳定工作状态**。

（1）无触发信号输入时，电路工作在稳定状态

当电路无触发信号 u_i 时，电路必定处于稳定状态。在稳态状态下，单稳态触发器的输出 u_o 为低电平 0，放电开关管 VT 为高电平 1 时，饱和导通，定时电容 C 上的电压 $u_c=0$。由于 555 的管脚 6 和管脚 7 短接，故比较器 C_1 的同相输入端受到钳制，等于 VT 的饱和压降 V_{CES} 的电位。此时，555 定时电路的三个 5kΩ 电阻器组成的分压网络，使比较器 C_1 的反相端偏置在 $2V_{DD}/3$，比较器 C_2 的同相端电位

偏置在 $V_{DD}/3$，这两个电位就是比较器状态是否翻转的门限值。

（2）u_i 下降沿到来触发

555 定时电路的低触发端管脚 2 是信号输入端，当脉冲信号 u_i 由高电平跳变为低电平，即下降沿到达时电路被触发，输出管脚 3 的状态发生翻转，由低电平 0 跳变为高电平 1，此时称单稳态触发器由稳态转入暂稳态。

（3）暂稳态的维持时间

在单稳态触发器的暂稳态期间，由于输出为高电平 1，所以放电管 VT 截止，电源 V_{DD} 经 R 向电容 C 充电。其充电回路为 $V_{DD} \rightarrow R \rightarrow C \rightarrow$ 地，充电的快慢程度是由时间常数 $\tau_1 = RC$ 决定的。在电容充电期间，电容电压 u_c 按指数规律由 0 开始增大，即：

$$u_c(t) = V_{DD}(1 - e^{-\frac{t}{RC}}) \tag{6.1}$$

当 u_c 上升到基准电压的 $2V_{DD}/3$ 之前，电路将保持暂稳态不变。

（4）自动返回（暂稳态结束）时间

当电容电压 u_c 充电上升到 $2V_{DD}/3$ 时，输出电压 u_o 的状态发生翻转，由高电平 1 跳变为低电平 0。同时，放电开关管 VT 由截止转换为饱和导通，管脚 7 接"地"，电容 C 经放电开关管对地迅速放电，电容电压 u_c 由 $2V_{DD}/3$ 迅速降为 0，单稳态触发电路由暂稳态重新转到稳态。

（5）恢复过程（暂稳态经历的时间）

暂稳态结束后，定时电容 C 通过饱和导通的放电开关管 VT 放电，放电时间常数 $\tau_2 = R_{CES}C$，式中的 R_{CES} 是放电开关管的饱和导通电阻，其数值极小，因此放电过程非常短暂。经过 $3 \sim 5 \tau_2$ 后，电容放电完毕，恢复过程（暂稳态过程）结束。

恢复过程（暂稳态）结束后，电路返回到稳定状态，单稳态触发器又可以接收新的触发信号。图 6.5（b）为与电路对应的波形图。

3. 估算主要参数

（1）输出脉冲宽度 t_w

输出脉冲宽度 t_w 是暂稳态维持的时间，也是定时电容的充电时间，$t_w \approx 1.1RC$。显然，单稳态触发器的输出脉冲宽度仅取决于定时元件 R 和 C 的取值，与输入触发信号和电源电压无关，调节 R 和 C 的取值，可以根据需要方便地调节输出脉冲宽度 t_w。

（2）恢复时间 t_{re}

一般取 $t_{re} = (3 \sim 5)\tau_2$，即放电时间非常短暂。

（3）最高工作频率 f_{max}

当输入的触发信号 u_i 是周期为 T 的连续脉冲信号时，为保证单稳态触发器能够正常工作，应满足：$T > t_w + t_{re}$，即单稳态触发器输入信号的周期最小值应为 $t_w + t_{re}$。

因此，单稳态触发器的最高工作频率应为：

$$f_{max} = \frac{1}{T_{min}} = \frac{1}{t_w + t_{re}} \tag{6.2}$$

需要指出的是，在图 6.5 所示的单稳态触发电路中，输入触发信号 u_i 的脉冲宽度只有小于单稳态触发电路输出 u_o 的脉冲宽度，暂稳态维持时间 t_w 才具有一定的宽度而有意义，否则电路不能正常工作。

6.2.3 单稳态触发器的应用

单稳态触发器广泛应用于波形整形，定时和延时，高、低通滤波电路等方面。

（1）脉冲整形

单稳态触发器输出脉冲波形的脉宽 t_w 取决于电路本身的参数，输出脉冲的幅值 v_M 取决于输出高低电平之差。因此，单稳态触发器输出的脉冲波形的脉宽和幅值是一定的。如果某个脉冲波形的脉宽或幅值不符合使用要求，就可用单稳态触发器整形，得到脉宽和幅值符合要求的脉冲波形。

从图 6.5（b）所示的波形图可以看出，单稳态触发器从暂稳态返回到稳态的时间，是利用单稳态触发器的定时元件定时的，在由暂稳态自动返回稳态将触发脉冲的脉宽缩小为 t_w 的过程中，并不需要加入窄脉冲进行屏蔽阻塞，就能使输出脉冲宽度（即暂稳态的维持时间）为 t_w。

（2）构成定时电路

利用单稳态触发器输出脉冲的宽度由 RC 定时元件决定，且输出脉宽一定的特点，可以实现定时。图 6.6 是用 74LS121 构成的单稳态触发器，控制与门的定时打开或封锁与门。当与门打开时，可定时测量脉冲信号通过；与门关闭时，阻塞测量脉冲通过。若与门后面增加计数显示电路，则可测量在定时时间内，被测信号 u_F 通过的脉冲个数，进而测量被测信号的频率。该电路实际上也是构成数字频率计的一个基本电路。

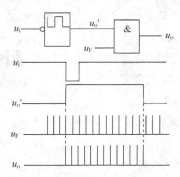

图6.6 单稳态触发器构成定时电路

（3）构成延时电路

用非重复触发单稳态触发器 74LS121 构成的精密单稳态延时电路及工作波形图如图 6.7 所示。

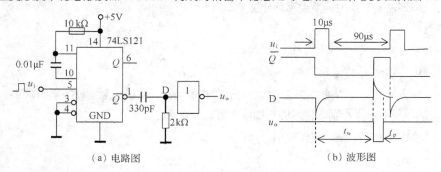

（a）电路图 （b）波形图

图6.7 由74LS121构成的延时电路

输出脉冲 u_o 对输入触发脉冲 u_i 的延迟时间可由下式计算。

$$t_w = 0.7R_{ext}C_{ext} \tag{6.3}$$

输出脉冲的宽度 t_p 则由 R_{ext} 和 C_{ext} 所组成的微分电路中的时间常数 τ 决定。图 6.7（a）所示的由 74LS121 构成的精密单稳态延时电路的延迟时间比较精确，外界电容 C_{ext} 的取值范围是 10pF～10μF，图 6.7 中的电路取 0.01μF；外接电阻 R_{ext} 的取值范围是 2kΩ～30kΩ，图 6.7 中的电路取 10kΩ。可见，该电路的延迟时间范围 $t_w = 14ns \sim 210ms$，非常宽泛。

除上述应用外，单稳态触发器还可构成多谐振荡器和高通、低通滤波器等。

思考题

1. 什么是单稳态触发器的稳定状态？单稳态触发器的暂稳态是靠什么来维持的？
2. 由非重复触发单稳态触发器74LS121构成的精密单稳态延时电路的外界电容 C_{ext} 的取值范围是多少？外接电阻 R_{ext} 的取值范围又是多少？
3. 单稳态触发电路的应用有哪些？

6.3　施密特触发器

施密特触发器是一种脉冲信号整形电路，在数字电路中应用非常广泛。

施密特触发器实际上是一种特殊的双稳态时序逻辑电路，与一般的双稳态触发器相比，施密特触发器具有两个明显的特点：一是施密特触发器属于电平触发方式，只要输入信号电平达到触发电平，其输出信号就会发生跳变，从一种稳态状态翻转到另一种稳定状态，且稳态维持时间仅依赖于外加触发信号；二是对正

555 定时器构成的
施密特触发器

向增长的输入信号或反向增长的输入信号，施密特触发器具有不同的阈值电平，称作回差特性，具有较强的抗干扰能力。

用 555 集成定时器可以组成产生脉冲和对信号整形的各种单元电路，如施密特触发器、单稳态触发器和多谐振荡器等。下面主要介绍由 555 定时器构成的施密特触发器的电路组成及工作原理。

6.3.1　施密特触发器的电路组成

把 555 定时器的管脚 2 和管脚 6 连接在一起作为施密特触发器的输入端，把管脚 4 和管脚 8 相连与电源相接，管脚 5 通过一个 0.01μF 的电容与地端 1 相接，输出取自与 555 定时电路的输出，就可构成一个施密特触发器，如图 6.8 所示。

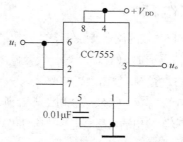

图6.8　由555定时器构成的施密特触发器

由 555 定时器构成的施密特触发器可以把缓慢变化的输入波形（正弦波或等腰三角波、锯齿波等）变换成边沿陡峭的矩形波输出，主要用于波形变换和整形。

6.3.2 传输特性和主要参数

1. 传输特性

施密特触发器的传输特性示意图如图 6.9 所示。从施密特触发器的传输特性可以看出，设输出电压初始值为高电平。在输入电压从小到大变化的开始阶段，输出电压保持高电平不变；当输入电压增大至基准电压 V_{T+} 时，输出电压由高电平跳变到低电平并保持；当输入电压反向传输时，即 u_i 从大到小变化时，初始阶段对应的输出电压保持低电平不变，当输入电压减小至阈值电平 V_{T-} 时，输出电压由低电平跳变到高电平并保持。

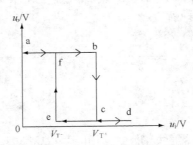

图6.9 施密特触发器的电压传输特性

显然，施密特触发器在电压传输过程中存在回差特性。

2. 主要参数

施密特触发器的主要参数有上限阈值电压 V_{T+}、下限阈值电压 V_{T-} 和回差电压 ΔV_T。

（1）上限阈值电压 V_{T+}：在输入电压上升过程中，输出电压由高电平跳变到低电平时，对应的输入电压值 $V_{T+}=2V_{DD}/3$。

（2）下限阈值电压 V_{T-}：在输入电压下降过程中，输出电压由低电平跳变到高电平时，对应的输入电压值 $V_{T-}=V_{DD}/3$。

（3）回差电压 ΔV_T：回差电压又叫作滞回电压，定义为 $\Delta V_T=V_{T+}-V_{T-}=V_{DD}/3$。若在电压控制端管脚 5 外加电压 V_S，则有 $V_{T+}=V_S$，$V_{T-}=V_S/2$，$\Delta V_T=V_S/2$。当改变 V_S 的数值时，阈值电压随之改变。

显然，回差电压对提高电路的抗干扰能力起到了较好的作用，特别是能够降低输入信号由噪声造成的抖动，回差电压越大，电路的抗抖动能力越强。

6.3.3 施密特触发器的工作原理

根据图 6.8 所示的由 555 定时电路构成的施密特触发器的电压传输特性，分析电路的工作原理。

（1）当输入触发信号 u_i 小于阈值电平 V_{T-}（$V_{DD}/3$）时，设管脚 2 的电平为低电平，管脚 6 也为低电平，则 555 定时电路处于置位状态，管脚 3 输出呈高电平。

（2）当输入触发信号 V_{T-}（$V_{DD}/3$）$<u_i<V_{T+}$（$2V_{DD}/3$）时，即管脚 2 为高电平（大于 $V_{DD}/3$），管脚 6 仍为低电平（小于 $2V_{DD}/3$）时，管脚 3 输出端仍呈高电平。这种仍然维持原状态不变的现象称作双稳状态。

（3）当输入触发信号 $u_i > V_{T+}$（$2V_{DD}/3$）时，555 定时电路翻转为复位状态，即管脚 3 输出端呈低电平。

可见，由 555 电路构成的施密特触发器，由于传输过程中存在回差电压，所以电路的触发和传输特性、信号的上升特性和下降特性均不重合，表明其具有较强的抗干扰能力。

【例6.1】画出由 555 定时器构成的施密特触发器的电路图。若已知输入波形如图 6.10 所示，试画出电路的输出波形。5 脚接 10kΩ 电阻时，重新画出输出波形。

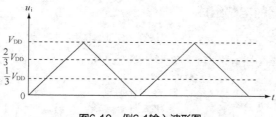

图6.10　例6.1输入波形图

【解】画出施密特电路的电路图如图 6.8 所示。电路的输出波形如图 6.11（a）所示。当管脚 5 接 10kΩ 电阻时，改变了 555 定时电路中比较器的基准电压，即改变了施密特电路的回差电压，此时 $V_{T+} = V_{DD}/2$，$V_{T-} = V_{DD}/4$，输出波形的宽度发生了变化，如图 6.11（b）所示。

555 定时器用作单稳态触发器时，能将边沿变化缓慢的电压波形整形为边沿陡峭的矩形脉冲，成为适合于数字电路需要的脉冲，其回差特性增强了电路的抗干扰能力，在脉冲的产生和整形电路中，施密特触发器应用非常广泛。

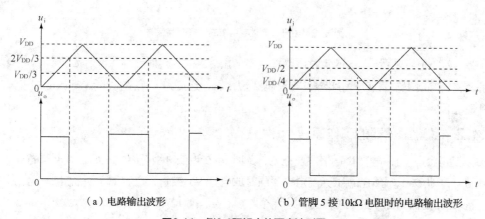

（a）电路输出波形　　　　　（b）管脚 5 接 10kΩ 电阻时的电路输出波形

图6.11　例6.1题解中的两个波形图

思考题

1. 施密特触发器的电压传输特性有何特点？其阈值电压有几个？
2. 施密特触发器在数字电路中的主要用途有哪些？

6.4 多谐振荡器

多谐振荡器是一种自激振荡器，在接通电源后，不需要外加触发信号，可以自动产生矩形脉冲。由于矩形脉冲中含有丰富的高次谐波分量，所以习惯上又把矩形波振荡器称为多谐振荡器。

6.4.1 多谐振荡器的电路组成

多谐振荡器不存在稳态，故而称为无稳态电路。组成多谐振荡器的电路很多，用 555 定时器组成的多谐振荡器电路和工作波形如图 6.12 所示。

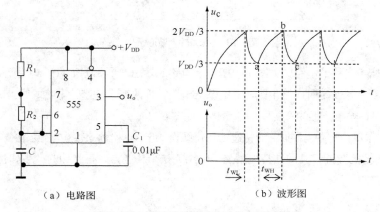

（a）电路图　　　　　　　　　（b）波形图

图6.12　由555定时电路构成的多谐振荡器

由图 6.12（a）可以看出，555 定时电路接成多谐振荡器时，定时元件除电容 C 之外，还有两个电阻 R_1 和 R_2，将高触发端管脚 6 和低触发端管脚 2 短接后，连接到 C 与 R_2 之间，把放电端管脚 7 连接与 R_1 和 R_2 之间。

6.4.2 多谐振荡器的工作原理

电路接通电源瞬间，电容 C 还来不及充电，此时 $u_c=0$ 为低电平，因此 555 定时电路内 RS 触发器的 $R=0$，$S=1$，即 $Q=1$，输出 $u_o=1$ 为高电平，同时放电管 VT 截止，电容 C 开始充电，电路进入暂稳态，一般多谐振荡器的工作过程可分为以下 4 个阶段，如图 6.12（b）所示。

1. 暂稳态Ⅰ（输出由高电平至下降沿的一段范围）

在此阶段内，电容 C 充电，充电回路为 $V_{DD} \rightarrow R_1 \rightarrow R_2 \rightarrow C \rightarrow$ 地，充电时间常数 $\tau_1 = (R_1 + R_2)C$，电容的充电电压按指数规律上升，此阶段输出电压 u_o 稳定在高电平。

2. 自动翻转阶段Ⅰ（对应 t_{WL} 下降沿）

当电容电压 u_c 充电至 $2V_{DD}/3$ 时，555 定时电路的触发器状态发生跳变，$R=1$，$S=0$，即 $Q=0$，同时 $\overline{Q}=1$，电容 C 中止充电，输出电压 u_o 由高电平翻转为低电平。

3. 暂稳态Ⅱ（t_{WH} 期间）

由于 $\overline{Q}=1$，因此放电开关管 VT 饱和导通，电容 C 开始放电，放电回路为 $C \rightarrow R_2 \rightarrow VT \rightarrow$ 地，放电时间常数 $\tau_2 = R_2C$（忽略放电管 VT 的饱和电阻 R_{CES}），电容电压按指数规律下降，同时输出维持在低电平。

4. 自动翻转阶段Ⅱ（对应波形图中的 a 点）

当电容电压下降到 $V_{DD}/3$ 时，555 定时电路的触发器状态发生跳变，$R=0$，$S=1$，即 $Q=1$，同时 $\overline{Q}=0$，电容 C 放电结束，输出电压 u_o 由低电平翻转为高电平。

接下来，由于 $\overline{Q}=0$，放电开关管截止，电容 C 又开始充电，重新进入暂稳态Ⅰ。以后，电路将重复上述 4 个阶段。由这 4 个阶段来看，多谐振荡器只有两个暂稳态而没有稳态，它们交替变化，输出连续的矩形脉冲信号。

6.4.3　多谐振荡器的主要参数

多谐振荡器两个暂稳态维持时间 t_{WH} 和 t_{WL} 的计算公式如下。

$$t_{WH} = 0.7(R_1 + R_2)C$$

$$t_{WH} = 0.7R_2C$$

振荡周期：　　　$T = t_{WH} + t_{WL} = 0.7(R_1 + 2R_2)C$

振荡频率：　　　$f = \dfrac{1}{T} = \dfrac{1}{0.7(R_1 + 2R_2)C}$

占空比：　　　$D = \dfrac{t_{WH}}{T} = \dfrac{0.7(R_1 + R_2)C}{0.7(R_1 + 2R_2)C} = \dfrac{R_1 + R_2}{R_1 + 2R_2}$

思考题

1. 多谐振荡器有哪几个工作状态？哪种工作状态称作稳态？
2. 多谐振荡器输出波形的占空比可调吗？如果可调，试述调节占空比的方法。

6.5　应用能力训练环节

555定时器的研究

1. 实验目的

（1）进一步熟悉 555 集成定时器的组成及工作原理。

（2）掌握用定时器构成单稳态电路、多谐振荡电路和施密特触发电路的方法。

（3）进一步学习用示波器对波形进行定量分析，测量波形的周期、脉宽和幅值等。

2. 实验主要仪器设备

（1）+5V 直流电源。

（2）单次时钟脉冲源和连续时钟脉冲源。

（3）双踪示波器。

（4）音频信号源。

（5）数字频率计。

（6）逻辑电平显示器。

（7）555 芯片 2 只，电位器 100kΩ 1 只；电阻、电容 0.01μF3 只；0.1μF、10μF、100μF 电容器各 1 只。

（8）8Ω/0.25W 喇叭 1 只。

3. 实验原理及相关知识要点

555 集成定时器是模拟功能和数字逻辑功能相结合的一种双极型中规模集成器件。外加电阻、电容可以组成性能稳定、精确的多谐振荡器、单稳电路、施密特触发器等，应用十分广泛。555 集成定时器的内部结构框图如图 6.13 所示。

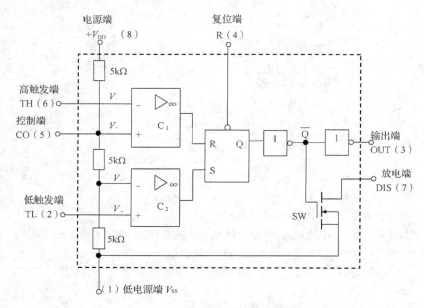

图6.13　单极型555定时器的内部结构框图

显然，555 定时电路是由上、下两个电压比较器，3 个 5kΩ 电阻，一个 RS 触发器，一个放电三极管 T 以及功率输出级组成。555 定时器电路的功能如表 6.2 所示。

表 6.2

低触发端 $\overline{\text{TR}}$	高触发端 TH	清零端 $\overline{\text{R}}$	放电端 D	OUT 输出
	$>2V_{CC}/3$	1	导通	0
$>V_{CC}/3$	$<>2V_{CC}/3$	1	保持	保持
$<V_{CC}/3$	×	1	截止	1
×	×	0	导通	0

习题

一、填空题

1. 根据制作工艺的不同，集成555定时电路可分为____和____两大类。

2. 施密特触发器的固有性能指标是____、____和____。

3. 在CMOS精密单稳态触发器中，定时元件 R_{ext} 和 C_{ext} 可在____范围内选择，定时时间 t_w 的范围为：R_{ext} 取值____，C_{ext} 取值____。

4. 555定时电路由____、____、____、____和____几部分组成。

5. 由555构成的单稳态触发器对输入触发脉冲的要求是：____。

6. TTL型555定时电路中的 C_1 和 C_2 是____，C_1 同相端的参考电压是____；C_2 反相端的参考电压是____。

7. 由555定时电路构成的多谐振荡器的振荡周期为____，输出脉冲宽度为____。

8. 555定时器可以构成施密特触发器，施密特触发器具有____特性，主要用于脉冲波形的____和____。555定时器还可以用作多谐振荡器和____稳态触发器。

9. 555定时电路的最基本应用电路有：____、____和多谐振荡器。

10. 在由555定时电路构成的应用电路中，当电压控制端管脚5不用时，通常对地接____，其作用是防止____。

二、判断题

1. 用555定时电路构成的多谐振荡器的占空比不能调节。　　　　　　　　(　)

2. 对555定时器的管脚5外加控制电压后也不能改变其基准电压值。　　　　(　)

3. 用555定时器构成的施密特触发器的回差电压不可调节。　　　　　　　(　)

4. 单稳态触发器的暂稳态维持时间的长短只取决于电路本身的参数。　　　(　)

5. 单稳态触发器只有一个稳态和一个暂稳态。　　　　　　　　　　　　　(　)

6. 555电路的输出只能出现两个状态稳定的逻辑电平之一。　　　　　　　(　)

7. 施密特触发器的作用就是利用其回差特性稳定电路。　　　　　　　　　(　)

8. 多谐振荡器工作时的状态只有一个暂稳态和一个翻转态。　　　　　　　(　)

9. 555定时电路中的基本RS触发器都是由两个与非门构成的。　　　　　　(　)

10. 555定时电路内部都是数字电路，不存在模拟电路部分。　　　　　　　(　)

三、单项选择题

1. 555定时电路为了提高振荡频率，对外接元件R和C的改变应该是（ 　 ）。

    A. 增大R和C的取值   B. 减小R和C的取值

    C. 增大R和减小C的取值   D. 减小R和增大C的取值

2. 定时电路最后几位的数码为（ 　 ）的是CMOS型555定时器。

    A. 555   B. 7555   C. 556   D. 7556

3. 调节用555定时器构成的施密特触发器的管脚5的控制电压时，可以改变（　　）。

   A. 输出电压幅度   B. 回差电压的大小

   C. 电路的负载能力   D. 电路的暂稳态时间

4. 单稳态触发器输出脉冲的宽度在时间上等于（　　）。

   A. 稳态持续的时间   B. 暂稳态持续的时间

   C. 稳态和暂稳态时间之和   D. 稳态和暂稳态时间之差

5. 欲整形边沿较差或带有干扰噪声的不规则波形，应选择（　　）。

   A. 多谐振荡器   B. 单稳态触发器   C. 施密特触发器   D. RS触发器

6. 多谐振荡器具有（　　）。

   A. 一个稳定状态   B. 两个稳定状态   C. 多个稳定状态   D. 没有稳定状态

7. 在数字系统中，常用（　　）电路，将输入脉冲信号变为等幅等宽的脉冲信号。

   A. 施密特触发器   B. 单稳态触发器   C. 多谐振荡器   D. 集成定时器

8. 欲在一串幅度不等的脉冲信号中，剔除幅度不够大的脉冲，可用（　　）电路。

   A. 施密特触发器   B. 单稳态触发器   C. 多谐振荡器   D. 集成定时器

9. 在数字系统中，能自行产生矩形波的电路是（　　）。

   A. 施密特触发器   B. 单稳态触发器   C. 多谐振荡器   D. 集成定时器

10. 改变555定时电路的电压控制端CO的电压值，可改变（　　）。

   A. 555定时电路的高、低输出电平   B. 开关放电管的开关电平

   C. 比较器的阈值电压   D. 置0端$\overline{R}$的电平值

四、简述题

1. 能否用施密特触发器存储1位二值代码？为什么？

2. 单稳态触发器输出的脉冲宽度由哪些因素决定？与触发脉冲的宽度和幅度有无关系？

3. 在用555定时器构成的单稳态触发器电路中，对触发脉冲幅度有什么要求？如果触发脉冲宽度大于暂稳态持续时间，电路能否正常工作？为什么？

4. 施密特触发器具有什么显著特征？主要应用有哪些？

5. 555定时电路中的3个5kΩ电阻的功能是什么？

6. 施密特触发器具有回差特性，其回差电压的大小对电路的性能有什么影响？

五、计算题

1. 由555定时电路构成的施密特触发器在电压控制端CO外接10V电压时，正向阈值电压V_{T+}、负向阈值电压V_{T-}以及回差电压ΔV_T各为多大？

2. 由555定时电路构成的多谐振荡器如图6.14所示。已知电路中的$R_1=20\text{k}\Omega$，$R_2=80\text{k}\Omega$，电容$C=0.1\mu\text{F}$，求电路的周期和振荡频率。

3. 图6.15为由555定时电路构成的单稳态触发器，已知$V_{CC}=10\text{V}$，$R=33\text{k}\Omega$，$C=0.1\mu\text{F}$，求输出电压u_o的脉冲宽度t_w。

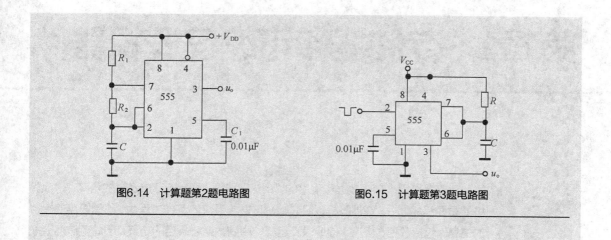

图6.14 计算题第2题电路图   图6.15 计算题第3题电路图

第7章 存储器和可编程逻辑器件

存储器是用来存储数据和程序的"记忆"装置，相当于存放资料的仓库，是计算机的重要组成部分。在计算机以及其他一些数字系统的工作过程中，都需要存储大量的信息，包括数据、程序、指令以及运算的中间数据和最后的结果，因此存储器就成了这些数字系统不可缺少的组成部分。

可编程逻辑器件（Programmable Logic Device，PLD）是作为一种通用器件生产的。所谓通用器件，就是指逻辑功能固定不变，在组成复杂的数字系统时经常要用到的器件。可编程逻辑器件与前面介绍的集成电路不同的是：可编程逻辑器件的逻辑功能是由用户通过对器件的编程来设定的。可编程逻辑器件的集成度很高，足以满足设计一般的数字系统的需要，因此在产品的开发、工业控制以及高科技电子产品各方面都得到了广泛的应用。

存储器和可编程逻辑器件均属于大规模集成电路范畴。由于大规模集成电路集成度高，往往能将一个较复杂的逻辑部件或数字系统集成到一块芯片上，存储器和可编程逻辑器件的应用，能有效地缩小设备体积、减轻设备重量、降低功耗、提高系统稳定性和可靠性，所以大规模数字集成电路的应用得到了飞速发展。电子工程技术人员只有不断地学习、学习、再学习，才能适应科学技术发展的大环境。

 本章学习目的及要求

1. 了解存储器的分类、特点及基本工作原理。
2. 了解扩展存储器容量的方法。
3. 了解用存储器设计组合逻辑电路的原理和方法。
4. 了解可编程逻辑器件的基本特征、分类及其特点。
5. 了解用可编程控制器设计逻辑电路的过程和需要使用的开发工具。

7.1 存储器的基本知识

存储器是计算机硬件系统的重要组成部分，计算机中的全部信息，包括数据、程序、指令以及运算的中间数据和最后结果都要存放在存储器中。有了存储器，计算机才具有"记忆"功能，才能把程序及数据的代码保存起来，才能使计算机的数字系统脱离人的干预，自动完成信息处理的功能。

7.1.1 存储器概述

存储器概述

能够用来存储大量的二值信息（或二值数据）的半导体器件，称为存储器。

半导体存储器属于大规模集成电路，近年来得到了迅速发展，具有集成度高、体积小、存储信息容量大、工作速度快和可靠性高等突出特点，在计算机和数字系统中得到了广泛的应用。

计算机对存储器的要求是容量大、速度快、成本低。因此，存储器系统的三项主要性能指标是容量、速度和成本。

存储容量是存储器系统的首要性能指标，因为存储容量越大，系统能够保存的信息量就越多，相应计算机系统的功能就越强；存储器的存取速度直接决定了整个微机系统的运行速度，因此，存取速度也是存储器系统的重要性能指标；存储器成本也是存储器系统的重要性能指标。

在实际应用中，在一个存储器中要求同时兼顾这三方面很困难。为了解决矛盾，目前在计算机系统中，通常采用由主存储器、高速缓冲存储器、外存储器三者构成的统一多级存储系统。从整体看，其速度接近高速缓存的速度，其容量接近辅存的容量，其成本则接近廉价慢速的辅存平均价格。

7.1.2 存储器的分类

存储器分类

存储器按构成的器件和存储介质主要可分为：磁芯存储器、半导体存储器、光电存储器、磁膜、磁泡和其他磁表面存储器以及光盘存储器等。按存取方式又可分为随机存取存储器、只读存储器两种。

随机存储器（RAM）又称读写存储器，是能够通过指令随机地、个别地对其中各个单元进行读/写操作的一类存储器。

只读存储器（ROM）在计算机系统的在线运行过程中，是只能对其进行读操作，而不能进行写操作的一类存储器。ROM通常用来存放固定不变的程序、汉字字型库、字符及图形符号等。

在计算机的多级存储器体系中，主存储器位于系统主机的内部，CPU可以直接对其中的单元进行读/写操作，因此被称作系统的主存或者内存。内存一般由半导体存储器构成，通常装在计算机主板上，存取速度快，但容量有限；辅存存储器位于系统主机的外部，广泛采用的是磁介质，CPU对其进行存/取操作时，必须通过内存才能进行，因此称作外存。由于CPU不能直接访问外存，因此外存的信息必须调入内存后，才能被CPU访问并进行处理。外存是为了弥补内存容量的不足而配置的，外存存储信息既可修改，也可长期保存，但存取速度较慢；缓冲存储器位于主存与CPU之间，其存取速度非常快，但存储容量更小，一般用来暂时解决存取速度与存储容量之间的矛盾，缓存提高了整个系统的运行速度。内存、外存与CPU的关系如图7.1所示。

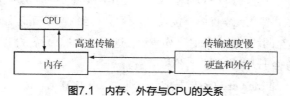

图7.1 内存、外存与CPU的关系

1. 内存储器

内存储器的物理实质是一组或多组具备数据输入、数据输出和数据存储功能的集成电路。按存储信息的功能，内存储器可分为只读存储器（ROM）可改写的只读存储器（EPROM）和随机存储器（RAM）。从数字系统设计的角度来看，目前计算机内存大多采用的是半导体存储器，使用类型主要是随机存取存储器和可编程逻辑器件。

只读存储器（ROM）中的程序和数据是事先存入的，计算机与用户只能读取和保存 ROM 中的程序，不能变更或存入资料。ROM 被储存在一个非挥发性芯片上，即使关机之后储存的内容仍然被保存，事先存入的信息不会因为下电而丢失。因此，ROM 常用来存放计算机系统程序、监控程序、基本输入、输出程序等特定功能的程序。

计算机的内存通常是指随机存储器（RAM）。RAM 的存储单元根据具体需要可以读出，也可以写入或改写。RAM 主要用来存放各种现场的输入输出数据、中间计算结果以及与外部存储器交换的信息。当操作过程中突然断电，而写入的数据等没有及时保存时，RAM 中的数据就会丢失。

RAM 帮助中央处理器 CPU 工作，从键盘或鼠标之类的来源读取指令，帮助 CPU 把资料写到一样可读可写的辅助内存中，以便日后仍可取用。RAM 还能主动把资料送到输出装置，如打印机、显示器等。RAM 的大小直接影响计算机的速度，RAM 越大，表明机器所能容纳的资料越多，CPU 读取的速度越快。目前使用的 RAM 多为 MOS 型半导体电路，一般分为静态和动态两种。静态 RAM 是靠双稳态触发器记忆信息；动态 RAM 则靠 MOS 电路中的栅极电容记忆信息。动态 RAM 比静态 RAM 集成度高、功耗低，成本低，适于做大容量存储器。因此，主内存通常采用动态 RAM，而高速缓冲存储器一般使用静态 RAM。

2. 外存储器

外存储器就是辅助存储器，简称外存。外存一般用来存放需要永久保存或是暂时不用的程序和数据信息。外存储器不直接与 CPU 交换信息。需要时，可以调入内存和 CPU 交换信息。目前计算机中广泛采用了价格较低、存储容量大、可靠性高的磁介质作为外存储器。外存储器设备种类很多，微型计算机常用的外存储器是磁盘存储器、光盘存储器和 U 盘存储器等。

磁盘存储器分为软盘和硬盘两种，目前软盘因存储容量太小而基本淘汰，硬盘由于具有存储容量大、存取速度快等突出特点而成为使用最广泛的外存储器之一。硬盘中的每个盘片可划分成若干磁道和扇区，各个盘片中的同一个磁道称为一个柱面。一块硬盘可以被划分成几个逻辑盘，并分别用盘符 C、D、E…表示。

一般的光盘直径为 12cm，中心有一个定位孔。光盘分为三层，最上面一层是保护层，一般涂漆并注明光盘的有关说明信息；中间一层是反射金属薄膜层；底层是聚碳酸酯透明层。记录信息时，使用激光在金属薄膜层上打出一系列的凹坑和凸起，将它们按螺旋形排列在光盘的表面上，称为光道。目前广泛应用的主要是只读型光盘（CD-ROM）。读取光盘上的信息是利用激光头发射的激光束对光道上的凹坑和凸起进行扫描，并使用光学探测器接收反射信号。当激光束扫描至凹坑的边缘时，表示二进制数字 1；当激光束扫描至凹坑内和凸起时，均表示二进制数字 0。光盘的主要优点是结构原理简单、存储信息容量大，十分方便于大量生产，且价格低廉。

U 盘采用了闪存（Flash Memory）存储技术，它通过二氧化硅形状的变化来记忆数据。二氧化硅的稳定性大大强于磁存储介质，使得优盘存储数据的可靠性大大提高。同时二氧化硅还可以通过增加微小的电压改变形状，从而达到反复擦写的目的。U 盘又称为快闪存储器，其工作原理和磁盘、光盘完全不同。如果使用的 Flash Memory 材质品质优良，一个 U 盘甚至能够达到擦写百万次的寿命。从 U 盘的外部来看，其轻便小巧，便于携带；从内部来说，由于无机械装置，其结构坚固、抗震性极强。U 盘还有一个最突出的特点，就是它不需要驱动器。使用 U 盘只需用一个 USB 接口，就可以十分方便地做到文件共享与交流，即插即用，热插拔也没问题。作为新一代的存储设备，U 盘具有很好的发展前景。

7.1.3　存储器的主要技术指标

1. 存储容量

存储器的主要性能
指标

存储器中存储一位二值代码的点称为存储单元，存储器中存储单元的总量称为存储容量，即存储器中可容纳的二进制信息量。存储容量常用存储器中存储地址寄存器 MAR 的编址数（即字线数 m）与存储字位线数的乘积表示。

二进制数的最基本单位是"位"，是存储器存储信息的最小单位，8 位二进制数称为一"字节"，字节的简写为大写英文字母 B。字节的概念可以这样理解：一个英文字母占用计算机存储容量的一字节，一个汉字占用计算机存储容量的 2 字节。存储容量的大小通常都是用字节表示的。由于计算机的存储器容量都很大，因此字节的常用单位还有 KB、MB、GB 和 TB。

新购买的硬盘，格式化之后显示的存储容量与磁盘上标称的存储容量往往不符合。其主要原因是：磁盘上的标称容量是用人们熟悉的十进制数给出的，而计算机内部实际上是用二进制数表示存储容量的。例如，1KB=1 024B，1MB=1 048 576B 等，如果用 MB 来表示磁盘存储器的容量，则磁盘的标称容量与实际显示的容量之间就会出现 5% 的误差，如果用 GB 表示，则有 7.4% 的误差，如果用 TB 表示，则误差将高达 10%。

即存储容量的单位换算为：1KB=1 024 字节，1MB=1 024KB，1GB=1 024MB，1TB=1 024GB。存储器容量越大，存储的信息量也越大，计算机运行的速度就越快。

2. 存取速度

计算机内存的最大容量由系统地址总线决定，例如计算机的地址总线是 32 根，则它的最大寻址空间为 2^{32}=4 294 967 296B 字节=4 194 304KB=4 096MB=4GB。内存的大小反映了计算机的实际装机容量，目前内存的实际装机容量通常大于 4GB。

计算机的发展非常迅速，试想地址总线如果是 64 根，最大寻址空间就是 2^{64} 字节，将支持多大的内存！

计算机内存的存取速度取决于内存的具体结构及工作机制。存取速度通常用存储器的存取时间或存取周期来描述。所谓存取时间，就是指启动一次存储器从操作到完成操作所需的时间；存取周期是指两次存储器访问所需的最小时间间隔。存取速度是存储器的一项重要参数。在一般情况下，存取速度越快，计算机运行的速度就越快。

3. 功耗

半导体存储器属于大规模集成电路，集成度高，体积小，因此散热不容易。在保证速度的前提下，应尽量减小功耗。由于 MOS 型存储器的功耗小于相同容量的双极型存储器，所以 MOS 型存储器的应用比较广泛。

4. 可靠性

可靠性是指存储器对电磁场、温度变化等因素造成干扰的抵抗能力，通常也称为电磁兼容性。半导体存储器采用大规模集成电路工艺制造，内部连线少，体积小，易于采取保护措施。与相同容量的其他类型存储器相比，半导体存储器抗干扰能力较强，兼容性较好。

5. 集成度

存储器由若干存储器芯片组成。存储器芯片的集成度越高，构成相同容量的存储器芯片数就越少。半导体存储器的集成度是指在一块数平方毫米芯片上所制作的基本存储单元数，常以"位／片"表示，也可以用"字节／片"表示。MOS 型存储器的集成度高于双极型存储器，动态存储器的集成度高于静态存储器。因此，微型计算机的主存储器大多采用动态存储器。

除上述指标外，还有性能价格比，输入、输出电平及成本价格等指标。其中性能价格比是一项综合性指标，对不同用途的存储器要求不同。一般对外存的要求是存储容量越大越好，对高速缓存则要求速度越快越好。

思考题

1. 目前使用的半导体存储器的主要类型是什么？按其存储信息的功能，又可分为哪两大类？
2. 存储器内存的最大容量是由什么决定的？
3. 多级结构的存储器是由哪三级存储器组成的？每一级存储器使用什么类型的存储介质？
4. 何为计算机的存储容量？存储容量的大小通常用什么来表示？

7.2 只读存储器ROM

只读存储器 ROM 是一种存放固定不变的二进制数码的存储器，用来存储数据转换表或计算机操作系统程序等计算机中不需要改写的数据。正常工作时，ROM 可重复读取所存储的信息代码，但是不能改写存储的信息代码。ROM 中存储的数据能够永久保持，不会因断电而消失，具有非易失性。

ROM 的结构组成
和功能

7.2.1 ROM的结构组成和功能

1. ROM 的结构组成

ROM 器件按制造工艺可分为二极管、双极型和 MOS 型三种；按存储内容存入方式，可分为固定和可编程两种。

ROM 内部的存储信息在生产厂家制造时，一般均采用一定工艺予以固定，其结构组成如图 7.2 所示。

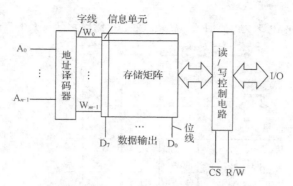

图7.2 ROM的结构框图

由图 7.2 可知，ROM 是由地址译码器、存储矩阵、读出电路（输出缓冲器）以及芯片选择逻辑等组成。其中 $A_0 \sim A_{n-1}$ 为地址输入线，共 n 根，其代码是按二进制数进行编码，称为地址码。通过地址译码器译出相应地址码的字线为 $W_0 \sim W_{m-1}$ 共计 m 根，字线的下标对应地址译码器输出的十进制数，字线与地址码的关系是 $m=2^n$。位线上的数据输出是被选中存储单元的数据。

2. 各部分的功能

（1）地址译码器

地址译码器的功能是根据输入的地址代码，从 n 条地址线中选择一条字线，以确定与该字线地址相对应的一组存储单元的位置。选择哪一条字线，取决于输入的是哪一个地址代码。任何时刻，只能有一条字线被选中。于是，被选中的那条字线对应的一组存储单元中的各位数码，经位线传送到数据线上输出。n 条地址输入线可得到 $N=2^n$ 个可能的地址。

（2）存储矩阵

存储矩阵是 ROM 的核心部件和主体，内部含有大量的存储单元电路。存储矩阵中的数据和指令都是用一定位数的二进制数表示的。存储器中存储 1 位二值代码（0 或 1）的点称为存储单元，存储器中的总存储单元数即为 ROM 的存储容量。

例如，在图 7.2 所示的 ROM 中，假设通过译码器输出的字线数 $m=2^{10}=1\,024$ 根，因为位线=8，所以，总的存储量应是 $1\,024 \times 8 = 8\,192$ 个存储单元，简称 8KB。

（3）读/写控制电路

读/写控制电路也称为输出缓冲器，它是为了增加 ROM 的带负载能力，同时提供三态控制，将被选中的 M 位数据输出至位上，以便和系统的总线相连。

7.2.2 ROM的工作原理

1. 二极管 ROM 电路的工作原理

以图 7.3 所示的二极管 ROM 电路为例说明其工作原理。

ROM 的工作原理

图 7.3 中的存储矩阵有 4 条字线 $W_0 \sim W_3$ 和 4 条位线 $D_0 \sim D_3$，共有 16 个交叉点，每个交叉点都可看作是一个存储单元。交叉点处接有二极管时，相当于存入 1，没有接二极管时相当于存入 0。例如，字线 W_0 与位线有 4 个交叉点，其中只有两处接有二极管。当 W_0 为高电平，其余字线为低电平时，使位线 D_0 和 D_2 为 1，这相当于交叉点处的存储单元存入了 1，另外两个交叉点由

于没有接二极管，位线 D_1 和 D_3 为 0，相当于交叉点处的存储单元存入了 0。

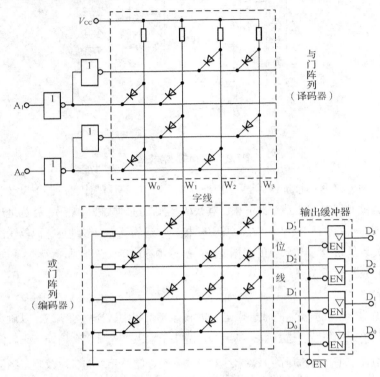

图7.3　半导体二极管ROM电路

ROM 中存储的信息究竟是 1 还是 0，通常在设计和制造时根据需要已经确定和写入了，而且当信息一旦存入后就不能改变，即使断开电源，所存信息也不会丢失。

在图 7.3 中，输入地址码是 A_1A_0，输出数据是 $D_3D_2D_1D_0$。输出缓冲器用的是三态门，三态门有两个作用，一是提高带负载能力；二是控制输出端状态，以便和系统总线连接。图 7.3 中与门阵列组成地址译码器，与门阵列的输出表达式如下。

$$W_0 = A_1A_0 \qquad W_1 = A_1\overline{A_0} \qquad W_2 = \overline{A_1}A_0 \qquad W_3 = \overline{A_1}\,\overline{A_0}$$

存储矩阵是一个或门阵列，每一列可看作一个二极管或门电路，用来构成存放地址编号的存储单元阵列，其输出表达式为

$$D_0 = W_0 + W_2 \qquad D_1 = W_1 + W_2 + W_3 \qquad D_2 = W_0 + W_2 + W_3 \qquad D_3 = W_1 + W_3$$

对应二极管 ROM 电路的输出信号真值表如表 7.1 所示。

表7.1　ROM 输出信号真值表

A_1	A_0	D_3	D_2	D_1	D_0
0	0	1	1	1	0
0	1	0	1	1	1
1	0	1	0	1	0
1	1	0	1	0	1

从存储器角度看，A_1A_0 是地址码，$D_3D_2D_1D_0$ 是数据。表 6.1 说明：在地址编号 00 中存放的数据是 1110；地址编号 01 中存放的数据是 0111；地址编号 10 中存放的是 1010；地址编号 11 中存放的是 0101。

从函数发生器角度看，A_1、A_0 是两个输入变量，D_3、D_2、D_1、D_0 是 4 个输出函数。当变量 A_1A_0 取值为 00 时，函数 $D_3D_2D_1D_0=1110$；当变量 A_1、A_0 取值为 01 时，函数 $D_3D_2D_1D_0=0111$；当变量 A_1A_0 取值为 10 时，函数 $D_3D_2D_1D_0=1010$；当变量 A_1A_0 取值为 11 时，函数 $D_3D_2D_1D_0=0101$。

从译码编码角度看，与门阵列先对输入的二进制代码 A_1A_0 进行译码，得到 4 个输出信号 W_0、W_1、W_2、W_3，再由或门阵列对 $W_0 \sim W_3$ 4 个信号进行编码，得到相应地址编号存入存储单元中。表 6.1 表明：W_0 的编码是 0101；W_1 的编码是 1010；W_2 的编码是 0111；W_3 的编码是 1110。

2. 简化的 ROM 矩阵阵列图

从二极管 ROM 电路可知，其元件数目众多，所以画出的电路图结构比较复杂。

在实际应用中，为了既能说明问题，又能使电路结构清晰明了，常常采用简化符号表示连接关系。画简化图时，一般把接有二极管存储单元的点用 "·" 或 "×" 表示。其中 "·" 表示固定连接，"×" 表示逻辑连接，没有固定连接和逻辑连接处通常认为是逻辑断开，如图 7.4（a）所示，逻辑运算关系如图 7.4（b）所示。

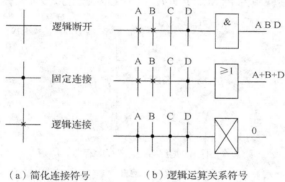

（a）简化连接符号　　　　（b）逻辑运算关系符号

图7.4　ROM的简化连接符号和逻辑运算关系符号

采用简化连接符号后，图 7.3 所示的电路可用图 7.5 所示的电路表示。

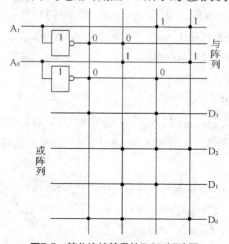

图7.5　简化连接符号的ROM矩阵图

7.2.3 ROM的分类

只读存储器 ROM 按照存储信息的写入方式，一般可分为掩模只读存储器 ROM、现场可编程存储器 PROM、光可擦除可编程的 EPROM 和电可擦除可改写的 E^2PROM 等。

ROM 的分类

1. 掩模只读存储器

在采用掩模工艺制作 ROM 时，其存储数据是由制作过程中使用的掩模板决定的，存入数据的过程称为"编程"。掩膜编程是由生产厂家采用掩模工艺专门制作的一种固定 ROM，因此在出厂时，内部存储的数据就已经"固化"在存储器中，用户无法改变所存储的数据。

掩模固定存储器 ROM 的电路结构很简单，且性能可靠，所以集成度可以做得很高，由于成本较低，一般都是批量生产。但是，掩模的 ROM 由于使用时只能读出，不能写入，所以只能存放固定数据、固定程序和函数表等。

2. 现场编程 ROM（PROM）

在开发数字电路新产品的过程中，设计人员往往需要按照自己的构思迅速得到存有所需内容的 ROM，这时就可通过现场编程得到要求的 ROM，这种现场编程的 ROM 被称为 PROM。

图 7.6 为熔丝结构的 PROM 存储单元示意图。

图7.6　熔丝结构的PROM存储
单元示意图

现场编程时，首先输入地址代码，找出要写入 0 的单元地址，使选中的字线为高电平 1，同时在编程的位线上加入幅度约为 20V，持续时间约为几微秒的编程脉冲，使熔丝上通过较大的脉冲电流，将熔丝烧断。由于熔丝烧断后不可恢复，故又称作一次性可编程 PROM。现场编程 ROM 出厂时，存储内容全为 1（或全为 0），根据用户自己的需要，利用专用的编程器现场将某些单元改写为 0，需要改写为 0 的存储单元，只需把该单元中的熔丝烧断即可。保留为 1 的存储单元，把该位的熔丝保留。现场编程的 PROM 一旦进行了编程，就不能再修改了。

3. 可擦除可编程的 EPROM

早期制造的 PROM 存储单元是利用其内部熔丝是否被烧断来写入数据的，因此只能写入一次，这使其应用受到很大限制。目前使用的光可擦除可编程的 EPROM 只需将此器件置于紫外线下，即可擦除，因此可多次写入。

EPROM 的存储单元是在 MOS 管中置入浮置栅的方法实现的，如图 7.7 所示。

图 7.7（a）是浮置栅 MOS 管的结构图，MOS 管为 P 沟道增强型，其栅极"浮置"于二氧化硅绝缘层内，与其他部分均不相连，处于完全绝缘的状态。写入程序时，在漏极和衬底之间加足够高的反

向脉冲电压，一般在-45V～-30V 之间，就可使 PN 结产生雪崩击穿，雪崩击穿产生的高能电子穿透二氧化硅绝缘层进入浮置栅中。脉冲电压消失后，浮置栅中的电子无放电回路而被保留下来。这种雪崩注入式写入的程序，在 +125℃的环境温度下，70%以上的电荷能保存 10 年以上。

当用户需要改写存储单元的内容时，要先用紫外光线照射石英盖板下集成芯片中的浮置栅 MOS 管，在光的作用下，浮置栅上注入的电荷就会形成光电流而泄漏掉，恢复原来未写入时的状态，这一过程叫作光擦除。擦除后的存储单元又可写入新信息。EPROM 重新写入数据后，带电荷的浮置栅使 PMOS 管的源极和漏极之间导通，当字线选中某一存储单元时，该单元位线即为低电平；浮置栅中无电荷（未写入）新信息时，浮置栅 PMOS 管截止，位线为高电平。

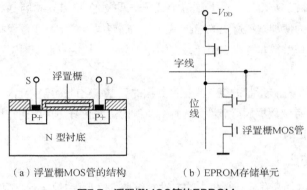

（a）浮置栅MOS管的结构　　（b）EPROM存储单元

图7.7　浮置栅MOS管的EPROM

4. 电可擦除可编程的 E^2PROM

EPROM 需要两个 MOS 管，编程电压偏高；P 沟道管的开关速度较低，且利用光照擦除写入内容大约需要 30min 左右较长时间。为了缩短擦除时间，人们又研制出了电可擦除可编程方式的 E^2PROM。

电可擦除可编程的 E^2PROM 速度一般为 ms 数量级，其擦除过程就是改写的过程，改写以字为单位进行。E^2PROM 不但在掉电时不丢失数据，还可随时改写写入的数据，重复擦除和改写的次数高达 1 万以上。E^2PROM 既具有 ROM 的非易失性，又具备类似 RAM 的功能，可以随时改写。目前，大多数 E^2PROM 的可编程逻辑器件集成芯片内部都备有升压电路。因此，只需提供单电源供电，便可进行读操作、写操作和擦除操作，为数字系统的设计和在线调试提供了极大方便。现在使用的光盘存储器就有很多属于 E^2PROM。

5. 快闪存储器 FMROM

快闪存储器一方面吸收了 EPROM 结构简单、编程可靠的优点，另一方面它保留了 E^2PROM 用隧道效应擦除的快捷特性，而且集成度很高。

图 7.8 为快闪存储器的结构示意图和存储单元。

从结构上来看，快闪存储器属于 N 沟道增强型 MOS 管，有控制栅和浮置栅两个栅极。其浮置栅与漏区之间有一个极薄的氧化层，称为隧道区。当隧道区的电场强度大到一定程度时，如大于 $10^7V/cm$ 时，就会在漏区和浮置栅之间出现导电隧道，电子可以双向通过，形成电流，这种现象称为隧道效应。

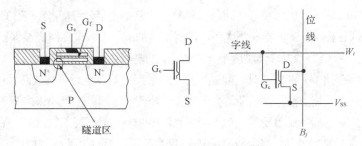

图7.8 快闪存储器的结构示意图和存储单元

加到控制栅 G_c 和漏极 D 上的电压,是通过浮置栅—漏极之间的电容和浮置栅—控制栅之间的电容分压后加到隧道上的。为使加到隧道上的电压尽量大,需要尽可能地减小浮置栅和漏区之间的电容,故而要求把隧道区的面积做得非常小。因此,在制作工艺上,快闪存储器对隧道区氧化层的厚度、面积和耐压要求都较高。

FMROM 是通过二氧化硅形状的变化来记忆数据的。二氧化硅的稳定性大大强于磁存储介质,使得快闪存储器(U 盘)存储数据的可靠性大大提高。同时二氧化硅还可以通过增加微小的电压来改变形状,达到反复擦写的目的。

7.2.4 ROM的应用

ROM 的应用

只读存储器不仅可以用来存放计算机中的二进制信息,还可以在数字系统中实现代码的转换、函数运算、时序控制以及实现各种波形的信号发生器等。

1. 用 ROM 实现组合逻辑函数

因为 ROM 的地址译码器是一个与阵列,存储矩阵是可编程或阵列,所以很方便地用来实现与或形式的逻辑函数。其方法如下。

首先,把 ROM 中的 n 位地址端作为逻辑函数的输入变量,则 ROM 的 n 位地址译码器的输出就是由输入变量组成的 2^n 个最小项,即实现了逻辑变量的与运算。其次,ROM 中的存储矩阵把与运算后输出的最小项相或后输出,从而实现了最小项的或运算。

【例 7.1】用 ROM 实现下列逻辑函数。

$$Y_1 = \overline{AB} + AB$$
$$Y_2 = \overline{BC} + \overline{A}C$$
$$Y_3 = \overline{AB}\overline{C} + C$$

【解】利用 $A + \overline{A} = 1$ 将上述函数式较化为标准与或式。

$$Y_1 = \overline{AB} + AB = \sum(0,1,6,7)$$
$$Y_2 = \overline{BC} + \overline{A}C = \sum(0,1,3,4)$$
$$Y_3 = \overline{AB}\overline{C} + C = \sum(1,2,3,5,7)$$

由上述标准式可知:函数 Y_1 有 4 个存储单元应为 1,函数 Y_2 也有 4 个存储单元应为 1,函数 Y_3 有 5 个存储单元应为 1,实现这三个逻辑函数的电路如图 7.9 所示。

在 ROM 的与阵列中,垂直线代表与逻辑,交叉圆点代表与逻辑的输入变量;或阵列中的水平线代表或逻辑,交叉圆点代表字线输入。从这个例子可以看出,用 PROM 能够实现任何与或标准式的组合逻辑函数。实现方法非常简单，只要将该函数的真值表列出，使其有关的最小项相或，即可直接画出存储矩阵的编程图。

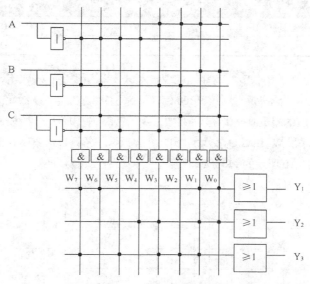

图7.9 用ROM实现组合逻辑函数的电路

2. 代码转换

【例 7.2】用 PROM 组成一个码制变换器，把 8421BCD 码转换成格雷码，其代码转换要求如表 7.2 所示。

表 7.2 8421BCD 码转换为格雷码的转换真值表

四位二进制码				四位格雷码			
B_3	B_2	B_1	B_0	G_3	G_2	G_1	G_0
0	0	0	0	0	0	0	0
0	0	0	1	0	0	0	1
0	0	1	0	0	0	1	1
0	0	1	1	0	0	1	0
0	1	0	0	0	1	1	0
0	1	0	1	0	1	1	1
0	1	1	0	0	1	0	1
0	1	1	1	0	1	0	0
1	0	0	0	1	1	0	0
1	0	0	1	1	1	0	1
1	0	1	0	1	1	1	1
1	0	1	1	1	1	1	0
1	1	0	0	1	0	1	0
1	1	0	1	1	0	1	1

续表

四位二进制码				四位格雷码			
B_3	B_2	B_1	B_0	G_3	G_2	G_1	G_0
1	1	1	0	1	0	0	1
1	1	1	1	1	0	0	0

【解】将表 7.2 中的 B_3、B_2、B_1、B_0 作为地址输入量，格雷码 G_3、G_2、G_1、G_0 定义为输出量，存储矩阵的内容由具体的格雷码决定，则该 PROM 的容量为 4×4。按表 7-2 给定的输出值对存储矩阵进行编程，烧断与 0 对应的单元中的熔丝。例如，$B_3B_2B_1B_0$=0010 时，字线 W_2 为高电平，输出为 $G_3G_2G_1G_0$=0011，故应保留 W_2 和 G_1G_0 交叉点上的熔丝 "×"，烧断 W_2 和 G_3G_2 交叉点上的熔丝。

据此，可得到如图 7.10 所示的 PROM 编程图。

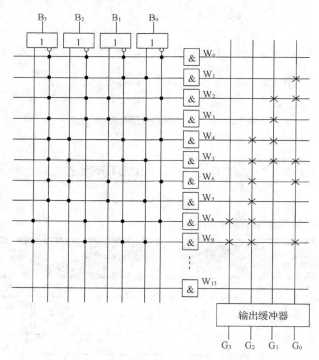

图7.10　例7.2代码转换的PROM编程图

思考题

1. ROM有哪些种类？试述各种类型ROM的特点及适用场合。

2. 有一个存储体的地址线为A_{11}～A_0，输出数据位线有8根分别输出D_7～D_0，问该存储体的存储容量为多少？

7.3 随机存取存储器RAM

随机存储器 RAM 在工作过程中，既可以方便地读出所存信息，又能随时写入新的数据。RAM 的特点：在系统工作时，可以随机对各个存储单元进行"读"操作和"写"操作，但发生掉电时，其数据易丢失。

 注意 | RAM所进行的"读"是指"取信息"；进行的"写"是指"存信息"。

7.3.1 RAM的结构组成和功能

从基本功能上看，RAM 与前面介绍的数码寄存器并无本质区别，只是 RAM 的存储容量要比数码寄存器的存储容量大得多，功能远强于数码寄存器。因此，可把 RAM 看作是由很多数码寄存器组合起来构成的大规模集成电路。

RAM 的结构组成和功能

RAM 主要包括地址译码器、存储矩阵和读/写控制电路等。图 7.11 是 RAM 的典型结构组成框图。

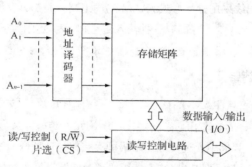

图7.11 RAM的结构组成框图

1. 存储矩阵

RAM 中的存储单元由许多基本存储电路排列成行、列矩阵，存储矩阵是存储器的主体。存储矩阵的容量由地址码的位数 N 和字长的位数 M 决定。当一个存储矩阵的地址数为 N，每个字长包含的位数为 M 时，存储矩阵的容量=$N×M$。存储矩阵的存储容量越大，存储的信息量就越多，RAM 的存储功能就越强。RAM 的存储矩阵与外面电路的连接由地址译码器输出信号控制。

2. 地址译码器

RAM 中的每个寄存器都有一个地址，CPU 是按地址来存取存储器中的数据。地址译码器，就是用来接受 CPU 送来的地址信号并对它进行译码，选择与此地址码相对应的存储单元，以便对该单元进行读/写操作。

3. 读/写控制器

访问 RAM 时，对被选中的寄存器，通过读/写控制线控制究竟是读还是写。一般 RAM 的读/写控制线高电平为读，低电平为写；也有的 RAM 读/写控制线是分开的，一根为读，另一根为写。当 $R/\overline{W}=1$ 时，执行读操作，被选中单元存储的数据经数据线、数据输入/输出 I/O 控制线传送给 CPU；当 $R/\overline{W}=0$

时，执行写操作，CPU 将数据经过数据输入/输出 I/O 控制线将数据存入被选中单元。

4. 片选控制

由于受 RAM 集成度的限制，一台计算机的存储器系统往往由许多片 RAM 组合而成。CPU 访问存储器时，一次只能访问 RAM 中的某一片，即存储器中只有一片 RAM 中的一个地址接受 CPU 访问并交换信息，而其他片 RAM 与 CPU 不发生联系。

片选就是用来实现上述控制的。通常一片 RAM 有一根或几根片选线，当某一片的片选线接入有效电平时，该片被选中，地址译码器的输出信号控制该片某个地址的寄存器与 CPU 接通；当片选线接入无效电平时，该片与 CPU 之间处于断开状态。片选 $\overline{CS}$ 为选择芯片的控制输入端，低电平有效。当片选信号 $\overline{CS}=1$ 时，RAM 被禁止读写，处于保持状态，I/O 接口处的三态门处于高阻状态；$\overline{CS}=0$ 时，RAM 可在读/写控制输入 R/$\overline{W}$ 的作用下做读出或写入操作。

5. 数据输入/输出控制

为了节省器件引脚的数目，数据的输入和输出共用相同的引脚（I/O），因此数据输入/输出控制也简称为 I/O 控制。"读"操作时，I/O 端子做输出端，"写"操作时，I/O 端子做输入端，可一线二用。RAM 通过 I/O 端子与计算机的 CPU 交换数据，I/O 端子数据线的条数，与一个地址中所对应的寄存器位数相同。例如在 1 024×1 位的 RAM 中，每个地址中只有 1 个存储单元（1 位寄存器），因此只有 1 条 I/O 引线；而在 256×4 位的 RAM 中，每个地址中有 4 个存储单元（4 位寄存器），所以有 4 条 I/O 引线。有的 RAM 输入线和输出线采用分开形式。RAM 的输出端一般都具有集电极开路或三态输出结构。由读/写控制线控制。通常 RAM 中寄存器有五种输入信号和一种输出信号：地址输入信号、读/写控制输入信号 R/$\overline{W}$、输入控制信号 $\overline{OE}$、片选控制输入信号 $\overline{CS}$、数据输入信号和数据输出信号。

7.3.2 RAM的存储单元

存储单元是随机存取存储器 RAM 的核心部分，存储单元电路的形式多种多样。按工作方式的不同，可分为静态和动态两类，按所用元件类型，又可分为双极型和 MOS 型两种。双极型存储单元速度高，单极型存储单元功耗低、容量大。在要求存取速度快的场合常用双极型 RAM 电路，单极型存储器适用于容量大、功耗低，对速度要求不高的场合。

RAM 的存储单元

由于单极型存储器相对应用较多，下面以此为例介绍 RAM 的工作原理。

1. 静态 RAM 存储单元

图 7.12 为由一个 CMOS 管构成的静态存储单元，由 6 只三极管 $VT_1 \sim VT_6$ 组成。其中 VT_1 与 VT_2、VT_3 与 VT_4 各构成一个反相器，两个反相器的输入和输出交叉连接，构成基本的触发器，作为数据存储单元。VT_5、VT_6 是门控管，它们的导通或截止均受行选择线的控制。同时，VT_5、VT_6 门控管控制触发器输出端与位线之间的连接状态。

当行选择线为低电平时，VT_5、VT_6 截止，这时存储单元和位线断开，存储单元的状态保持不变；当行选择线为高电平时，VT_5、VT_6 导通，触发器输出端与位线接通，此时通过位选择线对存储单元操作。在读控制 R 信号的作用下，可将基本触发器存储的数据输出。如 Q=1 时，1 位线输出 1，0 位线输出 0。根据两条线上的电位高低就可知道该存储单元的数据。在写控制信号 $\overline{W}$ 作用下，需写入的数据被送入 1 位线和 0 位线，经过 VT_5、VT_6 门控管加在反相器的输入端，将基本触发器置于所需的状态。

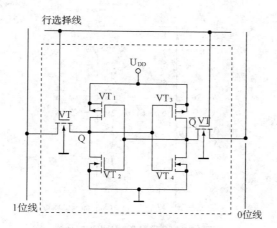

图7.12 静态RAM存储单元

静态 RAM 的特点是：在没有断电的情况下，信息可以长时间保存。

2. 动态 RAM 存储单元

一个 MOS 管和一个电容就可组成一个最简单的动态存储单元电路，如图 7.13 所示。动态存储单元电路是利用电容 C 上存储的电压来表示数据的状态，晶体管 VT 起开关的作用。

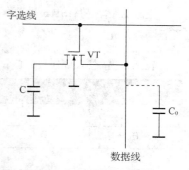

图7.13 动态RAM存储单元

当存储单元未被选中时，字选线为低电平 0，VT 截止，C 和数据线之间隔离。当存储单元被选中时，字选线为高电平 1 时，VT 导通，可以对存储单元进行读/写操作。写入时，送到数据线上的二进制信号经 VT 存入 C 中；读出时，C 的电平经数据线读出，读出的数据经放大后，再送到输出端。同时由于 C 和数据线的分布电容 C_0 并联，C 要放掉部分电荷。为保持原有的信息，放大后的数据同时回送到数据线上，对 C 要进行重写（即刷新）。对长时间无读/写操作的存储单元，C 会缓慢放电，所以存储器必须定时刷新所有存储单元。

动态存储器的特点是：存储的信息不能长时间保留，需要不断刷新。

7.3.3 集成RAM芯片简介

目前 4M 位集成 RAM 芯片已得到广泛应用，功耗低，价格便宜，适宜于做大容量的存储器。其中静态 MOS 型 RAM 的集成度、功耗、成本、速度等指标介于双极型 RAM 和动态 MOS 型 RAM 之间，不仅功耗低，而且不需要刷新，易于用电池作后备电源。常见的 RAM 型号有：2 114（1K×4）、6 116（2K×8）、6 264（8K×4）、62 256（32K×8）、62 010（128K×8）。

集成 RAM 芯片简介

1. 集成 RAM6116 的引脚排列图

图 7.14 所示为 2K×8 位静态 CMOS RAM 集成芯片 6116 的引脚排列图。

引脚 A_0～A_{10} 是地址码输入端，D_0～D_7 是数据输出端，$\overline{CS}$ 是选片端，$\overline{OE}$ 是输出使能端，$\overline{WE}$ 是写入控制端。

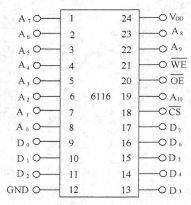

图7.14　静态RAM6116引脚排列图

2. 芯片工作方式和控制信号之间的关系

集成 RAM 芯片 6116 的工作方式与控制信号之间的关系如表 7.3 所示。读出和写入线是分开的，而且写入优先。

表 7.3　静态 RAM6116 工作方式和控制信号状态表

$\overline{CS}$	$\overline{OE}$	$\overline{WE}$	$A_0 \sim A_{10}$	$D_0 \sim D_7$	工作状态
1	×	×	×	高阻态	低功耗维持
0	0	1	稳定	输出	读
0	×	0	稳定	输入	写

7.3.4　RAM的容量扩展

在实际应用中，经常需要大容量的 RAM。在单片 RAM 容量不能满足要求时，就需要扩展，将多片的 RAM 组合起来，构成存储器系统（也称存储体）。

存储器容量的位数是由具体的 RAM 器件决定的，可以是 4 位、8 位、16 位和32 位等。每个字是按地址存取，一般的操作顺序是：先按地址选中要进行读或写操作的字，再对找到的字进行读或写操作。存储器好比一座宿舍楼，地址对应房间号，字对应房间数，位对应每个房间中的床位。

RAM 的扩展

如果一片 RAM 中的字数已经够用，而每个字的位数不够用时，可采用位扩展连接方式解决。其数据位扩展的方法如图 7.15 所示。

由图 7.15 可以看出，位扩展的方法是将几片 RAM 的地址输入端、读/写控制端都对应并联在一起，各位芯片的 I/O 端串联构成输出，位数即得到扩展，扩展后的总位数等于并联几片 RAM 位数之和。

如果一片 RAM 中的位数够用，但字数不够用时，可采用字扩展连接方式解决。字扩展的方法如图 7.16 所示。

把 N 个地址线并联连接，R/W 控制线并联连接，片选信号分别接地址的高位或用译码器经过译码输出，分别接各位芯片的 CS 端。图 7.16 中高位地址码 A_{10}、A_{11} 和 A_{12} 经 74LS138 译码器 8 个输出端分别接在 8 片 1K×8 位 RAM 的片选端，以实现字扩展。

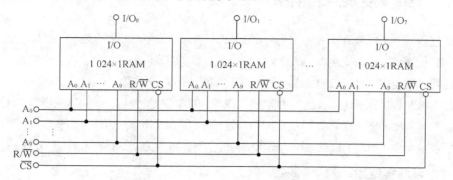

图7.15　1K×1位RAM扩展成1K×8位RAM

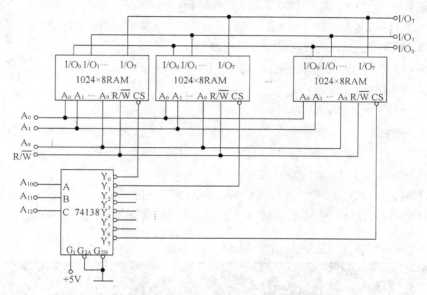

图7.16　1K×8位RAM扩展成8K×8位RAM

字、位同时扩展时，根据前述的方法连接即可，要注意片选端的连接。

思考题

1. 何为随机存储器？其特点是什么？
2. 按工作方式的不同，RAM可分为哪几种类型的存储单元？各具何特点？
3. 存储器的容量由什么决定？
4. 如何扩展RAM的位线和字线？

7.4　可编程逻辑器件

可编程逻辑器件（PLD）是用户自行定义编程的一类通用型逻辑器件的总称。PLD 通常由输入缓冲、与阵列、或阵列、输出缓冲 4 个部分构成。

典型的可编程逻辑器件（PLD）由一个与门阵列和一个或门阵列组成。由于任意一个组合逻辑都可以用"与1或"表达式描述，因此 PLD 能够完成各种数字逻辑功能。典型可编程逻辑器件（PLD）的特点是：与阵列（即地址译码器）不可编程，或阵列（即存储矩阵）可编程。

可编程逻辑器件（PLD）根据阵列和输出结构的不同，可分为 PLA、PAL 和 GAL 等。

7.4.1　可编程逻辑阵列

可编程逻辑阵列（PLA）是在 PLD 基础上发展起来的一种新型的可编程逻辑器件，它用较少的存储单元就能存储大量的信息，可完成各种组合逻辑和时序逻辑电路的功能。可编程逻辑阵列 PLA 的主要特点如下。

可编程逻辑阵列
PLA

（1）PLA 有一个由与阵列构成的地址译码器，是一个非完全译码器。

（2）PLA 中的存储信息是经过化简、压缩后装入的。

（3）PLA 中的与阵列和或阵列都可编程。

PLD 中与阵列编程产生变量最少的与项，或阵列编程完成相应最简与项之间的或运算并产生输出，由此大大提高了芯片面积的有效利用率。

构成组合逻辑电路是 PLA 的主要应用之一，下面举例说明。

【例 7.3】用 PLA 实现将四位二进制码变换成四位格雷码的码制变换器。

【解】写出用 PLA 实现四位二进制码转换为格雷码的码制真值表，如表 7.4 所示。

表 7.4　用 PLA 转换成四位格雷码的码制真值表

四位二进制码				四位格雷码			
B_3	B_2	B_1	B_0	G_3	G_2	G_1	G_0
0	0	0	0	0	0	0	0
0	0	0	1	0	0	0	1
0	0	1	0	0	0	1	1
0	0	1	1	0	0	1	0
0	1	0	0	0	1	1	0
0	1	0	1	0	1	1	1
0	1	1	0	0	1	0	1
0	1	1	1	0	1	0	0
1	0	0	0	1	1	0	0
1	0	0	1	1	1	0	1
1	0	1	0	1	1	1	1
1	0	1	1	1	1	1	0

续表

四位二进制码				四位格雷码			
B_3	B_2	B_1	B_0	G_3	G_2	G_1	G_0
1	1	0	0	1	0	1	0
1	1	0	1	1	0	1	1
1	1	1	0	1	0	0	1
1	1	1	1	1	0	0	0

可得 G_3、G_2、G_1、G_0 的最简与或表达式如下。

$G_3 = B_3$

$G_2 = B_3\overline{B}_2 + \overline{B}_3 B_2$

$G_1 = B_2\overline{B}_1 + \overline{B}_2 B_1$

$G_0 = B_1\overline{B}_0 + \overline{B}_1 B_0$

根据上述逻辑关系式可画出相应的 PLA 阵列逻辑图如图 7.17 所示。

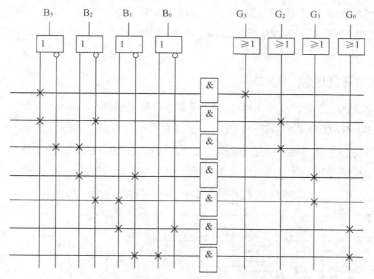

图7.17 二进制码变换成格雷码的PLA阵列逻辑图

实际上，可编程逻辑阵列 PLA 是只读存储器 ROM 的变种，属于一种特殊的 ROM，它用较少的存储单元就能存储大量的信息，并且 PLA 的存储单元体和地址译码器都是用户可编程的。

7.4.2 可编程阵列逻辑

可编程阵列逻辑（PAL）是 20 世纪 70 年代末由 MMI 公司率先推出的一种可编程逻辑器件。PAL 采用双极型工艺制作，熔丝编程方式。

可编程阵列逻辑（PAL）也是 ROM 的变种，由可编程的与逻辑阵列、固定的或逻辑阵列和输出电路三部分组成。PAL 器件的存储单元体或阵列不可编程，地址译码器与阵列是用户可编程的。PAL 运行速度较高，开发系统完善，输出电路结构形式有好几种，

可编程阵列逻辑
PAL

可以借助编程器进行现场编程，这一点很受用户欢迎。但 PAL 一般采用熔断丝双极性工艺，只能一次编程，其应用局限性较大，因此价格偏低，目前只有较少用户使用。PAL 的结构组成如图 7.18 所示。

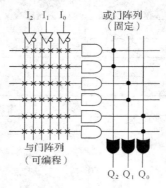

图7.18　PAL结构组成

PAL 器件通过对与逻辑阵列编程可以获得不同形式的组合逻辑函数。另外，在有些型号的 PAL 器件中，除了设置基本的与 1 或形式输出结构外，为实现时序逻辑电路的功能，又设计制造了在或门和三态门之间加入 D 触发器，并将 D 触发器的输出反馈回与阵列的 PAL 结构，从而使 PAL 的功能大大增强。

7.4.3　通用阵列逻辑

通用阵列逻辑（GAL）器件是从 PAL 发展过来的，GAL 的特点是：与阵列可编程，或阵列固定。GAL 中采用了浮栅隧道氧化层 MOS 管，实现了在很短时间完成电擦除和电改写，而且可以多次编程。为了达到通用的目的，GAL 在输出三态门之前连接一个输出逻辑宏单元（OLMC），如图 7.19 所示。由于 OLMC 提供了灵活的输出功能，因此编程后的 GAL 器件可以替代所有其他固定输出极的 PLD。

通用阵列逻辑 GAL

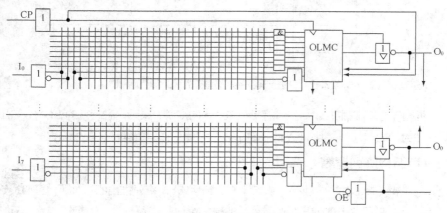

图7.19　GAL内部原理图（局部）

集成的 GAL16V8 芯片由 8 根输入及 8 根输出各引出两根互补的输出构成 32 列，即与项的变量个数为 16；8 根输出分别对应一个 8 输入或门构成 64 行，与阵列共包括 2 048 个可编程单元；GAL16V8

还有 8 个输出宏单元，每个宏单元的电路可以通过编程实现所有 PAL 输出结构的功能；GAL16V8 的时钟输入端与每个输出宏单元中的 D 触发器时钟输入端相连，只能实现同步时序电路，而无法实现异步的时序电路；GAL16V8 有 3 种工作模式：简单型、复杂型和寄存器型。在简单型工作模式下，GAL 内无反馈通路；在复杂型工作模式下，GAL 内存在反馈通路；在寄存器型工作模式时，至少有一个 OLMC 工作在寄存器输出模式。

总之，可编程逻辑器件 PLD 经历了可编程逻辑阵列 PLA、可编程阵列逻辑 PAL、通用阵列逻辑 GAL 等发展过程。其趋势是集成度和速度不断提高，功能不断增强，结构趋于更合理，使用变得更加灵活和方便。

思考题

1. 可编程的含义是什么？有哪几种编程方式？
2. 可编程逻辑器件有哪几种类型？指出它们各自的特点。
3. ROM中的地址译码器阵列和存储编码阵列有什么不同之处？
4. 目前使用的EPROM的存储单元是用什么方法实现的？
5. 为实现时序逻辑电路的功能，PAL又设计制造哪些环节，使PAL的功能大大增加？

7.5 应用能力训练环节

7.5.1 随机存取存储器2114A及其应用

1. 实验目的

（1）了解集成随机存取存储器 2114A 的工作原理。

（2）通过实验熟悉随机存取存储器 2114A 的工作特性、使用方法及应用。

2. 实验主要仪器设备

（1）+5V 直流电源。

（2）单次时钟脉冲源和连续时钟脉冲源。

（3）逻辑电平开关。

（4）译码显示电路。

（5）静态随机存取存储器芯片 2114A、四位二进制同步计数器集成电路 74LS161、8 线−3 线优先编译码器集成电路 74LS148、八缓冲器/线驱动器/线接收器集成电路 74LS244 芯片、四 2 输入与非门集成电路 74LS00、六反相器集成电路 74LS04。

（6）其他相关设备与导线。

3. 实验原理及相关知识要点

（1）2114A 静态随机存取存储器

2114A 是一种 1024 字×4 位的静态随机存取存储器，采用 HMOS 工艺制作，它的逻辑框图如图 7.20 所示。

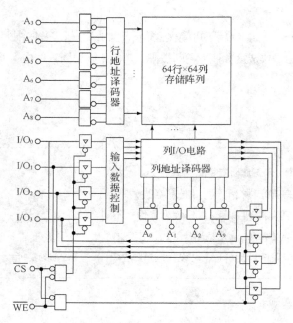

图7.20　2114A的逻辑框图

图 7.20 中有 4 096 个存储单元排列成 64×64 矩阵。采用两个地址译码器，行译码（$A_3 \sim A_8$）输出 $X_0 \sim X_{63}$，从 64 行中选择指定的一行，列译码（A_0、A_1、A_2、A_9）输出 $Y_0 \sim Y_{15}$，再从已选定的一行中选出 4 个存储单元进行读/写操作。$I/O_0 \sim I/O_3$ 既是数据输入端，又是数据输出端，$\overline{CS}$ 为片选信号，$\overline{WE}$ 是写使能，控制器件的读写操作。

2114A 的管脚排列图及电路图符号如图 7.21 所示。

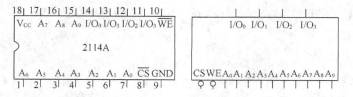

图7.21　2114A的管脚排列图及电路图符号

2114A 引出端的功能如表 7.5 所示。

表 7.5　2114A 引出端的功能

端名	功能
$A_0 \sim A_9$	地址输入端

续表

端名	功能
$\overline{WE}$	写选通
$\overline{CS}$	芯片选择
$I/O_0 \sim I/O_3$	数据输入/输出端
V_{CC}	+5V

2114A 的器件功能如表 7.6 所示。

表 7.6 2114A 的器件功能

地址	$\overline{CS}$	$\overline{WE}$	$I/O_0 \sim I/O_3$
有效	1	×	高阻态
有效	0	1	读出数据
有效	0	0	写入数据

① 当器件要进行读操作时，首先输入要读出单元的地址码（$A_0 \sim A_9$），并使 $\overline{WE}$ =1，给定地址的存储单元内容（4 位）就经读写控制传送到三态输出缓冲器，而且只有在 $\overline{CS}$ =0 时，才能把读出数据送到引脚（$I/O_0 \sim I/O_3$）上。

② 当器件要进行写操作时，在 $I/O_0 \sim I/O_3$ 端输入要写入的数据，在 $A_0 \sim A_9$ 端输入要写入单元的地址码，然后再使 $\overline{WE}$ =0，$\overline{CS}$ =0。必须注意，在 $\overline{CS}$ =0 时，$\overline{WE}$ 输入一个负脉冲，能写入信息；同样，$\overline{WE}$ =0 时，$\overline{CS}$ 输入一个负脉冲，也能写入信息。因此，在地址码改变期间，$\overline{WE}$ 或 $\overline{CS}$ 必须至少有一个为 1，否则会引起误写入，冲掉原来的内容。为了确保数据能可靠地写入，写脉冲宽度 t_{WP} 必须大于或等于手册规定的时间区间，当写脉冲结束时，标志这次写操作结束。

③ 2114A 的特点如下。

a. 采用直接耦合的静态电路，不需要时钟信号驱动，也不需要刷新。

b. 不需要地址建立时间，存取特别简单。

c. 输入、输出同极性，读出是非破坏性的，使用公共的 I/O 端，能直接与系统总线相连接。

d. 使用单电源＋5V 供电，输入输出与 TTL 电路兼容，输出能驱动一个 TTL 门和 C_L=100pF 的负载（$I_{OL} \approx 2.1 \sim 6mA$、$I_{OH} \approx -1.0 \sim -1.4mA$）。

e. 具有独立的选片功能和三态输出。

f. 器件具有高速与低功耗性能。

g. 读/写周期均小于 250ns。

随机存取存储器的种类繁多，2114A 是一种常用的静态存储器，是 2114 的改进型。在实验中也可以使用其他型号的随机存储器。例如，6116 是一种使用较广的 2048×8 的静态随机存取存储器，它的使用方法与 2114A 相似，仅多了一个 $\overline{DE}$ 输出使能端，当 $\overline{DE}$ =0、$\overline{CS}$ =0、$\overline{WE}$ =1 时，读出存储器内的信息；当 $\overline{DE}$ =1、$\overline{CS}$ =0、$\overline{WE}$ =0 时，则把信息写入存储器。

（2）用 2114A 静态随机存取存储器实现数据的随机存取及顺序存取

图 7.22 为电路原理图，为使实验接线方便，又不影响实验效果，2114A 中的地址输入端保留前 4

位（$A_0 \sim A_3$），其余输入端（$A_4 \sim A_9$）均接地。

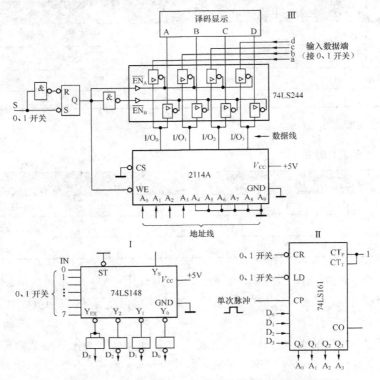

图7.22　2114A实现数据的随机存取及顺序存取实验原理图

① 用 2114A 实现静态随机存取。

如图 7.22 所示，电路由以下三部分组成。

a. 由与非门组成的基本 RS 触发器与反相器，控制电路的读写操作。

b. 由 2114A 组成的静态 RAM。

c. 由 74LS244 三态门缓冲器组成的数据输入输出缓冲和锁存电路。

② 当电路要进行写操作时，输入要写入单元的地址码（$A_0 \sim A_3$）或使单元地址处于随机状态；RS 触发器控制端 S 接高电平，触发器置 0，Q=0，$\overline{EN_A}$ =0，打开了输入三态门缓冲器 74LS244，要写入的数据（abcd）经缓冲器送至 2114A 的输入端（$I/O_0 \sim I/O_3$）。由于此时 $\overline{CS}$ =0，$\overline{WE}$ =0，因此便将数据写入了 2114A 中，为了确保数据能可靠地写入，写脉冲宽度 t_{WP} 必须大于或等于手册规定的时间区间。

③ 当电路要进行读操作时，输入要读出单元的地址码（保持写操作时的地址码）；RS 触发器控制端 S 接低电平，触发器置 1，Q=1，EN_B=0，打开了输出三态门缓冲器 74LS244。由于此时 $\overline{CS}$ =0，$\overline{WE}$ =1，要读出的数据（abcd）便由 2114A 内经缓冲器送至 ABCD 输出，并在译码器上显示出来。

 注
意　　　如果是随机存取，可不必关注$A_0 \sim A_3$（或$A_0 \sim A_9$）地址端的状态，$A_0 \sim A_3$（或$A_0 \sim A_9$）可以是随机的，但在读写操作中要保持一致性。

④ 用 2114A 实现静态顺序存取。

如图 7.22 中的单元 Ⅰ：由 74LS148 组成的 8 线 − 3 线优先编码电路，主要是将 8 位的二进制指令进行编码形成 8421 码；由图中的单元 Ⅱ：由 74LS161 二进制同步加法计数器组成的取址、地址累加等功能；由图中单元 Ⅲ：由基本 RS 触发器、2114A、74LS244 组成的随机存取电路。

由 74LS148 组成优先编码电路，将 8 位（$IN_0 \sim IN_7$）的二进制指令编成 8421 码（$D_0 \sim D_3$）输出，是以反码的形式出现的，因此输出端加了非门求反。

a. 写入。令二进制计数器 74LS161 $\overline{CR}$ =0，则该计数器输出清零，清零后置 $\overline{CR}$ =1；令 $\overline{LD}$ =0，加 CP 脉冲，通过并行送数法将 $D_0 \sim D_3$ 赋值给 $A_0 \sim A_3$，形成地址初始值，送数完成后置 $\overline{LD}$ =1。74LS161 为二进制加法计数器，每来一个 CP 脉冲，计数器输出就加 1，即地址码就加 1，逐次输入 CP 脉冲，地址会以此累计形成一组单元地址；操作随机存取部分电路使之处于写入状态，改变数据输入端的数据 abcd，便可按 CP 脉冲所给地址依次写入一组数据。

b. 读出。给 74LS161 输出清零，通过并行送数方法将 $D_0 \sim D_3$ 赋值给 $A_0 \sim A_3$，形成地址初始值，逐次送入单次脉冲，地址码累计形成一组单元地址；操作随机存取部分电路使之处于读出状态，便可按 CP 脉冲所给地址依次读出一组数据，并在译码显示器上显示出来。

4. 实验内容及步骤

（1）按实验原理图接好实验线路，先断开各单元间连线。

① 用 2114A 实现静态随机存取，线路如图 7.22 中单元 Ⅲ。

a. 写入：输入要写入单元的地址码及要写入的数据，再操作基本 RS 触发器控制端 S，使 2114A 处于写入状态，即 $\overline{CS}$ =0，$\overline{WE}$ =0，$\overline{EN_A}$ =0，则数据便写入 2114A 中，选取三组地址码及三组数据，记入表 7.7 中。

表 7.7　写入数据表

$\overline{WE}$	地址码（$A_0 \sim A_3$）	数据（abcd）	2114A
0			
0			
0			

b. 读出：输入要读出单元的地址码，再操作基本 RS 触发器 S 端，使 2114A 处于读出状态，即 $\overline{CS}$ =0，$\overline{WE}$ =1，$\overline{EN_B}$ =0，（保持写入时的地址码），要读出的数据便由数显显示出来，记入附表四中，并与表 7.8 的数据比较。

表 7.8　读出数据表

$\overline{WE}$	地址码（$A_0 \sim A_3$）	数据（abcd）	2114A
1			
1			
1			

用 2114A 实现静态顺序存取。

按照原理图连接好各单元间的连线。

① 顺序写入数据。

假设 74LS148 的 8 位输入指令中，$IN_2=0$、$IN_0=1$、$IN_2\sim IN_7=1$，经过编码得 $D_0D_1D_2D_3=1000$，这个值送至 74LS161 输入端；给 74LS161 输出清零，清零后用并行送数法，将 $D_0D_1D_2D_3=1000$ 赋值给 $A_0A_1A_2A_3=1000$，作为地址初始值；随后操作随机存取电路使之处于写入状态。至此，数据便写入 2114A 中，如果相应的输入几个单次脉冲，改变数据输入端的数据，就能依次写入一组数据，并记入表 7.9 中。

表 7.9 顺序写入数据表

CP 脉冲	地址码（$A_0\sim A_3$）	（abcd）	2114A
↑	1000		
↑	0100		
↑	1100		

② 顺序读出数据。

给 74LS161 输出清零，用并行送数法，将原有的 $D_0D_1D_2D_3=1\,000$ 赋值给 $A_0A_1A_2A_3$，操作随机存取电路使之处于读状态。连续输入几个单次脉冲，依地址单元读出一组数据，在译码显示器上显示出来，记入表 7.10 中，并比较写入与读出数据是否一致。

表 7.10 顺序读出数据表

CP 脉冲	地址码（$A_0\sim A_3$）	数据（abcd）	2114A	显示
↑	1000			
↑	0100			
↑	1100			

（3）实验预习要求

① 复习随机存储器 RAM 和只读储器 ROM 的基本工作原理。

② 查阅 2114A、74LS161、74LS148 有关资料，熟悉其逻辑功能及引脚排列。

（4）记录电路检测结果并对结果进行分析

（5）注意以下知识

① 74LS148 8 线-3 线优先编码器的管脚排列如图 7.23 所示。

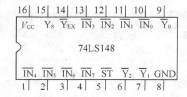

图 7.23 74LS148 优先编码器管脚排列

其中，$\overline{IN}_0 \sim \overline{IN}_7$ 为编码输入端（低电平有效）；$\overline{ST}$ 为选通输入端（低电平有效）；$\overline{Y}_0 \sim \overline{Y}_2$ 是编码输出端（低电平有效）；$\overline{Y}_{EX}$ 是扩展端（低电平有效）；Y_S 是选通输出端。

表 7.11 为 74LS148 的功能真值表。

表 7.11　74LS148 的功能真值表

输入									输出				
$\overline{ST}$	$\overline{IN}_0$	$\overline{IN}_1$	$\overline{IN}_2$	$\overline{IN}_3$	$\overline{IN}_4$	$\overline{IN}_5$	$\overline{IN}_6$	$\overline{IN}_7$	$\overline{Y}_2$	$\overline{Y}_1$	$\overline{Y}_0$	$\overline{Y}_{EX}$	Y_S
1	×	×	×	×	×	×	×	×	1	1	1	1	1
0	1	1	1	1	1	1	1	1	1	1	1	1	0
0	×	×	×	×	×	×	×	0	0	0	0	0	1
0	×	×	×	×	×	×	0	1	0	0	1	0	1
0	×	×	×	×	×	0	1	1	0	1	0	0	1
0	×	×	×	×	0	1	1	1	0	1	1	0	1
0	×	×	×	0	1	1	1	1	1	0	0	0	1
0	×	×	0	1	1	1	1	1	1	0	1	0	1
0	×	0	1	1	1	1	1	1	1	1	0	0	1
0	0	1	1	1	1	1	1	1	1	1	1	0	1

② 74LS161 的管脚排列如图 7.24 所示。

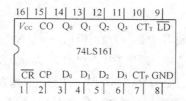

图7.24　74LS148优先编码器管脚排列

各管脚的功能：CO 是进位输出端；CP 是时钟输入端（上升沿有效）；$\overline{CR}$ 是异步清除输入端（低电平有效）；CT_P 是计数控制端；CT_T 是计数控制端；$D_0 \sim D_3$ 是并行数据输入端；$\overline{LD}$ 是同步并行置入控制端（低电平有效）；$Q_0 \sim Q_3$ 是数据输出端。

74LS161 的功能真值表如表 7.12 所示。

表 7.12　74LS161 的功能真值表

输入									输出			
$\overline{CR}$	$\overline{LD}$	CT_P	CT_T	CP	D_0	D_1	D_2	D_3	Q_0	Q_1	Q_2	Q_3
0	×	×	×	×	×	×	×	×	0	0	0	0
1	0	×	×	↑	D_0	d_1	d_2	d_3	d_0	d_1	d_2	d_3
1	1	1	1	↑	×	×	×	×	计数			
1	1	0	×	×	×	×	×	×	保持			
1	1	×	0	×	×	×	×	×	保持			

③ 74LS244 八缓冲器/线驱动器/线接收器的管脚排列如图 7.25 所示。

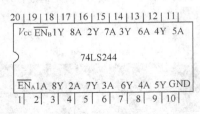

图7.25　74LS244管脚排列

各管脚功能为：1A～8A 是输入端；$\overline{EN}_A$ 和 $\overline{EN}_B$ 是三态允许端（低电平有效）；1Y～8Y 是输出端。74LS244 的功能真值表如表 7.13 所示。

表 7.13　74LS244 的功能真值表

输入		输出
$\overline{EN}$	A	Y
0	0	0
0	1	1
1	×	高阻态

④ 静态 SRAM。

静态 RAM 具有存取速度快、使用方便等特点，但系统一旦掉电，内部所存数据便会丢失。因此，要使内部数据不丢失，必须不间断供电（断电后电池供电）。为此，多年来人们一直致力于非易失随机存取存储器（NV-SRAM）的开发，它数据在掉电时自保护，有强大的抗冲击能力，能连续上电两万次数据不丢失。这种 NV-SRAM 的管脚与普通 SRAM 全兼容，目前已得到广泛应用。

常用的 SRAM 有：6 116（2K×8）、6 264（8K×8）、62 256（32K×8）等，它们的管脚排列如图 7.26 所示。

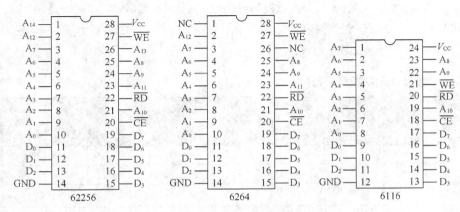

图7.26　常用集成静态RAM的管脚排列

图 7.26 中有关引脚的功能如下。

$A_0 \sim A_i$ 为地址输入端；$D_0 \sim D_7$ 为双向三态数据端；$\overline{CE}$ 为片选信号输入端（低电平有效）；$\overline{RD}$ 为读选通信号输入端（低电平有效）；$\overline{WE}$ 为写选通信号输入端（低电平有效）；V_{CC} 是工作电源+5V 端；GND 是接"地"端。

常用的 SRAM 的主要技术特性如表 7.14 所示。

表 7.14　常用的 SRAM 的主要技术特性

型号	6116	6264	62256
容量（KB）	2	8	32
引脚数	24	28	28
工作电压（V）	5	5	5
典型工作电流（mA）	35	40	8
典型维持电流（mA）	5	2	0.9
存取时间（ns）	由产品型号而定		

常用的 SRAM 操作方式如表 7.15 所示。

表 7.15　常用的 SRAM 操作方式

方式 ＼ 信号	$\overline{CE}$	$\overline{RD}$	$\overline{WE}$	$D_0 \sim D_7$
读	0	0	1	数据输出
写	0	1	0	数据输入
维持	1	×	×	高阻态

5. 思考题

（1）2114A 有 10 个地址输入端，实验中仅变化其中一部分，其他不变化的地址输入端应该如何处理？

（2）为什么静态 RAM 无需刷新，而动态 RAM 需要定期刷新？

7.5.2　学习Multisim 8.0电路仿真（五）

1. 学习目的

（1）进一步熟悉和掌握 Multisim 8.0 电路仿真技能。

（2）学会用 Multisim 8.0 进行可编程逻辑电路的仿真。

2. 用 Multisim 8.0 连接仿真电路

（1）用 PLA 实现 3-8 线译码器仿真电路。

（2）用 PAL 构成 2 位二进制减法计数器仿真电路。

习题

一、填空题

1. 存储器中存储一位二值代码的点称为_____，存储器中总的_____数量称为存储容量，存储容量是用_____和_____的乘积表示的。一个存储矩阵有64行、64列，则存储容量为_____个存储单元，称为____KB。

2. 静态RAM的特点是：在没有_____的情况下，信息可以长时间保存。动态RAM的存储单元电路是利用_____存储信息的，为了不丢失信息，必须_____。

3. ROM是一种存放固定不变_____代码的存储器，它正常工作时，只能_____存储的代码，而不能_____存储的代码。当ROM与电源断开后，ROM中存储的信息代码不会_____。

4. 半导体存储器按照存、取功能的不同可分为_____和_____两大类。其中_____关闭电源或发生断电时，其中的存储的信息代码会丢失。

5. 可编程逻辑器件PLD一般由_____、_____、_____、_____等4部分电路组成。

6. PLD产品主要有现场可编程逻辑阵列_____、可编程阵列逻辑_____、通用阵列逻辑_____等几种类型。

7. GAL16V8主要有_____型、_____型、_____型三种工作模式。

8. PAL的与阵列_____，或阵列_____；PLA的与阵列_____，或阵列_____；GAL的与阵列_____，或阵列_____。

9. 存储器的两大主要技术指标是_____和_____。

10. RAM主要包括_____、_____和_____电路三大部分。

11. 存储器容量的扩展方法通常有____扩展、____扩展和_____扩展三种方式。

二、判断题

1. 可编程逻辑器件的写入电压和正常工作电压相同。 （   ）

2. GAL可实现时序逻辑电路的功能，也可实现组合逻辑电路的功能。 （   ）

3. RAM的片选信号 $\overline{CS}$ =0时被禁止读写。 （   ）

4. EPROM是采用浮栅技术工作的可编程存储器。 （   ）

5. PLA的与阵列和或阵列都可以根据用户的需要进行编程。 （   ）

6. 存储器的容量是指存储器所能容纳的最大字节数。 （   ）

7. 1024×1位的RAM中的每个地址中只有1个存储单元。 （   ）

三、单项选择题

1. 图7.27所示输出端表示的逻辑关系为（　　）。

    A. ACD
            B. $\overline{ACD}$

    C. B
               D. $\overline{B}$

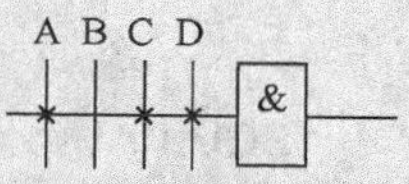

图7.27　单项选择题第1题示意图

2. 利用电容的充电来存储数据，由于电路本身总有漏电，因此只有定期不断补充充电（刷新），才能保持其存储的数据的是（　　）。

    A. 静态RAM的存储单元
               B. 动态RAM的存储单元

3. 关于存储器的叙述，正确的是（　　）。

    A. 存储器是随机存储器和只读存储器的总称

    B. 存储器是计算机上的一种输入输出设备

    C. 计算机停电时随机存储器中的数据不会丢失

4. 一片容量为1024字节×4位的存储器，表示有（　　）个存储单元。

    A. 1024
        B. 4
        C. 4096
        D. 8

5. 一片容量为1024字节×4位的存储器，表示有（　　）个地址。

    A. 1024
        B. 4
        C. 4096
        D. 8

6. 只能读出不能写入，但信息可永久保存的存储器是（　　）。

    A. ROM
        B. RAM
        C. PRAM

7. ROM中的译码矩阵固定，且可将所有输入代码全部译出的是（　　）。

    A. ROM
        B. RAM
        C. 完全译码器

8. 动态存储单元是靠（　　）的功能来保存和记忆信息的。

    A. 自保持
        B. 栅极存储电荷

9. 利用双稳态触发器存储信息的RAM叫（　　）RAM。

    A. 动态
        B. 静态

10. 在读写的同时还需要不断刷新数据的是（　　）存储单元。

    A. 动态
        B. 静态

四、简述题

1. 现有（1024B×4）RAM集成芯片一个，该RAM有多少个存储单元？有多少条地址线？该RAM含有多少字？其字长是多少位？访问该RAM时，每次会选中几个存储单元？

2. 什么是ROM？什么是RAM？它们的结构组成相同吗？二者的主要区别是什么？

3. PAL的结构特点是什么？PAL有哪几种输出类型？

4. 若存储器的容量为256K×8位，其地址线为多少位？数据线数为多少？若存储器的容量为512M×8位，其地址线又为多少位？

五、计算题

1. 试用ROM实现下面的多输出逻辑函数。

$$Y_1 = \overline{A}BC + \overline{A}\overline{B}C$$

$$Y_2 = A\overline{B}\overline{C}D + BC\overline{D} + \overline{A}BCD$$

$$Y_3 = ABC\overline{D} + ABCD$$

$$Y_4 = \overline{A}\overline{B}\overline{C}D + ABCD$$

2. 试用1KB×1位的RAM扩展成1KB×4位的存储器。说明需要几片如图7.28所示的RAM，并画出接线图。

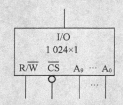

图7.28　计算题第2题的RAM芯片

第8章　数/模和模/数转换器

随着近年来数字电子技术的迅速发展，尤其是计算机广泛用于工业控制、测量数据分析以后，用数字电路处理模拟信号的情况成为发展趋势，在自动控制和信息处理技术中，信息的获取、传输、处理和利用都是通过数字系统来实现的，因此数/模和模/数转换器成为数字系统中的重要组成部分。典型数字控制系统结构框图如图 8.1 所示。

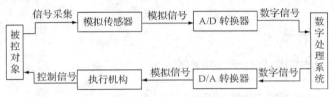

图8.1　典型数字控制系统结构框图

在工程实际应用中，需要处理的各种物理信息，如压力、温度、流量、语音、图像等称为被控对象，数字控制系统首先对被控对象采集信息，然后通过各种传感器把采集到的非电量信息转换成连续的模拟电信号，并把这个模拟电信号送入模/数转换器（能将模拟信号转换成数字信号的电路，简称 A/D 转换器或 ADC）转换成数字处理系统能识别的数字信号进行分析处理；在自动控制和信息处理系统中，获取和处理后的各种结果和指令是数字量，而对被控对象进行控制的执行机构大多要求输入的驱动信号是模拟量，因此，必须通过数/模转换器（能将数字信号转换成模拟信号的电路，简称 D/A 转换器或 DAC）转换成执行机构能识别的模拟驱动信号，以便驱动各种执行机构，从而达到自动控制的目的。

显然，A/D 转换器和 D/A 转换器作为沟通模拟、数字领域的纽带和桥梁，在使用计算机进行工业控制的过程中，它们是重要的接口电路；在数字测量仪器仪表中，模/数转换器是它们的核心电路；在对非电量的测量和控制系统中，A/D 转换器和 D/A 转换器则是不可缺少的组成部分。因此，电子工程技术人员只有具备一定的数/模转换和模/数转换知识，才能在电子领域中有所发展和站稳脚跟。

目前使用的 DAC 和 ADC 器件大多是中规模集成电路，所以我们学习的难点虽然是器件内部详细的结构和工作过程，但这并不是教学和学习的重点，学习的重点应是 DAC 和 ADC 的转换原理、应用方法和相应的基本技能。

 本章学习目的及要求

1. 熟练掌握和理解 DAC 的工作原理和主要技术指标。

2. 了解集成 DAC 典型芯片，理解其应用。

3. 熟练掌握和理解 ADC 的工作原理和主要技术指标。

4. 理解和掌握采样定理。

5. 了解集成 ADC 典型芯片的应用。

 本章重点

1. T 形和倒 T 形电阻网络 DAC 的工作原理。

2. 逐次比较型和双积分型 ADC 的工作原理。

 本章难点

DAC 和 ADC 的原理分析和指标计算。

8.1 数/模转换器

把数字量转换为模拟量的过程称为数/模转换，完成这种转换的电路称为数/模转换器（Digital to Analog Converter，DAC）。其中数字量用 D 表示，模拟量用 A 表示，用 C 代表转换器时，数/模转换器可简称 DAC。根据位权网络的不同，可以构成不同类型的 DAC，目前常见的 DAC 包括有权电阻网络 DAC、T 形和倒 T 形电阻网络 DAC、权电流型 DAC 等。

8.1.1 DAC的基本概念

1. 构成 DAC 的基本指导思想

DAC 输入的是离散的数字量，数字量是用代码按数位组合起来表示的，且每位代码都有一定的位权；DAC 输出的则是与输入数字量成正比且连续变化的模拟电压（或电流）。

数模转换器的基本概念

DAC 的任务是将输入数字量中代表每一位的代码按其位权的大小转换成相应的模拟量，然后将这些模拟量相加，得到与输入数字量成正比的总模拟量，从而实现从数字量到模拟量之间的转换。

2. DAC 的基本结构组成和功能

DAC 电路的基本结构组成如图 8.2 所示。

图8.2　DAC电路的基本结构组成框图

由图 8.2 可知，DAC 由数码寄存器、基准电压，n 位模拟电子开关、解码电阻网络四个基本部分组成。为了将模拟电流转换成模拟电压，通常还要在输出端外加运算求和放大器。

由图 8.2 还可看出，DAC 的 n 位数字代码输入量，以串行或并行方式输入并存储在数码寄存器中，数码寄存器输出的各位二进制代码分别控制对应各位的模拟电子开关，使数码为1的位在位权网络上产生与其权值成正比的电压（或电流）量，再由求和放大电路将各位权值对应的电压（或电流）量相加，即可输出与输入数字量成正比的模拟量。

3. DAC 的转换特性

DAC 的输出模拟量和输入数字量之间的转换关系称为它的转换特性。

对有权码的转换：先将每位代码按其权的大小转换成相应的电压（或电流）量，然后求和，即可得到与数字量成正比的总模拟量，即输出模拟量与输入数字量成正比。当输入为 n 位二进制代码 d_{n-1}、d_{n-2}、……d_1、d_0 时，输出对应的模拟电压（或电流）为：

$$u_o(\text{或}i_o) = k_u(\text{或}k_i)(d_{n-1} \cdot 2^{n-1} + d_{n-2} \cdot 2^{n-2} + \cdots + d_1 \cdot 2^1 + d_0 \cdot 2^0) \tag{8.1}$$

式（8.1）中的 k_u 或 k_i 为电压或电流的转换比例系数，2^{n-1}、2^{n-2}……2^1、2^0 是由 n 位二进制代码 D 从高位到低位的权。

当转换系数 k_u（或 k_i）=1，n=3 时，根据式（8.1）可得 DAC 的转换特性曲线如图 8.3 所示。

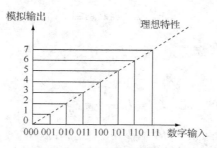

图8.3　DAC的转换特性曲线

由图 8.3 可知，DAC 电路的功能就是将输入的数字量转换成与其成正比的输出模拟量。在转换过程中，将输入的二进制数字信号转换成模拟信号，以电压或电流的形式输出。

8.1.2　DAC 的基本原理

1. 权电阻网络 DAC

（1）电路结构

1R-2R 倒 T 型电阻网络 DAC

权电阻网络 DAC 电路中的电阻网络之所以称为权电阻网络，是因为电阻值是按 4 位二进制数的位权大小取定的，电阻网络中的电阻值规律为：从最低位到最高位，每一个位置上的电阻值都是相邻高位电阻值的 2 倍。显然 n 位电阻网络中最低位对应的电阻最大，为 $2^{n-1}R$，然后依次减半，最高位对应的电阻值最小，为 $2^0R=R$，如图 8.4 所示。各电阻的上端接在一起，连接到集成运算放大器的反相输入端 V_-，根据运算放大器的"虚短"概念可知，A 点为虚地点。各电阻的下端分别通过一个电子开关 S_i 连接到 1 端或 0 端。每一个电子开关 S_i 均受到输入二进制代码对应位 d_i 的控制：当该位输入的二进制代码 d_i=1 时，电子开关 S_i 接通基准电源 U_R；当该位输入的二进制代码 d_i=0 时，S_i 接地。

（2）工作原理

权电阻网络和运算放大器构成了一个加法电路，当某位输入的二进制代码 d_i=1 时，该位的电子开关 S_i 接通基准电压 U_R，该位电阻 R_i 中就会有电流 I_i 流过；若某位输入的二进制代码 d_i=0，则该位电子

开关 S_i 与地相接，该位电阻 R_i 由于两端电压为 0V 则无电流。

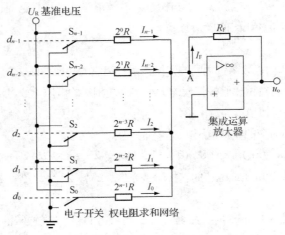

图8.4 权电阻网络DAC

设 $d_0=1$ 时，流过该支路的电流为 $I_0 = d_0 \dfrac{U_R}{2^{n-1}R} = 1 \cdot \dfrac{U_R}{2^{n-1}R} = \dfrac{U_R}{2^{n-1}R}$。

……

当 $d_{n-1}=1$ 时，流过该支路的电流为 $I_{n-1} = d_{n-1} \dfrac{U_R}{R_{n-1}} = \dfrac{U_R}{R}$。

权电阻网络流入运算放大器的电流 I 为各支路电流之和，因此

$$i = I_0 d_0 + I_1 d_1 + I_2 d_2 + \cdots + I_{n-2} d_{n-2} + I_{n-1} d_{n-1}$$

$$= \frac{U_R}{2^{n-1}R} d_0 + \frac{U_R}{2^{n-2}R} d_1 + \cdots + \frac{U_R}{2R} d_{n-2} + \frac{U_R}{R} d_{n-1}$$

$$= \frac{U_R}{2^{n-1}R}(d_0 2^0 + d_1 2^1 + \cdots + d_{n-2} 2^{n-2} + d_{n-1} 2^{n-1})$$

$$= \frac{U_R}{2^{n-1}R} \sum_{i=0}^{n-1}(d_i \cdot 2^i)$$

$$\therefore \qquad\qquad i = \frac{U_R}{2^{n-1}R} \sum_{i=0}^{n-1}(d_i \times 2^i) \qquad\qquad (8.2)$$

式（8.2）是权电阻网络的电流转换特性，其中 $\dfrac{U_R}{2^{n-1}R}$ 为电流转换系数，$\displaystyle\sum_{i=0}^{n-1}(d_i \times 2^i)$ 为 n 位二进制输入代码。

根据运算放大器的求和运算关系，当 $R_F = \dfrac{R}{2}$ 时，输出电压

$$u_o = -\frac{U_R R_F}{2^{n-1}R} \sum_{i=0}^{n-1}(d_i \times 2^i) \qquad\qquad (8.3)$$

【例 8.1】设图 8.4 所示的权电阻求和网络 DAC 电路的基准电源 $U_R = -10V$，反馈电阻 $R_F = R/2$，输入二进制数 D 的位数 $n=6$，试求：

（1）当最低位输入数码（LSB）由 0 变为 1 时，输出电压 u_o 的变化量为何值？

（2）当 $D=110101$ 时，输出电压 u_o 为何值？

（3）当 $D=111111$ 时，输出电压值（最大满刻度电压）$u_o=$？

【解】（1）当 LSB 由 0 变为 1 时，输出电压的变化量就是输入 $D=000001$ 对应的输出电压，其数值为

$$u_o = u_{LSB} = \frac{-U_R R_F}{2^{n-1} \cdot R} 2^0 \times 1 = \frac{-(-10V) \times R / 2}{2^5 \cdot R} = \frac{10}{2^6} \approx 0.156V$$

（2）当 $D=110101$ 时

$$u_o = \frac{-U_R}{2^n} D = \frac{-(-10)}{2^6} (2^5 \times 1 + 2^4 \times 0 + 2^3 \times 0 + 2^2 \times 1 + 2^1 \times 0 + 2^0 \times 1)$$

$$= \frac{10}{2^6} \times 53 \approx 8.28V$$

（3）当 $D=111111$ 时

$$u_o = \frac{-U_R}{2^6}(2^6 - 1) = \frac{10}{64} \times 63 \approx 9.84V$$

通过权电阻网络 DAC，使输出的模拟电压与输入的二进制数字量成正比，从而实现了数-模之间的转换。

权电阻网络 DAC 的优点是电路简单，概念清楚。缺点是权电阻的种类多，阻值范围宽，造成集成电路制造困难；另一方面各位权电阻值与对应二进制代码位权成反比，高位权电阻的误差对输出电流的影响比低位权大得多，因此对高位权电阻的精度和稳定性要求很高，这也给制造生产带来很大的困难。在实际应用中，权电阻网络 DAC 仅应用于位数 n 较少的场合。

权电阻网络 DAC

2. R-$2R$ 倒 T 形电阻网络 DAC

（1）电路形式

图 8.5 所示的 R-$2R$ 倒 T 形电阻网络 DAC 由电阻网络、电子开关、基准电压源 U_R 及运算放大器构成，倒 T 形电阻网络的电阻只有 R 和 $2R$，与权电阻网络不同。

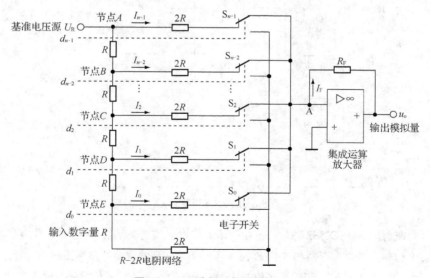

图8.5 R-$2R$倒T形电阻网络DAC

（2）工作原理

图 8.5 中的电阻网络有 n 个节点，由电阻构成梯形结构，从每个节点向左或向下看，每条支路的等

效电阻均为 2R。因为从基准电压源 U_R 中流出的电流由节点 A→节点 B→……→节点 E→地的过程中，每经过一个节点，就产生 1/2 的电流流入电子开关，所以流入各电子开关的电流比例关系和二进制数各位的权相对应，流入运算放大器的电流和输入二进制代码的值呈线性关系，从而实现了数/模转换。另外，因为无论输入数字信号是 0 还是 1，电子开关的右边均为 0 电位，所以在电路工作过程中，流过电阻网络的电流大小始终不变。R-2R 倒 T 形电阻网络 DAC 的输出电压为：

$$u_o = -i_F R_F = -i R_F = -\frac{U_R R_F}{2^n R} D$$

其中的 D 为输入的二进制代数，如果取 $R_F=R$，则输出电压 $u_o = -\frac{U}{2^n} D$，显然这时的输出电压仅与基准电压 U_R 和电阻 R_F 有关，从而降低了对 R、2R 等其他参数的要求，非常有利于集成化。

R-2R 倒 T 形电阻网络 DAC 的优点是只有两种电阻值 R 和 2R，有利于生产制造。由于流过 R-2R 倒 T 形电阻网络的各支路电流恒定不变，故在开关状态变化时，不需要电流建立时间，而且在这种 DAC 转换器中又采用了高速电子开关，所以转换速度很高，在数模转换器中广泛采用。

8.1.3 集成DAC典型芯片

1. 集成 8 位 DAC0832

集成 DAC0832 是目前国内使用较普遍的数/模转换器。DAC0832 内部电阻网络是 T 形电阻网络，采用 CMOS 工艺，为 20 脚双列直插式 8 位电流输出型 DAC。对 0832 输入 8 位数字量后，通过外接运放，即可获得相应的模拟电压。DAC0832 的内部结构如图 8.6 所示。

集成 DAC0832

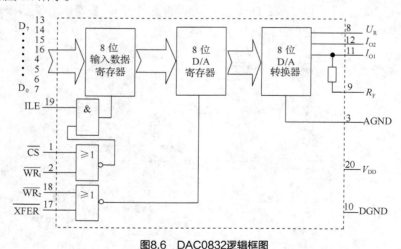

图8.6 DAC0832逻辑框图

由图 8.6 可以看出，DAC0832 芯片内部由一个 8 位输入数据寄存器、8 位 D/A 寄存器和 8 位 DAC 三部分组成。8 位输入数据寄存器和 8 位 D/A 寄存器用来实现两次缓冲，在输出的同时，可接收下一组数据，从而提高了转换速度。当采用多位芯片同时工作时，可用同步信号同时输出各片模拟量。

DAC0832 的主要特性是：当芯片的控制端处于有效电平时，为直通工作方式；DAC0832 中无运算放大器，且为电流输出，使用时必须外接运算放大器；芯片中已设置了 R_F，只要将 9 脚接到运算放大器的输出端即可；若运算放大器增益不够，还需外加反馈电阻。

DAC0832 芯片的外部引脚排列如图 8.7 所示。

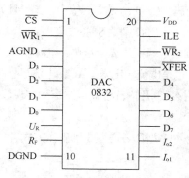

图8.7　DAC0832引脚图

各引脚作用如下。

$\overline{\text{CS}}$ 为片选信号输入端，低电平有效。与 ILE 相配合，可对写信号 $\overline{\text{WR}}_1$ 是否有效起控制作用。

ILE 是允许输入锁存的信号，高电平有效。当 ILE 为高电平，$\overline{\text{CS}}$ 为低电平，$\overline{\text{WR}}_1$ 输入低电平时，输入数据进入输入寄存器。ILE=0 时，输入寄存器处于锁存状态。

$\overline{\text{WR}}_1$ 为写信号 1，低电平有效。当 $\overline{\text{WR}}_1$、$\overline{\text{CS}}$、ILE 均有效时，可将数据写入 8 位输入寄存器。

$\overline{\text{WR}}_2$ 为写信号 2，低电平有效。当 $\overline{\text{WR}}_2$ 有效时，在 $\overline{\text{XFER}}$ 传送控制信号作用下，可将锁存在输入寄存器的 8 位数据写入 DAC 寄存器。

$\overline{\text{XFER}}$ 是数据传送信号，低电平有效。当 $\overline{\text{WR}}_2$、$\overline{\text{XFER}}$ 均为 0 时，DAC 寄存器处于寄存状态，$\overline{\text{WR}}_2$、$\overline{\text{XFER}}$ 均为 1 时，DAC 寄存器处于锁存状态。

U_R 是基准电源输入端，它与 DAC 内部的倒梯形网络相连，U_R 可在 ±10V 范围内调节。

$D_0 \sim D_7$ 是 8 位数字量输入端，D_7 为最高位，D_0 为最低位。

I_{o1} 是 DAC 的电流输出 1，当 DAC 寄存器电位全为 1 时，输出电流为最大。当 DAC 寄存器各位全为 0 时，输出电流为零。

I_{o2} 是 DAC 的电流输出 2，它使 $I_{o1} + I_{o2}$ 恒为一常数。一般在单极性输出时 I_{OWT2} 接地，在双极性输出时接运算放大器。

R_F 是反馈电阻。在 DAC0832 芯片内有一个反馈电阻，可用作外部运放的反馈电阻。

V_{DD} 是电源输入线（+5～+15V）；DGND 为数字"地"；AGND 为模拟"地"。

当 DAC0832 的控制端恒处于有效电平时，芯片为直通工作方式。

集成 DAC 芯片在实际电路中应用很广，它不仅可用来作为计算机系统的接口电路，还可利用其电路结构特征和输入、输出电量之间的关系构成数控电流源、电压源、数字式可编程增益控制电路和波形产生电路等。

2. 集成 12 位 DAC1210 简介

集成 DAC1210 是美国国家半导体公司生产的 DAC1208、DAC1209、DAC1210 系列 12 位双缓冲乘法 DAC 中的一种。所谓乘法 DAC，就是 DAC 外部参考电压 U_{REF} 可为交变电压的 DAC。在乘法 DAC 中，模拟输出信号同交变输入参考电压和输入数值的乘积成正比关系。

DAC1210 是带有双输入缓冲器的 DAC，第一级由高 8 位和低 4 位输入寄存器构成；第二级由 12

位 DAC 寄存器构成，第三级是 12 位乘法 DAC。DAC1210 集成芯片是双列直插式，具有 24 脚结构，基本 $D_0 \sim D_{11}$ 是 12 位数字量输入引脚，I_{o1} 和 I_{o2} 是电流输出引脚，且 $I_{o1}+I_{o2}$ 为一个常数。当寄存器中的所有数字均为 1 时，I_{o1} 输出达最大；当 DAC 寄存器各位全为 0 时，I_{o1} 输出电流为 0。

除此之外，DAC1210 还有控制信号端、片选信号端、电源端等。

DAC1210 和 DAC0832 一样，也是电流输出型 DAC，电流建立时间仅为 1μs，芯片内部具有两级锁存器，可与各种微处理器直接连接，利用内部控制电路自动实现数据的传送操作。

3. 集成 DAC0832 的应用

DAC0832 有双缓冲器型、单缓冲器型和直通型 3 种工作方式，如图 8.8 所示。

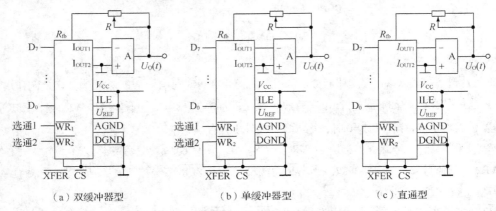

（a）双缓冲器型　　　　　（b）单缓冲器型　　　　　（c）直通型

图8.8　DAC0832的三种应用电路示意图

图 8.8（a）所示的双缓冲器型工作方式，首先让选通端 $\overline{\text{WR}_1}$ 接低电平，将输入数据先锁存在输入寄存器中，需要转换时，再将 $\overline{\text{WR}_2}$ 接低电平，将数据送入 DAC 寄存器并进行转换，即让两个寄存器都工作在受控的锁存方式。为实现两个寄存器均可控，在实际应用中给两个寄存器各分配一个端口地址，以便能按端口地址来分两步进行操作。在 DAC 转换输出前一个数据的同时，把下一个数据送至输入寄存器，以提高 DAC 的转换速度。

图 8.8（b）所示的单缓冲器型工作方式，DAC 寄存器处于常通状态，当需要 DA 转换时，将 $\overline{\text{WR}_1}$ 接低电平，使输入数据经输入寄存器直接存入 DAC 寄存器中并进行转换。这种工作方式是通过控制一个寄存器的锁存，使两个寄存器同时选通及锁存。

在实际应用中，如果只有一路模拟量输出，或者虽有几路模拟量输出，但并不要求同步输出时，可采用单级缓冲工作方式。

图 8.8（c）所示的直通型工作方式，两个寄存器都处于常通状态，输入数据直接经两个寄存器到达 DAC 进行转换。在实际应用中，直通工作方式常用于连续反馈控制环节，使输出模拟信号快速连续地反映输入数字量的变化。

在实际应用时，需根据控制系统的要求合理选择工作方式。

8.1.4　DAC 的主要技术指标

1. 分辨率

分辨率是指 DAC 模拟输出所能产生的最小电压 U_{LSB}（或电流 I_{LSB}）变化量与

DAC 的主要技术
指标

满刻度输出电压 U_{FSR}（或电流 I_{LSB}）之比。

对于一个 n 位的 DAC，最小输出电压（或电流）的变化量是指对应输入数字量的最低位为 1，其他位均为 0 时的输出电压（或电流）；满刻度输出电压（或电流）是指对应输入的数字量各位全为 1 时，其最大输出电压（或电流），即：

$$分辨率 = \frac{U_{LSB}}{U_{FSR}} = \frac{1}{2^n-1} \tag{8.4}$$

显然，分辨率与 DAC 的位数有关，例如，一个 8 位和一个 10 位的 DAC，它们的分辨率分别为

8 位的 DAC 分辨率 $= \frac{1}{2^8-1} = \frac{1}{255} \approx 0.004$；

10 位的 DAC 分辨率 $= \frac{1}{2^{10}-1} = \frac{1}{1023} \approx 0.001$。

比较两个式子，可看出位数 n 越多，分辨率的数值就越小，电路的分辨能力越强。因此，在实际应用中有时也拿输入数字量的有效位数来表示分辨率的高低。

2. 转换精度

转换精度（或绝对误差）是指 DAC 实际输出的模拟电压与理论输出的模拟电压间的最大误差，即输入端为给定数字量时，DAC 输出的实际值与理论值之差。

转换精度是一个综合指标，包括零点误差、增益误差等，它不仅与 DAC 中的元件参数的精度有关，还与环境温度、求和运算放大器的温度漂移以及转换器的位数有关。要获得较高精度的 D/A 转换结果，除了正确选用 DAC 的位数外，还要选用低温漂高精度的求和运算放大器，一般来说，绝对精度应低于 $u_{LSB}/2$。

3. 建立时间

从 DAC 输入数字量开始，到输出电压（或电流）稳定到距最终输出量 $\pm u_{LSB}$（$\pm i_{LSB}$）所需的时间，称为建立时间。由于数字量的变化越大，建立时间就越长，因此一般产品说明中给出的都是输入从全 0 跳变为全 1（或从全 1 跳变到全 0）时的建立时间。显然建立时间反映了 DAC 电路转换的速度。目前在不包含运算放大器的单片集成 DAC 中，建立时间最短可达 0.1μs 以内，在包含运算放大器的集成 DAC 中，建立时间最短的也可达 1.5μs 以内。

除上述 3 个技术指标外，在选用 DAC 器件时，还需要综合考虑其电源电压、输出方式、输出值范围及输入逻辑电平等参数。

思考题

1. 试述 DAC 电路转换特性的概念，并写出其转换表达式。
2. DAC 的主要技术指标有哪些？
3. DAC0832 采用了什么制造工艺？内部主要由哪几部分组成？
4. R-$2R$ 倒 T 形电阻网络具有什么特点？

8.2 模/数转换器

在模/数转换器中，由于输入的模拟量在时间上是连续的，输出的数字量在时间上是离散的，所以转换只能在一系列选定的瞬间对输入量进行采样，然后把采集到的模拟量转换成相应的输出数字量。

8.2.1 ADC的基本概念和转换原理

1. ADC 的基本概念

ADC 的基本概念和
转换原理

模/数转换器是将模拟电压（或电流）转换为数字量的电路，简称 A/D 转换器或 ADC。ADC 广泛应用于计算机实时控制系统中。利用计算机及时搜集检测数据，按最佳值对控制对象进行自动调节或自动控制。例如，热水器温度计算机实时控制系统，通过控制蒸汽流入热水器的速度使热水器的水保持一定的温度。用一个测温器测定热水器的水温，通过模/数转换器将所测温度的信号转换为数字信号，送到计算机中，和所测温度值比较，产生误差信号。控制器按一定的规则，根据误差信号的大小，决定蒸汽阀门开闭程度的大小，并产生相应的信号，经过数/模转换装置，变成电流或电压信号，驱动蒸汽阀门的控制设备，开大或关小蒸汽阀门。这一整套过程不需要人干预，响应速度快，效果很好。计算机实时控制系统主要由传感器、计算机、执行机构及模/数转换器和数/模转换器构成。传感器相当于人的眼睛，计算机相当于大脑，控制系统通过传感器获得关于被控制对象的信息，如温度、速度等，经过计算机分析、比较、判断后，指挥执行机构采取相应动作，保证被控制对象能及时达到某种状态。模/数转换器用来将所测得的被控制对象的某种连续物理量转换成为离散的数字量，数/模转换器用来将离散的数字量转换成为连续的物理量，达到控制被控制对象的目的。

ADC 转换电路的作用是将时间和幅值连续的模拟量转换为时间和幅值离散的数字信号，因此，在模/数转换过程中，只能在一系列选定的瞬间对输入模拟量采样后再转换为输出的数字量，通过采样、保持、量化和编码 4 个步骤完成。在实际电路中，这些过程有的是合并进行的，例如，取样和保持、量化和编码往往都是在转换过程中同时实现的。

（1）采样保持电路

采样就是采集模拟信号的样本。

采样是将时间上、幅值上都连续的模拟信号，通过采样脉冲的作用，转换成时间上离散，但幅值上仍连续的离散模拟信号。所以采样又称为波形的离散化过程。

采样过程是通过模拟电子开关 S 实现的。模拟电子开关每隔一定的时间间隔（周期 T）闭合一次，当一个连续的模拟信号通过这个电子开关时，就会转换成若干离散的脉冲信号。

采样保持电路如图 8.9 所示。其中电子开关 S 受时钟脉冲 CP 控制，C 是存储电容，输入的模拟量为 $u_i(t)$。

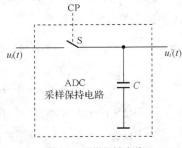

图8.9 采样保持电路

当 CP=1 时，采样电子开关 S 接通，$u_i(t)$ 信号被采样，并送到电容 C 中暂存。当 CP=0 时，采样电子开关 S 断开，前面采样得到的电压信号在电容 C 上保持。

随着一个固定时间间隔的 CP=1 信号到来，电路不断对模拟电压信号逐个采样，输出电压就转换成在时间上离散的模拟量 $u_i'(t)$。

采样保持电路中输入模拟电压采样保持前后的波形如图 8.10 所示。

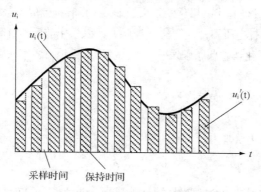

图8.10　采样保持前后的波形图

采样定理：采样信号的频率必须至少为原信号中最高频率成分 f_{imax} 的 2 倍。

采样定理是采样电路的基本法则，是为了保证采样后的模拟信号 $u_i'(t)$ 能够基本上真实地保留原始模拟信号 $u_i(t)$ 的信息而设定的一个必须遵守的法则。在实际应用中，采样保持电路不但要求采样信号的频率必须遵守采样定理，还要求采样电路电子开关的特性尽量趋于理想化，以保证能够最大限度不失真地恢复输入的模拟电压 $u_i(t)$。

（2）量化编码电路

量化的概念：数字信号不仅在时间上是离散的，而且数值大小的变化也是不连续的。因此，任何一个数字量的大小只能是某个规定的最小数量单位的整数倍。在 A/D 转换过程中，必须把采样后离散的模拟输出电压，按某种近似方式归化到相应的离散电平上，离散电平为最小数量单位的一个整数倍，这一转化过程称为数值量化，简称量化。量化后的数值还要通过编码过程用一个二进制代码表示出来，这个经编码后得到的二进制代码就是 A/D 转换器的数字输出量。

显然，量化编码电路的作用是先将幅值连续可变的采样信号量转化成幅值有限的离散信号，再将量化后的信号用对应量化电平的一组二进制代码表示。量化过程中所取的最小数量单位称为量化当量，用 δ 表示。δ 是数字量最低位为 1 时对应的模拟量，即 U_{LSB}。量化的方法常采用两种近似量化方式：舍尾取整法和四舍五入法。

① 舍尾取整法。

以 3 位 ADC 为例，设输入信号 $u_i(t)$ 的变化范围为 0~8V，采用舍尾取整法量化方式时，若取 $\delta=1$V，则量化中不足量化单位部分统统舍弃，如 0~1V 之间的小数部分的模拟电压都当作 0δ，用二进制数 000 表示；数值在 1~2V 之间的小数部分也舍弃，对应的模拟电压当作 1δ，用二进制数 001 表示……这种量化方式的最大误差为 δ。

② 四舍五入法。

采用四舍五入量化方式时，若取量化单位 $\delta=8/15$ V，则量化过程将不足半个量化单位的部分舍弃，对于等于或大于半个量化单位的部分按一个量化单位处理。即将数值在 0~8/15V 之间的模拟电压都当作 0δ 对待，用二进制 000 表示，而数值在 8/15V~24/15V 之间的模拟电压均当作 1δ，用二进制数 001 表示……

例如，已知 $\delta=1V$，采样电压=2.5V 时，用舍尾取整法得到的量化电压是 2V；采用四舍五入法，得到的量化电压是 3V。

从上述分析可得，δ 的数值越小，量化的等级越细，A/D 转换器的位数就越多。

在量化过程中，由于取样电压不一定能被 δ 整除，所以量化前后不可避免地存在误差，此误差称为量化误差，用 ε 表示。量化误差属原理误差，无法消除。但是，各离散电平之间的差值越小，量化误差就越小。

采用舍尾取整法时，最大量化误差为：

$$|\varepsilon_{\max}| = \delta = 1U_{LSB} 。$$

采用四舍五入法最大量化误差为：

$$|\varepsilon_{\max}| = \frac{1}{2}\delta 。$$

显然四舍五入法的量化误差比舍尾取整法量化误差小，故为多数 ADC 所采用。

若要减小量化误差，则需要在测量范围内减小量化最小数量单位 δ，增加数字量 D 的位数和模拟电压的最大值 U_{imax}。四舍五入量化方式的 δ 值应按下式选取。

$$\delta = \frac{2U_{\text{imax}}}{2^{n+1}-1}$$

如 $u_i=0\sim10V$，$U_{\text{imax}}=1V$，若用 ADC 电路将它转换成 $n=3$ 的二进制数，采用四舍五入量化法，其量化当量

$$\delta = \frac{2U_{\text{imax}}}{2^{n+1}-1} = \frac{2}{2^4-1} = \frac{2}{15}V 。$$

根据量化当量，取 $\frac{1}{2}\delta$ 为最小比较电平之后，相邻比较电平之间相差 δ，得到各级的比较电平为：$\frac{1}{15}V$、$\frac{3}{15}V$、$\frac{5}{15}V$、$\frac{7}{15}V$、$\frac{9}{15}V$、$\frac{11}{15}V$、$\frac{13}{15}V$。

ADC 的主要技术指标

2. ADC 的主要技术指标

（1）相对精度

相对精度是指 ADC 转换器实际输出数字量与理论输出数字量之间的最大差值。通常用最低有效位 U_{LSB} 的倍数来衡量。相对精度不大于 $U_{LSB}/2$ 时，说明实际输出数字量与理论输出数字量的最大误差不超过 $U_{LSB}/2$。

在满刻度范围内，偏离理想转换特性的最大值称为非线性误差。非线性误差与满刻度时最大值之比称非线性度，常用百分比表示。

（2）分辨率

分辨率是指 A/D 转换器输出数字量的最低位变化一个数码时，对应输入模拟量的变化量。通常用 ADC 输出的二进制位数来表示。位数越多，误差越小，转换精度越高。

（3）转换速度

ADC 完成一次转换所需的时间是指从转换开始到输出端出现稳定的数字信号所需要的时间。转换速度反映了 ADC 转换的快慢程度。

此外，ADC 还有输入电压范围等参数。选用 ADC 转换器时，必须根据参数合理选择，否则可能达不到技术要求，或者不经济。

8.2.2 逐次比较型ADC

1. 逐次比较型 ADC 的电路组成

逐次比较型 ADC 是集成 ADC 芯片中使用较多的一种，其结构框图如图 8.11 所示。

逐次比较型 ADC

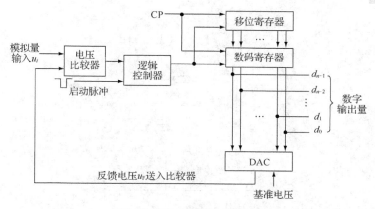

图8.11 逐次比较ADC结构框图

逐次比较型 ADC 电路内部包括电压比较器、逻辑控制器、移位寄存器、数码寄存器、D/A 转换器等。由于内部有数模转换器，因此可使用在输出接有数据总线的场合。逐次比较型 ADC 通过对输入量的多次比较，最终得到输入模拟电压量化编码输出。

2. 工作原理

模数转换开始前，各寄存器首先清零。转换开始后，在时钟脉冲 CP 的作用下，逻辑控制器首先使数码寄存器最高有效位置 1，使输出数字为 $100\cdots0$。

这个数码经 DAC 转换后产生相应的模拟电压 u_F，回送到电压比较器中与输入信号 u_i 比较，当 $u_i \geq u_F$ 时，比较器输出 0，逻辑控制器控制寄存器保留最高位的 1，次高位置 1；当 $u_i \leq u_F$ 时，比较器输出 1，逻辑控制器控制寄存器最高位置 0，次高位置 1。数码寄存器内数据经 DAC 电路转换后，输出反馈信号再到比较器，进行第二次比较，并将比较结果送入逻辑控制器，送入 0 时，保留寄存器中高两位的值，并将第三位置 1，若送入 1 保留最高位，次高位置 0，第三位置 1，寄存器内数据经 DAC 电路后输出反馈信号到比较器……经过逐次比较，直至得到寄存器中最低位的比较结果。比较完毕，数码寄存器中的状态就是所要求的 ADC 输出的数字量。

逐次比较型 ADC 在逐次比较过程中，将与输出数字量对应的离散模拟电压 $u_i'(t)$ 和不同的参考电压做多次比较，使转换所得的数字量在数值上逐次逼近输入模拟量对应值，因此也称为逐渐逼近型模/数比较器。

逐次逼近型 ADC 具有转换速度快的特点，因此得到了广泛应用。

8.2.3 双积分型ADC

双积分型 ADC 的基本原理是对输入模拟电压 U_I 和参考电压各进行一次积分，先将模拟电压 u_i 转换成与其大小相对应的时间间隔 T，再在此时间间隔内用计数

双积分型 ADC

率不变的计数器进行计数，计数器所计下的数字量正比于输入的模拟电压 u_i。

1. 结构组成

图 8.12 为双积分型 ADC 的结构框图。由图 8.12 可知，它由电子开关、积分器、零比较器、逻辑控制器、计数器等组成。

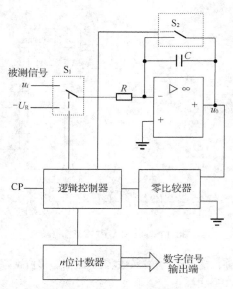

图8.12 双积分型ADC的结构框图

由电容和运放构成的积分器是双积分型 ADC 的核心部分，其输入端所接开关 S_1 由定时信号控制。当定时信号为不同电平时，极性相反的输入电压 u_i 和参考电压 U_R 将分别加到积分器的输入端，进行两次方向相反的积分，积分时间常数 $\tau = RC$。

过零比较器用来确定积分器的输出电压过零时刻。当积分器输出电压大于 0 时，比较器输出为低电平；当积分器输出电压小于 0 时，比较器输出为高电平。比较器的输出信号接至时钟控制逻辑门作为关门和开门信号。

计数器由接成计数器的 $n+1$ 个触发器 $FF_0 \sim FF_{n-1}$ 串联组成。触发器 $FF_0 \sim FF_{n-1}$ 组成 n 级计数器，对输入时钟脉冲 CP 计数，以便把与输入电压平均值成正比的时间间隔转变成数字信号输出。当计数到 2^n 个时钟脉冲时，$FF_0 \sim FF_{n-1}$ 均回到 0 态，而 FF_n 翻转到 1 态，$Q_n = 1$ 后开关 S_1 位置发生转换。

时钟脉冲源采用标准周期，作为测量时间间隔的标准时间。当 $U_0 = 1$ 时，门打开，时钟脉冲通过门加到触发器 FF_0 的输入端。

2. 工作原理

双积分型 ADC 在积分前，计数器应先清零，然后闭合电子开关 S_2，随后再把 S_2 打开，把电容 C 上储存的电荷电压释放掉。

在采样阶段，开关 S_1 与被测电压接通，S_2 打开。被测电压被送入积分器进行积分，积分器输出电压小于 0，比较器输出高电平 1，逻辑控制器控制计数器开始计数，对被测电压的积分持续到计数器由全 1 变为全 0 的瞬间。当计数器为 n 位时，计数时间 $T_1 = 2^n T_C$（T_C 是时钟脉冲的周期）。这时积分器的输出电压为

$$u_{\text{o}1} = -\frac{1}{C}\int_0^{T_1}\frac{u_i}{R}dt = -\frac{T_1}{RC}u_i\text{。}$$

当计数器由全 1 变为全 0 时，进入比较阶段，控制器使 S_1 与参考电压 $-U_R$ 相接，这时积分器对 $-U_R$ 反向积分，电压 u_{o} 逐渐上升，计数器又从 0 开始计数。当积分器积分至 $u_{\text{o}}=0$ 时，比较器输出低电平 0，控制器封锁 CP 脉冲，使计数器停止计数，当计数器的输出数码为 D 时，积分器的输出电压与计数器的输出数码之间的关系为

$$-\frac{T_1}{RC}u_i + \frac{1}{C}\int_0^{T_2}\frac{U_R}{R}dt = \frac{1}{RC}(T_2U_R - T_1u_i) = 0\text{，}$$

而 $T_2 = D\cdot T_{\text{C}}$ ，所以

$$D = \frac{T_1u_i}{T_{\text{C}}U_R} = \frac{2^n}{U_R}u_i\text{。}$$

即计数器输出的数码与被测电压成正比，可以用来表示模拟量的采样值。

双积分型 ADC 的转换精度很高，但转换速度较慢，不适合高速应用场合。但是双积分型 ADC 的电路不复杂，在数字万用表等对速度要求不高的场合下，仍然得到了较为广泛的使用。

8.2.4　集成ADC0809简介

集成 ADC0809 芯片内部包括模拟多路转换开关和 A/D 转换两大部分。

模拟多路转换开关由 8 路模拟开关和 3 位地址锁存器和译码器组成，地址锁存器允许信号 ALE 将三位地址信号 ADDC、ADDB 和 ADDA 进行锁存，然后由译码电路选通其中一路摸信号加到 A/D 转换部分进行转换。A/D 转换部分包括比

集成 ADC0809

较器、逐次逼近寄存器 SAR、256R 电阻网络、树状电子开关、控制与时序电路等，另外具有三态输出锁存缓冲器，其输出数据线可直接连 CPU 的数据总线。

ADC0809 是具有 28 个管脚的集成芯片，图 8.13 是它的引脚排列图。ADC0809 是采用 CMOS 工艺制成的 8 位 ADC，内部采用逐次比较结构形式。各引脚的作用如下。

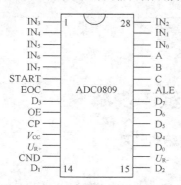

图8.13　ADC0809管脚排列图

$IN_0 \sim IN_7$：8 个模拟信号输入端。由地址译码器控制将其中一路送入转换器进行转换。

A、B、C：模拟信道的地址选择。

ALE：地址锁存允许信号，高电平时可选择模拟信道的地址。

START：启动信号。上升沿将寄存器清零，下降沿开始进行转换。

EOC：模数转换结束，高电平有效。

CP：时钟脉冲输入。

OE：输出允许。高电平时，将转换结果送到数字量输出端口。

$D_0 \sim D_7$：数字量输出端口。

U_{R+}：正参考电压输出。

U_{R-}：负参考电压输出。

V_{CC}：电源。

GND：地。

ADC0809 内部由树状开关和 256R 电阻网络构成 8 位 D/A 转换器，其输入为逐次逼近寄存器 SAR 的 8 位二进制数据，输出为 UST，变换器的参考电压为 $U_{R(+)}$ 和 $U_{R(-)}$。

比较前，SAR 为全 0，变换开始，先使 SAR 的最高位为 1，其余仍为 0，此数字控制树状开关输出 UST，UST 和模拟输入 UIN 送入比较器进行比较。若 UST > UIN，则比较器输出逻辑 0，SAR 的最高位由 1 变为 0；若 UST≤UIN，则比较器输出逻辑 1，SAR 的最高位保持 1。此后，SAR 的次高位置 1，其余较低位仍为 0，而以前比较过的高位保持原来值。再将 UST 和 UIN 进行比较。此后的过程与上述类似，直到最低位比较完为止。

转换结束后，SAR 的数字送三态输出锁存器，以供读出。

思考题

1. 试述采样定理。采样保持电路的作用是什么？
2. ADC 的量化分别采用哪两种方式？其量化当量δ各按什么公式选取？
3. 两种量化方式的量化误差各在什么范围内？哪种量化方式的精度高一些？

8.3 应用能力训练环节

8.3.1 A/D与D/A转换电路的研究

1. 实验目的

（1）了解 A/D 和 D/A 转换器的基本工作原理和基本结构。

（2）掌握 DAC0832 和 ADC0809 的功能及其典型应用。

2. 实验主要仪器设备

（1）+5V 直流电源及数字电路实验装置一套。

（2）双踪示波器一台。

（3）数字万用表一块。

（4）集成数/模转换器 DAC0832、集成模/数转换器 ADC0809、集成运放 μA741、电阻、电容、电位器等。

（5）相关实验设备及连接导线若干。

3. 实验原理及相关知识要点

（1）集成数/模转换器 DAC 可将数字量转换成模拟量；模/数转换器 ADC 是将模拟量转换成数字量。目前数/模转换器 DAC 和模/数转换器 ADC 型号较多，本实验选用大规模集成电器 DAC0832 和 ADC0809 分别实现数模转换和模数转换。

（2）集成 DAC0832 和集成 ADC0809 实验原理电路。前面的教学内容中已经讲到 DAC0832 是一个具有 20 个管脚的集成电路，其管脚排列如图 8.14 所示。

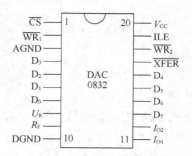

图8.14 DAC0832管脚排列图

DAC0832 是一个 8 位的 D/A 转换器，其管脚功能可参看本书前面的内容。DAC0832 实验转换原理电路如图 8.15 所示。

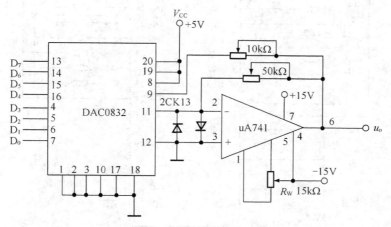

图8.15 DAC0832实验原理电路

（3）集成电路 ADC0809。集成芯片 ADC0809 是采用 CMOS 工艺制成的 8 位 8 通道逐次渐近型 A/D 转换器。其管脚排列如图 8.16 所示。

其中各管脚的功能如本书前面所述。

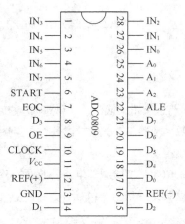

图8.16 ADC0809管脚排列图

OE：输入允许信号，高电平有效。

Clock（cp）：时钟，外接时钟频率一般为640KHz。

V_{CC}：+5V 单电源供电端。

V_{REF}（+）、V_{REF}（-）：基准电压，通常 V_{REF}（+）接 15V、V_{REF}（-）接 0V。

D0～D7：数字信号输出端。

地址线 A0、A1、A2：分别对应 2 3 条输入线，即对应 IN0～IN7。

（4）实验原理电路。ADC0809 实验原理电路如图 8.17 所示。

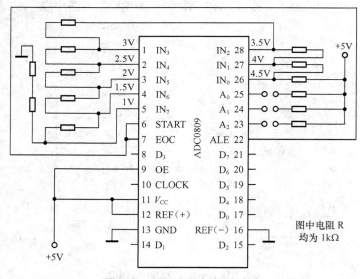

图8.17 ADC0809实验原理电路

4. 实验步骤

（1）按数/模转换实验电路连线：D_0～D_7 接数字实验箱上的电平开关的输出端。输出端 V_0 接数字电压表。

（2）让 D_0～D_7 均为低电平 0。对 μA741 调零，调节调零电位器，使 V_0=0V。

（3）在 $D_0 \sim D_7$ 输入端依次输入数字信号，用数字电压表测量输出电压 V_0，并记录在自制表格中。

（4）按图 8.17 连接电路。其中让 $D_7 \sim D_0$ 接 LED 逻辑电平输入插口，时钟脉冲 CP 由 1kHz 连续脉冲信号源提供。A_0、A_1、A_2 接逻辑电平开关。

① 取 $R=1k\Omega$ 用数字万用表测 $IN_0 \sim IN_7$ 端的电压值是否为（4.5V、4V、…、1V）。

② 依次设定 A_2、A_1、A_0，记录 $D_1 \sim D_7$，并填于表 8.1 中。

表 8.1　实验数据表

模拟通道	输入模拟量	地址	输出数字量							
IN	U_i(V)	$A_2A_1A_0$	D_7	D_6	D_5	D_4	D_3	D_2	D_1	D_0
IN_0	4.5	000								
IN_1	4.0	001								
IN_2	3.5	010								
IN_3	3.0	011								
IN_4	2.5	100								
IN_5	2.0	101								
IN_6	1.5	110								
IN_7	1.0	111								

5. 思考题

（1）DAC 的分辨率与哪些参数有关?

（2）为什么 D/A 转换器的输出端都要接运算放大器?

8.3.2　学习Multisim 8.0电路仿真（六）

1. 学习目的

（1）进一步熟悉和掌握 Multisim 8.0 电路仿真技能。

（2）学会用 Multisim 8.0 进行 ADC 和 DAC 的仿真。

2. 用 Multisim 8.0 连接仿真电路

（1）用 Multisim 8.0 实现 DAC 仿真电路。

（2）用 Multisim 8.0 实现 ADC 仿真电路。

习题

一、填空题

1. DAC电路的作用是将_____量转换成_____量。ADC电路的作用是将_____量转换成_____量。

2. DAC电路的主要技术指标有_____、_____和_____；ADC电路的主要技术指标有_____、_____和_____。

3. DAC通常由_____、_____、_____、_____ 4个基本部分组成。为了将模拟电流转换成模拟电压，通常还要在输出端外加_____。

4. 按解码网络结构的不同，DAC可分为_____网络、_____网络等。按模拟电子开关电路的不同，DAC又可分为_____开关型和_____开关型。

5. 模数转换的量化方式有_____法和_____两种，如量化当量为δ，则量化误差分别为_____和_____。

6. 在模/数转换过程中，只能在一系列选定的瞬间对输入模拟量_____后再转换为输出的数字量，通常需经过_____、_____、_____和_____ 4个过程来完成模/数转换。

7. _____型ADC换速度较慢，_____型ADC转换速度高。

8. _____型ADC内部有数模转换器，因此_____快。

9. _____型电阻网络DAC中的电阻只有_____和_____两种，与_____网络完全不同，而且在这种DAC转换器中又采用了_____，所以_____很高。

10. ADC0809是采用_____工艺制成的_____位ADC，内部采用_____结构形式。DAC0832采用的是_____工艺制成的双列直插式单片8位数模转换器。

二、判断题

1. DAC的输入数字量的位数越多，分辨能力越低。 （　　　）
2. 原则上说，R-$2R$倒T形电阻网络DAC输入和二进制位数不受限制。 （　　　）
3. 若要减小量化误差ε，就应在测量范围内增大量化当量δ。 （　　　）
4. 量化的两种方法中舍尾取整法较好。 （　　　）
5. ADC0809二进制数据输出是三态的，允许直接连CPU的数据总线。 （　　　）
6. 逐次比较型模数转换器转换速度较慢。 （　　　）
7. 双积分型ADC中包括数/模转换器，因此转换速度较快。 （　　　）
8. δ越小，量化的等级越细，A/D转换器的位数就越多。 （　　　）
9. 在满刻度范围内，偏离理想转换特性的最大值称为相对精度。 （　　　）
10. 采样电路的频率需至少为输入模拟量中最高频率成分f_{imax}的2倍。 （　　　）

三、单项选择题

1. ADC的转换精度取决于（　　　）。

   A. 分辨率　　　　　B. 转换速度　　　　　C. 分辨率和转换速度 D. 无法判断

2. 对于n位DAC的分辨率来说，可表示为（　　　）。

   A. $\dfrac{1}{2^n}$　　　　　B. $\dfrac{1}{2^{n-1}}$　　　　　C. $\dfrac{1}{2^n-1}$　　　　　D. $\dfrac{1}{2^n+1}$

3. R-$2R$倒T形电阻网络DAC中，基准电压源U_R和输出电压u_o的极性关系为（　　　）。

   A. 同相　　　　　B. 反相　　　　　C. 正交　　　　　D. 无关

4. 采样保持电路中，采样信号的频率f_S和原信号中最高频率成分f_{imax}之间的关系是必须满足（ ）。

    A. $f_S \geq 2f_{imax}$ B. $f_S < f_{imax}$ C. $f_S = f_{imax}$ D. $f_S = f_{imax}/2$

5. 如果$u_i = 0 \sim 10V$，$U_{imax} = 1V$，若用ADC电路将它转换成$n=3$的二进制数，采用四舍五入量化法，其量化当量为（ ）。

    A. 1/8（V）   B. 2/15（V）   C. 1/4（V）   D. 无法判断

6. DAC0832是属于（ ）网络的DAC。

    A. R-$2R$倒T形电阻   B. T形电阻   C. 权电阻   D. 无法判断

7. 和其他ADC相比，双积分型ADC的转换速度（ ）。

    A. 较慢   B. 很快   C. 极慢   D. 极快

8. 如果$u_i = 0 \sim 10V$，$U_{imax} = 1V$，若用ADC电路将它转换成$n=3$的二进制数，采用四舍五入量化法的最大量化误差为（ ）。

    A. 1/15（V）   B. 1/8（V）   C. 1/4（V）   D. 1/2（V）

9. ADC0809输出的是（ ）。

    A. 8位二进制数码   B. 10位二进制数码   C. 4位二进制数码   D. 12位二进制数码

10. ADC0809是属于（ ）的ADC。

    A. 双积分型   B. 逐次比较型   C. 倒T形   D. 权电阻型

四、简述题

1. 试述采样定理。

2. 试述量化的概念。

3. 何为DAC的建立时间？

4. 权电阻网络DAC和R-$2R$倒T形电阻网络DAC相比，哪一个的转换速度高？为什么？

五、计算设计题

1. 已知某DAC电路的最小分辨电压$U_{LSB} = 40mV$，最大满刻度输出电压$U_{FSR} = 0.28V$，试求该电路输入二进制数字量的位数n应是多少。

2. 在图8.18所示的电路中，$R = 8k\Omega$，$R_F = 1k\Omega$，$U_R = -10V$，试求：

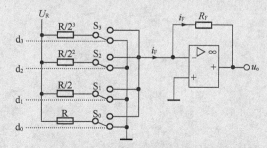

图8.18 计算设计题第2题电路图

（1）在输入四位二进制数D=1001时，网络输出u_o=？

（2）若u_o=1.25V，则可以判断输入的4位二进制数D=？

3. 在倒T形电阻网络DAC中，若U_R=10V，输入10位二进制代码为（1011010101），试求其输出模拟电压为何值。（已知R_F=R=10kΩ）

4. 已知某一DAC电路的最小分辨电压U_{LSB}=40mV，最大满刻度输出电压U_{FSR}=0.28V，试求该电路输入二进制代码的位数n是多少。

5. 在图8.19所示的权电阻网络DAC电路中，若n=4，U_R=5V，R=100Ω，R_F=50Ω，求电路的电流转换系数和电压转换系数。若输入4位二进制代码D=1001，则它的输出电压u_o=？

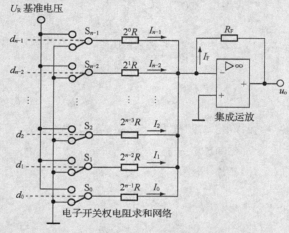

图8.19　计算设计题算5题电路

参考文献

[1] 曾令琴. 电子技术基础. 北京：人民邮电出版社，2014.

[2] 高吉祥. 数字电子技术. 北京：电子工业出版社，2011.

[3] 杨志忠. 数字电子技术. 北京：高等教育出版社，2003.

[4] 程勇，方元春. 数字电子技术基础. 北京：北京邮电大学出版社，2013.